Numerische Untersuchungen zur Erzeugung duktiler hochfester Betone

von Dr.-Ing. Peter Friedrich
Universität Leipzig
Wirtschaftswissenschaftliche Fakultät
Institut für Massivbau und Baustofftechnologie

Dr.-Ing. Dipl.-Phys. Peter Friedrich

Geboren 1964 in Gelsenkirchen. Von 1986 bis 1994 Studium der Physik an der Bergischen Universität Wuppertal. Von 1995 bis 1996 Mitarbeit im Ingenieur-Büro MMP in Erkrath. Mitarbeiter von Prof. Dr.-Ing. Dr.-Ing. e. h. Gert König am Institut für Massivbau und Baustofftechnologie der Universität Leipzig von 1996 bis 1999. Seit 2000 Mitarbeiter am Institut für Strömungslehre und Thermodynamik der Universität Magdeburg.

Die Arbeit „Numerische Untersuchungen zur Erzeugung duktiler hochfester Betone" ist eine von der Wirtschaftswissenschaftlichen Fakultät der Universität Leipzig genehmigte Dissertation zur Erlangung des akademischen Grades Doktor-Ingenieur (Dr.-Ing.). Die Gutachten wurden vorgelegt von Prof. Dr.-Ing. Dr.-Ing. e. h. Gert König, Prof. Dr.-Ing. Harald Schorn und Prof. Dr.-Ing. Volker Slowik. Die Verteidigung fand am 27. Mai 2002 in Leipzig statt.

Der Titel dieser Dissertation lautet:

Numerische Untersuchungen zur Erzeugung duktiler hochfester Betone

Die Deutsche Bibliothek – CIB-Einheitsaufnahme
Ein Titeldatensatz für diese Publikation ist bei
Der Deutschen Bibliothek erhältlich.

Umschlagsgestaltung: Gunter Schenck, nach einer Idee von Christoph Nahm
Herstellung: Books on Demand GmbH
Printed in Germany

ISBN 3 - 8311 - 4291 - 2

Vorwort

Die vorliegende Arbeit zum Thema " Numerische Untersuchungen zur Erzeugung duktiler hochfester Betone" entstand während meiner Tätigkeit als wissenschaftlicher Mitarbeiter am Institut für Massivbau und Baustofftechnologie der Universität Leipzig.

Herrn Prof. Dr.-Ing Dr.-Ing e.h. Gert König danke ich besonders für die Möglichkeit der Bearbeitung dieses Themas, sowie für die vielfältigen Anregungen und seine stete Diskusionsbereitschaft.

Für die Übernahme das Koreferates danke ich Prof. Dr.-Ing Volker Slowik, wie auch für die Durchsicht meiner Arbeit und seine uneingeschränkte Hilfsbereitschaft.

Den Herren Professoren Dr.-Ing Harald Schorn danke ich für die Bereitschaft zur Übernahme des Koreferates.

Bedanken möchte ich mich bei Dr. rer. nat. Angelika Sicker und Dipl.-Ing. Holger Schneider für Korrekturlesung meiner Arbeit.

Für die Wartung der Rechenanlage, sowie für seine stete Hilfsbereitschaft möchte ich dem ehemaligen Informatikstudenten Bernd Laube danken.

Gedankt sei allen Kollegen für die gute zusammen Arbeit am Institut.

Bedanken möchte ich mich auch bei meinen Eltern für die Unterstützung, die sie mir all die Jahre zuteil werden ließen.

Dankbar bin auch meiner Frau Michele und meiner Tochter Milena. Sie haben mit Verständnis und Geduld zum Gelingen der Arbeit beigetragen.

Inhalt

1	**Einleitung**...	1
2	**Die Struktur und das Materialverhalten von Beton**.............	4
2.1	Die Betonstruktur...	4
2.2	Die Kontaktzone...	6
2.3	Materialverhalten..	8
2.3.1	Druckversuche..	8
2.3.2	Zugversuche..	10
2.4	Die Bruchmechanik von Beton...	12
2.4.1	Das fiktive Rißmodell nach Hillerborg..	13
2.4.2	Rißbandmodell nach Bazant...	15
2.5	Maßstabs- und Randeffekte..	16
2.5.1	Maßstabs- und Randeffekte bei Zugversuchen............................	16
2.5.2	Maßstabs- und Randeffekte bei Druckversuchen........................	19
3	**Betonmodelle zur Beschreibung der Versagensmechanismen**	27
3.1	Strukturorientierte Betonmodelle...	27
3.1.1	Die Gittermodelle...	27
3.1.1.1	Das räumliche Modell von Reinius..	28
3.1.1.2	Das Drapierstoffmodell von Baker...	28
3.1.1.3	Räumliches Simulationsmodell nach Roy und Sozen..................	30
3.1.1.4	Stabwerksmodell nach Schorn und Mitarbeiter...........................	31
3.1.1.5	Das „lattice" Modell nach van Mier und Mitarbeiter...................	34
3.1.2	FEM-Modellierung der Betonstruktur..	35
3.1.2.1	Ebenes Verbundmodell von Shah, Winter und Buyukozturk......	36
3.1.2.2	Der numerische Beton von Wittmann und Mitarbeiter................	36
3.1.3	Partikelmodell nach Zaitsev und Hu..	38

3.2		Diskussion der Modelle..	40
4		**Materialverhalten der Stabelemente**..	**41**
4.1		Der Stab als rheologisches Element...	42
4.2		Die Weibull- Verteilung...	45
4.3		Die Kennlinie des Elements...	46
4.4		Ermittlung der Bruchenergie des Elements.....................................	48
4.5		Relationen der Element-Parameter..	49
4.6		Wechselwirkung der Elemente im Netzwerk..................................	52
5		**Gittergenerierung**..	**55**
5.1		Abbildung eines heterogene Stoffgefüges.......................................	55
5.2		Beschreibung des Generierungsalgorithmus...................................	59
5.3		Stabparameter..	64
5.3.1		Eingabeparameter..	64
5.3.2		Gitterstrukturparameter...	68
5.3.3		Resultierende Stabparameter...	71
5.4		Effektive Element- Festigkeit und Steifigkeit.................................	73
5.5		Netzabhängigkeiten...	75
6		**Aufbau und Lösung der Systemgleichung**...................................	**77**
6.1		Die Elementsteifigkeitsmatrix...	77
6.2		Die Gesamtsteifigkeitsmatrix..	79
6.3		Besetzung der Gesamtsteifigkeitsmatrix...	79
6.4		Speicherung der Steifigkeitsmatrix...	81
6.5		Linearisierung..	82
6.6		Lösung der Systemgleichung...	83
6.6.1		Die Methode des konjugierten Gradienten......................................	84
6.6.2		Programmbeschreibung zur Lösung der Systemgleichung.............	86
6.6.2.1		Die Diskretisierung des Materialgesetzes..	86

6.6.2.2	Aktualisierung der Elementsteifigkeit...................................	88
6.6.2.3	Programmablauf..	91

7	**Simulation zentrischer weggesteuerter Zugversuche**..........	**92**
7.1	Simulationsaufbau...	92
7.2	Spannungs- Dehnungs- Verhalten der numerischen Betone im Vergleich zu den Experimenten...	94
7.3	Rißbilder und Spannungs- Dehnungsprofile...........................	95
7.3.1	Normalbeton..	96
7.3.2	Hochfester Beton...	101
7.3.3	Vergleich zwischen den beiden numerischen Betonen..............	107

8	**Einfluß des Größtkorns auf das Spannungs-Dehnungs -Verhalten**..	**109**
8.1	Experimentelle Untersuchungen..	109
8.2	Simulation...	111
8.2.1	Der numerische Normalbeton..	112
8.2.2	Der numerische hochfeste Beton...	114
8.3	Mögliche Anwendung des Oberflächeneffekts........................	115

9	**Variation der Festigkeit der Kontaktzone**............................	**117**
9.1	Das Spannungsfeld im numerischen Modellbeton...................	117
9.2	Simulation der Schwächung der Kontaktzone........................	124
9.3	Vergleich mit den Meßergebnissen..	128
9.4	Schlußfolgerung..	129

10	**Simulation von stahlfaserverstärktem Beton**........................	**131**
10.1	Verbund zwischen Matrix und Faser.....................................	132
10.2	Ausziehverhalten...	133
10.2.1	Pull- Out- Versuche...	134

10.2.2	Bestimmung der Verbundkräfte	135
10.2.3	Bestimmung der kritischen Faserlänge	136
10.2.4	Faserorientierung zur Rißfläche	138
10.3	Modellierung von Faserbeton	139
10.3.1	Modellvorstellungen	140
10.3.1.1	Das Modell von Alwan	140
10.3.1.2	Das Modell eines SIFCON nach v. Mier	142
10.3.1.3	Die Modellierung der Kontaktzone zwischen Stahl und Beton nach Vos und Vervuurt	142
10.3.1.4	Modell eines Faserbetons nach Van Hauwaert und v. Mier	143
10.3.2	Das Verhalten einer Faser im Gitter	144
10.3.2.1	Wahl des Elementverhaltens	144
10.3.2.2	Die Kennlinie eines Stahlfaserelements	146
10.3.3	Die Implementierung der Faser im Stabwerksgitter	147
10.3.4	Bestimmung der Faserparameter	151
10.3.5	Faserorientierung und Randeffekte	154
10.3.5.1	Orientierung der Faser in Abhängigkeit von der Variation der Sieblinie	154
10.3.5.2	Orientierung der Fasern in Abhängigkeit von der Faserlänge bei konstantem Zuschlagdurchmesser	158
10.3.5.3	Orientierung der Fasern in Abhängigkeit von der Faserlänge bei einem Gitter ohne Zuschläge	161
10.4	Simulation	163
10.4.1	Berechnung des ungekerbten numerischen Faserbetons	164
10.4.1.1	Rißbilder und Spannungs- Dehnungs- Verhalten in Abhängigkeit von der Sieblinie	164
10.4.1.2	Rißbilder und Spannungs- Dehnungs- Verhalten in Abhängigkeit vom Fasergehalt und der Faserlänge	167
10.4.1.3	Druck- und Zugverhalten in Abhängigkeit vom Fasergehalt	170
10.4.1.3.1	Zugverhalten	171

10.4.1.3.2	Druckverhalten...	175
10.4.2	Die Abhängigkeit des Spannungs- Dehnungs- Verhaltens von der Faserlänge bei einem gekerbten Gitter ohne Zuschläge	178
10.4.2.1	Die Generierung der gekerbten Gitter mit Fasern......................	179
10.4.2.2	Simulation von Zugversuchen an den gekerbten Gittern aus Abschnitt 10.4.2.1..	184
11	**Zusammenfassung**..	192
12	**Literatur**...	198

Einleitung

Ein wichtiges Thema der Betonforschung der letzten Jahre ist die Untersuchung des Verformungsvermögens von Betonbauteilen. Damit steigen die Anforderungen an den Werkstoff Beton nicht nur in Bezug auf die Festigkeit, sondern auch auf das Verhalten nach Erreichen der Festigkeit, im sogenannten Nachbruchverhalten. Dabei stellt sich die Frage, wieviel Last kann ein Betonbauteil nach Überschreiten der Tragfähigkeit noch aufnehmen, ohne dabei schlagartig zu versagen. Für die Entwicklung moderner Werkstoffe bedeutet das, dass neben der Festigkeit zunehmend die Zähigkeit an Bedeutung gewinnt, entsprechend den charakteristischen Kurvenverläufen aus Bild 1.1. Am Institut für Massivbau und Baustofftechnologie der Universität Leipzig, ist speziell zu diesem Thema, in dem Forschungsvorhaben „Entwicklung zäher zementgebundener Hochleitungswerkstoffe" die Steigerung der Duktilität an hochfesten Beton, sowohl experimentell als auch theoretisch untersucht worden.

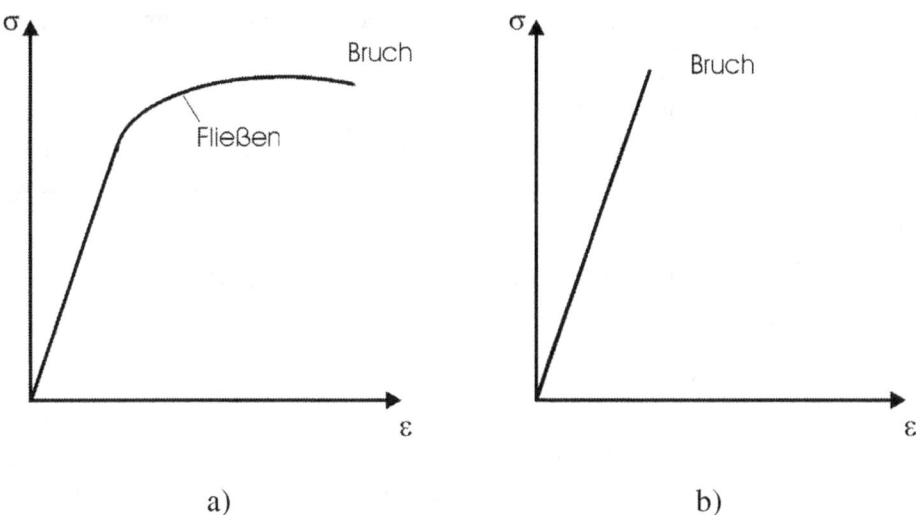

Bild 1.1: Materialverhalten eines duktilen Werkstoffes a) und eines spröden Werkstoffes b) aus [KöM97]

Die vorliegende Arbeit zu dem oben genannten Forschungsvorhaben umfaßt eine theoretische Untersuchung mit der Zielsetzung, das aus den Experimenten ermittelte makroskopische Materialverhalten von Betonprobekörper, mittels numerischer Simulation auf mesoskopischer Gefügeebene unterstützend zu analysieren.

Am Institut für Massivbau und Baustofftechnologie der Universität Leipzig ist diesbezüglich ein Modell aufbauend auf den Arbeiten von Schorn [Die84], [Sco86],[Sco91], v. Mier und Schlangen [SvM92],[vMSV93] entwickelt worden. Mit diesem Modell können Gefügeänderungen sowie das Entstehen von Rissen in Beton, herbeigeführt durch quasistatische Belastungen, sehr realistisch dargestellt werden. Dabei ist die inhomogene Struktur von Beton, mit der Abbildung eines 3-Komponentensystems bestehend aus Zementsteinmatrix, Zuschlag und der Kontaktzone, berücksichtigt worden.

Insbesondere ist dieses Modell so ausgelegt, um eine gezielte Variation der Materialparameter vorzunehmen und somit durch Parameterstudien das Probekörperverhalten zäher zementgebundener Hochleistungswerkstoffe im Vorfeld abzuschätzen und den Umfang der experimentellen Untersuchungen zu verringern.

Die Simulationstechnik des Modells basiert auf die Erstellung von Spannungs-Dehnungs-Linien und der bildhaften Darstellung von Gefügeänderungen bzw. Rißbildung mittels der Methoden der Finiten-Elemente-Berechnung an zuvor generierten Gittergeometrien. Das dazu nötige Programmpaket wurde am Institut für Massivbau und Baustofftechnologie der Universität Leipzig entwickelt und umfaßt im wesentlichen drei Bereiche:

- Entwicklung verschiedener Programme zur Generierung unterschiedlicher Gittergeometrien und Datensätze.
- Entwicklung von Berechnungsprogrammen nach den Methoden der Finiten Elemente, sowie die Implementierung verschiedener Lösungsalgorithmen für symmetrische dünn besetzte Gleichungssysteme zur Berechnung der generierten Datensätze.
- Erstellung von Datenanalyseprogrammen und Graphikprogrammen zur
- Darstellung der Ergebnisse.

Die Abbildung der Betonstruktur erfolgt durch die Generierung der Finite-Elemente-Vernetzungen. Die Finiten-Elemente sind im wesentlichen Stabelemente, deren Ort im Gitter durch Anfangs- und Endknoten bestimmt ist. Die so erzeugten Stabwerksgitter berücksichtigen die Betonstruktur durch die Abbildung von Zementsteinmatrix, Zuschlag und Kontaktzone. Dabei erhalten die Stabelemente, entsprechend den Betonfraktionen, denen sie zugehören, die jeweiligen Materialparameter. Die Koordinaten der Knoten der Stabelemente und die Verbindungen der Knoten untereinander des gesamten Stabwerksgitter werden dann in die Form eines Datensatzes gebracht. Dieser Datensatz wird mit den entwickelten Berechnungsprogrammen mit den Lösungsverfahren der Finiten- Elemente-Methoden unter Berücksichtigung der vorgegeben Randbedingungen gelöst.

Die Möglichkeiten der Simulation beschränken sich, mit Bezug auf die in den Experimenten üblichen Verfahren, auf die qualitative Berechnung weggesteuerter Druck- und Zugversuche.

Die Ergebnisse der Simulation sind hauptsächlich qualitativer Natur. Der Grund dafür liegt zum Einen in der Unkenntnis der Materialparameter und des Materialverhalten im mikroskopischen Werkstoffbereich und zu Anderen in der nicht vorhandenen Querdehnung der Stabelemente. Ein quantitativer Vergleich zwischen den Ergebnissen aus der Simulation und den Experimenten kann daher mit diesem Modell nicht durchgeführt werden. Dennoch ist es durch die gezielte Variation der Modellparameter möglich, das Probekörperverhalten zementgebundener Hochleistungswerkstoffe qualitativ abzuschätzen und somit richtungsweisend für experimentelle Versuchsreihen zu sein.

2 Die Struktur und das Materialverhalten von Beton

In diesem Kapitel werden die charakteristischen Wesenszüge von Beton unter Berücksichtigung einer späteren FEM-Formulierung der Betoneigenschaften dargestellt. Dabei wird speziell auf die Betonstruktur, das Materialverhalten in weggesteuerten Zug- und Druckversuchen und auf die grundlegenden bruchmechanischen Modellvorstellungen eingegangen. Weiterhin wird besondere Aufmerksamkeit auf die Abbildungsebene zur realistischen Erfassung der Betonstruktur mittels eines FEM-Netzes gelegt. Zusätzlich wird in diesem Kapitel der Einfluß der Rand- und Maßstabseffekte auf das Materialverhalten bei Druck- und Zugversuchen sowohl in den Experimenten als auch in der Simulation behandelt.

2.1 Die Betonstruktur

Beton ist ein inhomogener Verbundwerkstoff, bestehend aus Zuschlag, Zementstein und Luftporen. Die Größe der Zuschläge kann vom groben Kies über Sand bis hin zu Feinstzuschlägen variieren. Durch diese Abstufung der Zuschlaggrößen erhält der Beton eine fraktale Gestalt, d.h. mit zunehmender Auflösung, entsprechend der Darstellung in den Bildern 2.1a bis 2.1c, zeigt der Beton im wesentlichen keine Veränderung in seiner Struktur. Mit einer weiteren Vergrößerung der Auflösung ändert sich das Erscheinungsbild der Struktur mit Eintritt in den mikroskopischen Bereich sprungartig (siehe auch Bild 2.3). Für die entgegengesetzte Richtung, wobei der Beton in Form eines Bauteils oder ganzen Bauwerkes wie z. B. bei einem Staudamm betrachtet wird, kann dieser als ein homogener Werkstoff angesehen werden. Die Ausdehnung der Zuschläge im Verhältnis zu den Bauteil- oder Bauwerksabmessungen sind auf dieser Beobachtungsebene klein und werden bei den üblichen FEM- Formulierungen nicht berücksichtigt.

2.1 Die Betonstruktur

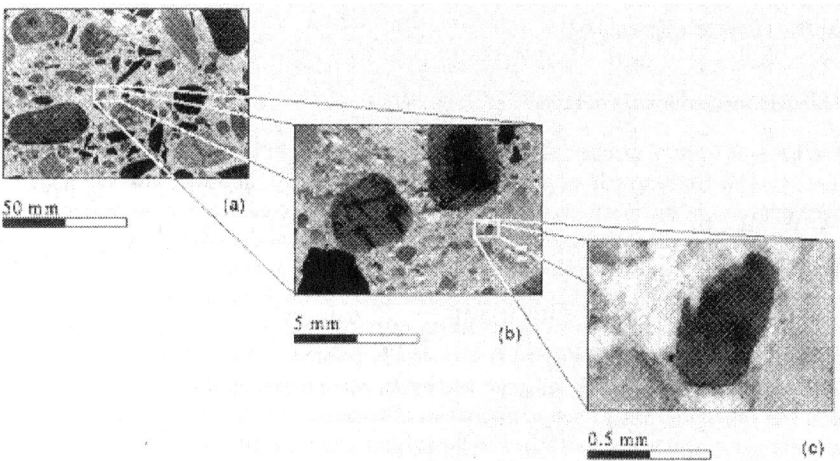

Bild 2.1: Ausschnitt aus einen Probekörper mit steigender Auflösung. Alle Stufen der Auflösung zeigen die gleiche Struktur und können somit auf mesoskopischer Ebene erfaßt werden, nach Vervuurt [Ver97].

Bei der Betrachtung der Betonstruktur kann eine Differenzierung in drei unterschiedliche Beobachtungsebenen erkannt werden. Eine Unterscheidung dieser Ebenen ist von Wittmann [Wit83] vorgeschlagen worden. Wittmann unterteilt diese drei Beobachtungsebenen in die Makro-, die Meso- und die Mikroebene (siehe Bild 2.2). Dabei lassen sich die Abbildungsebenen wie folgt klassifizieren:

Makro-Ebene: Bei der Abbildung von Bauteilen oder ganzen Bauwerken kann der Beton als ein homogener Baustoff interpretiert werden. Die Größe der Zuschläge fällt im Vergleich zu den Abmessungen der Bauteile nicht ins Gewicht. Die Darstellung der Gefügestruktur wird nicht berücksichtigt. Bei einer FEM- Formulierung des entsprechenden Bauteils liegt daher die Größe der Elemente weit über dem Größtkorndurchmesser des Zuschlages.

Meso-Ebene: Auf dieser Abbildungsebene wird der Beton als ein Mehrstoffsystem betrachtet, wobei besonders die Existenz der Grobzuschläge und der Zementsteinmatrix berücksichtigt wird. Je nach Feinheit der Abbildung können die Abstufungen der Zuschlagsdurchmesser in der Form einer Sieblinie und somit die relativen Mengenverhältnisse von Zuschlagskörnern zur Matrix dargestellt werden.

Die große Bedeutung der Verbundschicht zwischen Zuschlag und Zemtsteinmatrix auf den Versagensmechanismus von Beton kann auf mesoskopischer Ebene durch die Abbildung eines Drei- Komponenten- Systems bestehend aus Zuschlag, Matrix und Kontaktzone realisiert werden. Weiterhin können Fehlstellen im Beton wie z.B. Poren oder Schwindrisse sowie Mikro- und Makrorisse abgebildet werden. Außerdem ist es möglich, bei geeigneter Wahl der FEM- Modellierung, Faserbeton abzubilden, wie in einem späteren Kapitel gezeigt wird.

Mikro- Ebene: Die Mikro- Ebene bildet die physikalisch-chemischen Prozesse auf molekularer und kristalliner Ebene in der Zementsteinmatrix ab. Auf diesem Beobachtungsniveau stellt sich die Zementsteinmatrix hochgradig heterogen dar.

Je nach Art der Problemstellung kann der Beton entsprechend der optimalen Beobachtungsebene abgebildet werden. In dieser Arbeit wird der Beton im wesentlichen auf mesoskopischer Ebene mit der Darstellung von Grobzuschlag, Matrix, Kontaktzone, Luftporen und speziell für den Faserbeton mit Stahlfasern dargestellt.

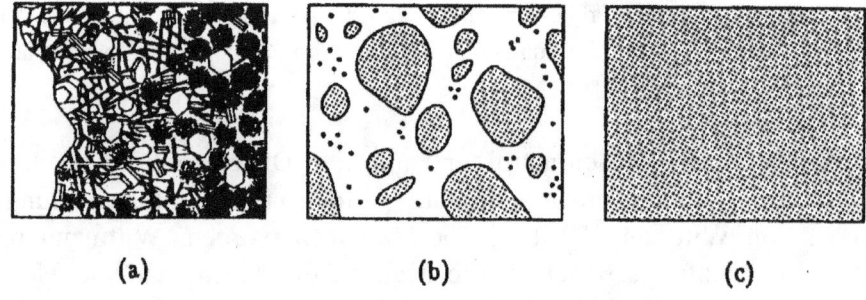

Bild 2.2: Abbildungsebenen für Beton nach Vonk [Von92] a) Mikro- b) Meso- und c) Makroebene.

2.2 Die Kontaktzone

Der Verbund zwischen Zuschlagkorn und Matrix kann nach Zhang und Gjorv [ZhG90] über mechanischen Verbund durch eine rauhe Zuschlagoberfläche, durch direkter chemischer Verbindung zwischen Zuschlag und Zementstein und durch Adhäsion gestaltet sein. Je nach Art des Zuschlages wird eine der drei Verbundarten dominieren, wie z.B. bei Kies, bei dem die glatte Oberfläche der Kiesel Adhäsion bewirkt.

Die Ausdehnung und Struktur der Kontaktzone ist von Rehm und Zimbelmann [ReZ77] über Untersuchungen mit dem Rasterelektronen- Mikroskop bestimmt worden. Das daraus hergeleitete Strukturmodell ist in Bild 2.3 abgebildet. Dabei ist die Zwischenschicht besonders hohlraumreich und besitzt daher die geringste Festigkeit. Weiterhin ist nach Hilsdorf [His95] mit einer zusätzlichen Schwächung im Bereich der Zuschläge, hervorgerufen durch eine verstärkte Mikrorissbildung,

2.2 Die Kontaktzone

welche auf die Schwindprozesse in der Zementsteinmatrix zurückzuführen sind zu rechnen. Die so vorgeschädigte Kontaktzone stellt für den Normalbeton schwächste Glied in der Versagenskette dar. Bei hochfesten Beton ist dies nicht mehr der Fall. Der Kontaktzone kommt diesbezüglich eine große Bedeutung auf das Materialverhalten der Betone zu.

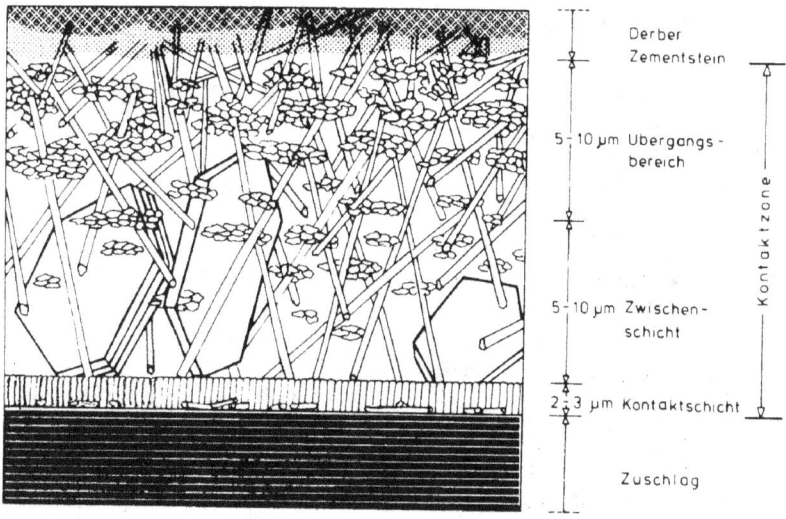

Bild 2.3: Strukturmodel der Kontaktzone für Normalbeton [ReZ77]

Im Gegensatz zu Normalbeton fällt die Kontaktzone bei hochfestem Beton kompakter und damit fester aus. Diese Verbesserung wird bei diesen Betonen durch die Zugabe von Mikrosilika erreicht. Das Mikrosilika füllt die Lücken zwischen den Zementkörnern aus und führt somit zu einer dichteren Packung. Nach Bentur [Ben91] zeigt die Zugabe von Mikrosilika eine Reduzierung des Blutens, eine effektivere Packung der Zementkörner in der Nähe der Zuschlagsoberfläche und eine Unterdrückung der Kalziumhydrat- Entwicklung.

Die Verstärkung der Kontaktzone spiegelt sich mit einer Zunahme der Druckfestigkeit wieder. In Bild 2.4 ist die Druckfestigkeit von Beton- und Zementprobekörpern in Abhängigkeit vom prozentualen Anteil an Mikrosilika abgebildet. Dabei ist für die Festigkeit der Zementsteinpaste keine signifikante Abhängigkeit vom Mikrosilikagehalt zu erkennen. Im Gegensatz dazu zeigt die Druckfestigkeit der Betonproben durch die Zuschläge und die damit verbundene Anwesenheit der Kontaktzone, eine deutliche Abhängigkeit mit der Zunahme des Mirosilikaanteils. Die Kurvenverläufe in Bild 2.4 zeigen auf eindrucksvolle Weise, wie ein indirekter Nachweis der Wirkung von Mikrosilika in der Kontaktzone durchgeführt werden kann. Unter 6% Mikrosilika sind die Kontaktzonen der Zuschläge so schwach, daß die Festigkeit des Betons aufgrund der großen Anzahl an Fehlstellen unter der Festigkeit des Zementstein liegt. Über 6% Mikrosilika vom Zementgewicht wird die Kontaktzone aufgrund der verminderten Anzahl an Fehlstellen in der Kontaktzone so stark, daß die Betonfestigkeit die Matrixfestigkeit übersteigt. Anhand von Bild 2.4 wird der Einfluß der Kontaktzone sehr gut demonstriert.

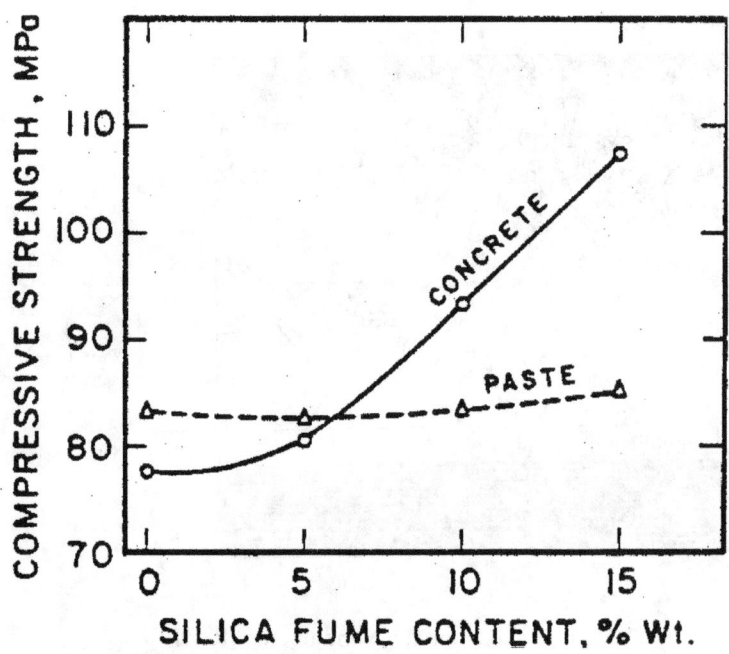

Bild 2.4: Einfluß des Mikrosilika Gehaltes auf die Druckfestigkeit von Beton und Zementpaste 28 Tage alter Probekörper mit einem w/z- Wert von 0.33 nach Bentur [Ben89]

2.3 Materialverhalten

2.3.1 Druckversuche

Das charakteristische Materialverhalten von Beton unter einer einachsialen Druckbelastung ist ein Ergebnis aus dem Zusammenwirken der einzelnen Komponenten in dem Mehrkomponentensystem Beton. Durch das Aufbringen einer äußeren Verformung oder Kraft auf einen Betonkörper, entstehen aufgrund der inhomogen Verteilung der Steifigkeiten der Komponenten starke Schwankungen in den lokalen Spannungen. Wird das herrschende Festigkeitsprofil des Betonkörpers von dem resultierenden Spannungsprofil an einigen wenigen lokalen Stellen überschritten, tritt eine begrenzte Mikrorißentwicklung ein. Die wahrscheinlichsten Orte für die Entstehung von Mikrorissen sind die Bereiche um die Zuschläge. Durch die in der Regel größeren Elastizitätsmodule der Zuschläge entstehen um

2.3 Materialverhalten

diese Spannungskonzentrationen, die in der relativ schwachen Kontaktzone zur Einleitung der Mikrorißbildung führen.

Bei einer vertikalen Belastung entstehen durch Kraftumlagerung um die Zuschläge resultierende Zugkräfte in horizontaler Richtung, die somit eine vertikale Rißentwicklung einleiten. Bild 2.5 zeigt den schematischen Bruchvorgang ausgehend von der Entstehung von Mikrorissen (links) über die Bildung von vertikalen Rißbändern (Mitte) bis zum endgültigen Versagen (rechts) nach Lusche [Lus71]. Nach Struble, Skalny und Mindess [SSM80] sowie nach Kupfer [Kup73] kann eine Relation zwischen dem Last- Verformungsverhalten und der aktuellen Rißentwicklung angegeben werden.

Das Last- Verformungsverhalten bis zum vollständigen Versagen wird nach Kupfer in sechs unterschiedlichen Stufen eingeteilt (siehe Bild 2.6).

Der erste Bereich von 0-A bis ca.30% der Druckfestigkeit ist als nahezu linear elastisch anzusehen.

Der zweite Bereich A-B ist durch Beginn des nichtlinearen Spannungs- Dehnungsverhaltens gekennzeichnet. Bei Überschreiten der Last über den Punkt A hinaus nehmen die Spannungskonzentrationen an den Kontaktzonen zwischen Zuschlag und Zementmatrix immer mehr zu, so daß schon vorhandene Risse weiter wachsen und neue entstehen. Dieser Bereich erstreckt sich bis ca. 60-70% der Druckfestigkeit, so wie in Bild 2.5 links zu sehen.
Im Bereich B-C verbinden sich die Verbundrisse, und es bilden sich Risse durch die Zementmatrix, so wie es in Bild 2.5 Mitte zu sehen ist.
Im Bereich C-D über ca. 80% der Endfestigkeit beschleunigt sich die Rißentwicklung mit zunehmender Belastung bis ca. 95%, im Punkt D ist das Minimalvolumen erreicht. D wird auch kritische Spannung genannt.

Bei weiterer Laststeigerung im Bereich D-E wird die vorhandene innere Energie größer als die zur Rißbildung erforderliche Energie. Durch schnellere Ausbreitung und Vergrößerung der Gefügerisse steigt die Querdehnung stark an, so daß eine Volumenvergrößerung eintritt. Dabei wird der Betonkörper mit Gefügerissen durchzogen, so daß er in mehr oder weniger intakte Teilkörper unterteilt ist (siehe Bild 2.5). Das Nachbruchverhalten nach Punkt E wird im wesentlichen durch die lokalen Gefügerisse bestimmt.

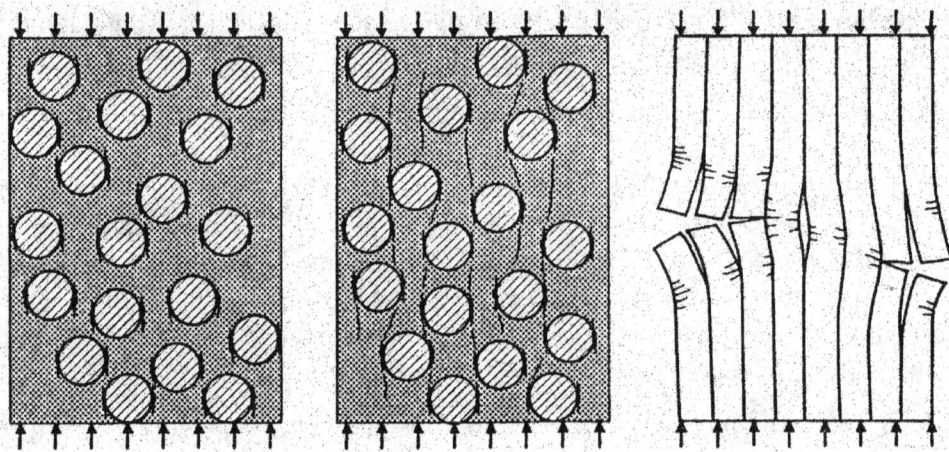

Bild 2.5: Lastbedingte Rißentwicklung in Normalbeton nach Lusche [Lus71]

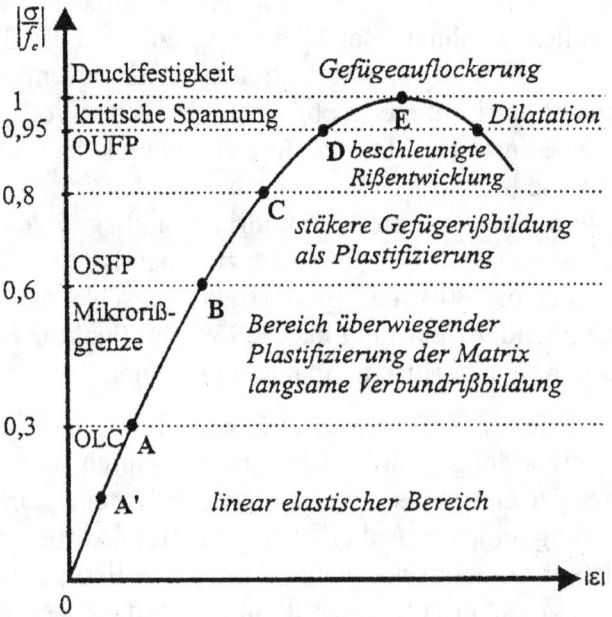

Bild 2.6: Last- Verformungsverhalten in Relation zur aktuellen Rißentwicklung nach [Kup73] aus [ScM96].

2.3.2 Zugversuche

Der Versagensprozeß einer Betonprobe in einem zentrischen Zugversuch wird im wesentlichen so eingeleitet wie bei einen Druckversuch. Aus experimentellen und

2.3 Materialverhalten

numerischen Untersuchungen hat Schorn das verformungsbedingte Zugversagen in vier Bereiche unterteilt (siehe Bild 2.7).

Das Rißbild im unteren Bereich 1 der Spannungs- Dehnungs- Linie aus wird durch die Schwindprozesse in der Zementsteinmatrix hervorgerufenen Mikrorisse in der Kontaktzone geprägt. Die Anordnung der Schwindrisse ist zufällig verteilt, und die Risse zeigen keine Orientierung.

Mit zunehmender Verformung im Bereich 2 aus bilden sich zu den ursprünglichen Rissen neue Risse aus, an denen eine Orientierung orthogonal zur Verformungsrichtung zu erkennen ist.

Im Bereich der Festigkeit entstehen verschiedene Ansammlungen von Mikrorissen, wobei der genaue Verlauf eines durchlaufenden Makrorisses noch nicht genau vorausgesagt werden kann.

Im absteigenden Ast im Bereich 4 öffnet sich in einer der Mikrorißansammlungen ein Makroriß, so daß ein Wachsen des Risses beobachtet werden kann. Im Gegensatz zu den Druckversuchen zeigt das Versagen in einem Zugversuch in der Regel einen klar erkennbaren Rißverlauf. Dennoch können die mehrfach parallel in Richtung der Verformung verlaufenden Rißbänder bei einen Druckversuch auf eine orthogonal zur Belastungsrichtung wirkende resultierende Zugkraft zurückgeführt werden, wobei eine Betonprobe unter Druckbelastung im wesentlichen auf Zug versagt. Die Versagensmechanismen sind in beiden Fällen sehr ähnlich.

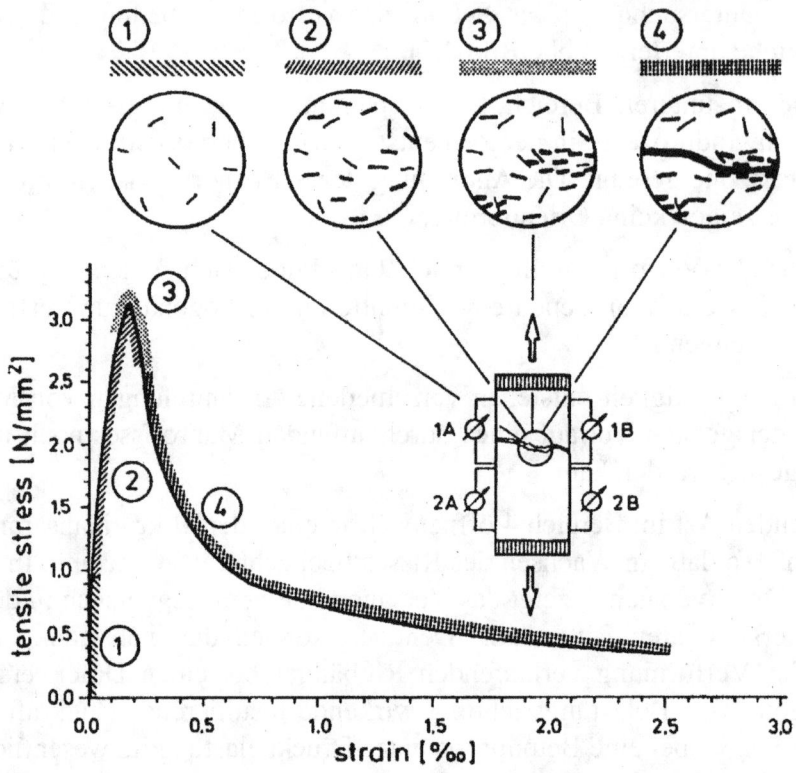

Bild 2.7: Die Rißentwicklung in Abhängigkeit von der Verformung nach Schorn [Sco93]

2.4 Die Bruchmechanik des Betons

Die klassische Bruchmechanik, welche die Rißentwicklung in elastisch-spröden Materialien wie z.B. Glas beschreibt, kann auf Beton nur angewandt werden, wenn die Abmessungen der Betonbauteile im Verhältnis zur charakteristischen Länge sehr groß sind [Hil83]. Der beschränkte Anwendungsbereich der linear-elastischen Bruchmechanik auf Beton erfordert daher die Entwicklung eines speziellen Modells.

Im folgenden werden hier die zwei bekanntesten Modellvorstellungen aufgeführt. Dabei handelt es sich um das Modell des fiktiven Risses nach Hillerborg [Hil76] und um das Rißband-Modell nach Bazant und Oh [Baz83]. Der wesentliche Unterschied dieser Modelle liegt in der Beschreibung der Rißprozeßzone.

2.4.1 Das fiktive Rißmodell nach Hillerborg

Das dominierende Versagen eines unter Belastung stehenden Betonkörpers ist das Versagen auf Zug. Zur Erfassung der typischen Stoffgesetze ist es somit sinnvoll, das Materialverhalten an weggesteuerten Zugversuchen zu untersuchen.

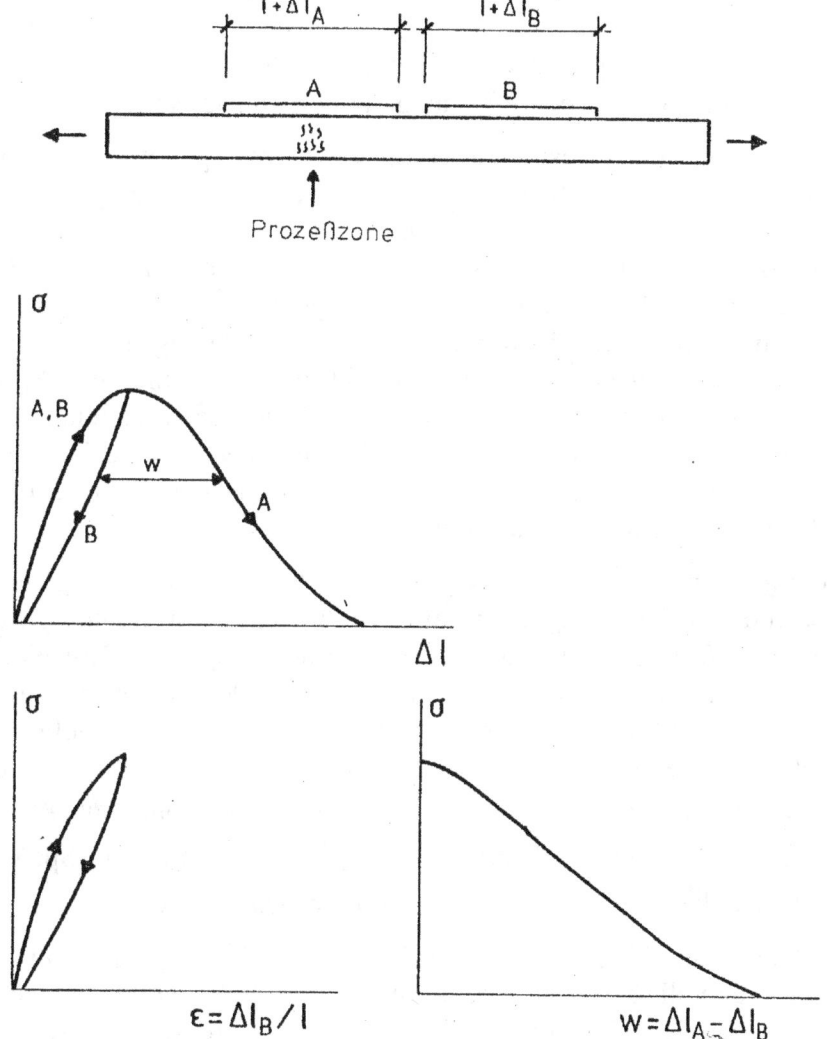

Bild 2.8: Herleitung der Spannungs- Rißaufweitungsbeziehung nach [Hil83]

Das Modell des fiktiven Risses (Fiktious Crack Model, FCM) nach Hillerborg, Modeer und Petersson [Hil76] zerlegt die gesamte Dehnung eines Probekörper bei erreichen der Festigkeit (siehe Bild 2.8) in zwei unterschiedliche Verformungsbereiche. Dabei wird zwischen der Prozeßzone, in der die Entfestigung eintritt, und dem linear-elastischen Bereich, der keine Schädigung erfährt, unterschieden. Wird die Verformung entsprechend Bild 2.8 über den Meßstrecken A und B mit der jeweiligen Länge l_0 im unverformten Grundzustand aufgenommen, ergibt sich die Verschiebung mit:

$$\Delta l = \varepsilon \cdot l_0 + w \qquad (2.1)$$

Die gesamte Verschiebung setzt sich somit aus der Rißöffnung w in der Prozeßzone und aus einer elastischen Verformung der übrigen Bereiche zusammen.

Bis kurz vor Erreichen der Festigkeit werden die Dehnungen über beide Meßstrecken A und B ein gleiches Spannungs-Dehnungs-Verhalten zeigen, so wie der ansteigende Ast in Bild 2.8. Am Punkt der Festigkeit bildet sich in der Meßstrecke A eine Mikrorißakkumulation aus. Diese Prozeßzone hat in Richtung der Spannung eine begrenzte Ausdehnung und kann infolge der Schädigung nicht mehr die volle Spannung übertragen. Mit fortschreitender Verformung und der damit verbundenen Vergrößerung der Prozeßzone findet eine kontinuierliche Spannungsabnahme statt. Außerhalb der Prozeßzone wird infolge des Spannungsabfalls die Dehnung rückläufig. Die Spannungs-Dehnungs-Linie der Meßstrecke B beinhaltet den entlasteten Kurvenverlauf. Die weitere Verformung wird sich demzufolge in der Prozeßzone auf der Meßstrecke A abspielen.

Durch Addition der separaten Dehnungen für die Meßstrecke A und B ergibt sich nach Überschreiten der Festigkeit infolge der rückläufigen Dehnung in B eine Spannungs- Rißöffnungs-Beziehung mit der Rißweite w. Die Rißweite w entspricht in dieser Modellvorstellung der Ausdehnung der Prozeßzone, in der die Akkumulation an Mikrorissen in einem fiktiven Riß zusammengefaßt werden. Vor Erreichen der Festigkeit ist $w = 0$. Dieser fiktive Riß ist bis zu seiner maximalen Größe w_l imstande, Spannungen über noch intakte Bindungen zu übertragen. Hat die Verformung den Wert w_l überschritten und ist die Spannung auf Null abgesunken, kann von einem realen Riß gesprochen werden.

Die Fläche unter der Kurve aus dem Verlauf der Rißöffnungs-Beziehung in Bild 2.8 stellt die zur vollständigen Durchtrennung des Probekörpers nötige Energie dar. Wird die Energie auf die Querschnittfläche A der Probe normiert, ergibt sich die Bruchenergie G_f, die eine Materialkonstante darstellt.

$$G_f = \int_0^{w_l} \sigma(w)\,dw \qquad (2.2)$$

2.4 Die Bruchmechanik des Betons

Zur Beschreibung des Materialverhaltens führt Hillerborg [Hil76] die charakteristische Länge l_{ch} ein:

$$l_{ch} = \frac{G_f E}{\beta_z^2} \qquad (2.3)$$

mit E Elastizitätsmodul β_z zentrische Zugfestigkeit

Aus dem Vergleich der in einem Probekörper gespeicherten elastischen Energie und der zur vollständigen Bruchfläche erforderlichen Energie ergibt sich die charakteristische Länge. Ein Probekörper mit der Länge $l = 2 \cdot l_{ch}$ hat bei Erreichen der Zugfestigkeit die elastische Energie, die zur vollständigen Bildung einer Bruchfläche führt. Weiterhin kann die charakteristische Länge als ein Maß für die Duktilität eines Materials interpretiert werden. Je kleiner sie ist, um so spröder ist der Werkstoff (siehe Tabelle 2.1). Nach Hillerborg stellt die charakteristische Länge eine Materialeigenschaft dar, ist aber nicht mit einer physikalischen Länge zu verwechseln.

Tabelle 2.1: Typische Größenordnung der charakteristischen Länge aus [Nux98]

Material	l_{ch}
Zementstein	5 –10 mm
Mörtel	20 – 150 mm
Beton	200 – 600 mm

2.4.2 Rißbandmodell nach Bazant

Das Rißbandmodell nach Bazant und Oh [Baz83] stellt ein alternatives Modell zum fiktiven Riß dar. Anders als bei dem Modell von Hillerborg wird die Mikrorißakkumulation nicht in einem einzelnen fiktiven Riß zusammengefaßt, sondern in einer Prozeßzone endlicher Weite w_c gleichmäßig verteilt (siehe Bild 2.9a). Dabei ist die Ausdehnung der Prozeßzone vom Größtkorn d_{max} der Zuschläge abhängig und kann mit $w_c \approx 3 \cdot d_{max}$ abgeschätzt werden. Die Ausdehnung der Prozeßzone w_c kann als eine materialspezifische Größe angesehen werden. Das Verhalten in der Prozeßzone muß bei diesem Modell mit einem vollständigen Spannungs-Dehnungs-Verhalten unter Berücksichtigung des Verhaltens vor und nach Erreichen der Festigkeit wiedergegeben werden. Die Bruchenergie G_f wird in diesem Fall durch die gesamte Fläche unter dem Spannungs-Dehnungs-Kurve in Bild 2.9b multipliziert mit der Größe der Prozeßzone.

$$G_f = w_c \cdot \int_0^\infty \sigma(\varepsilon) d\varepsilon \tag{2.4}$$

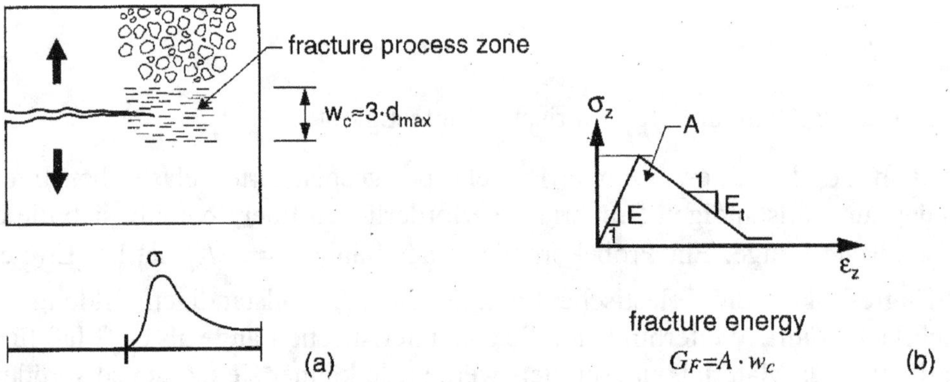

Bild 2.9: Schema des Riß Band Modell nach Bazant und Oh [Baz83]

2.5 Maßstabs- und Randeffekte

Das experimentell ermittelte Materialverhalten von Beton, zeigt eine Abhängigkeit von den Probekörperabmessungen, von der Art der Randbedingungen in den Lasteinleitungsflächen und bei zentrischen, weggesteuerten Zugversuchen eine Abhängigkeit von der Länge der Meßstrecke. Bei der Durchführung von Experimenten oder Simulationsrechnungen sind daher die Einflüsse der Randbedingungen und der Abmessungen der Probekörper zu berücksichtigen. Demzufolge ist es sinnvoll, im Rahmen der allgemeinen Diskussion des Materialverhaltens von Beton auf die Rand- und Größeneffekte sowohl in mikroskopischen als auch in makroskopischen Bereichen hinzuweisen. In diesem Abschnitt wird, mit Blick auf die in den späteren Kapiteln durchgeführten Berechnungen, auf den Einfluß der Maßstabs- und Randeffekte bei weggesteuerten zentrischen Druck- und Zugversuchen eingegangen.

2.5.1 Maßstabs- und Randeffekte bei Zugversuchen

Maßstabseffekt

Die Länge der Meßstrecke über der Prozeßzone des Probekörpers hat einen entscheidenden Einfluß auf die Meßergebnisse. Je größer der Abstand der Meßpunkte über welche die Verformung aufgenommen wird desto steiler ist der absteigende Ast der Spannungs- Verschiebungs- Kurve (siehe Bild 2.10). Über-

2.5 Maßstabs- und Randeffekte

trifft die Länge der Meßstrecke die charakteristische Länge l_{ch}, tritt mit dem Beginn der Endfestigung ein sogenannter snap-back, d.h. eine Verringerung der zu messenden Verschiebung bei weiter Rißöffnung auf. Die Probe versagt schlagartig und verhält sich "scheinbar spröde". Je länger ein Probekörper ist, desto spröder ist sein Verhalten auf Zug. Dieser Maßstabseffekt wird in Kapitel 5 bei der Elementformulierug für die Simulation mittels FEM berücksichtigt, so daß die Sprödigkeit der Stabelemente im wesentlichen von der Elementlänge abhängig ist.

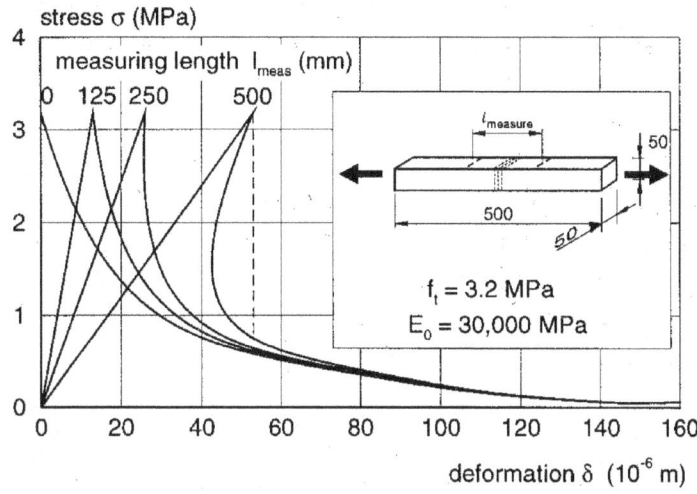

Bild 2.10: Abhängigkeit des Spannungs- Dehnungs- Verhaltens von der Meßstrecke [Hor91]

Randeffkte

Unabhängig von der Länge der Probe wirkt sich die Art der Lasteinleitung auf das Spannungs-Dehnungs-Verhalten aus. Die Durchführung einachsialer, weggesteuerter Zugversuche von Vervuurt [Ver97] an zylindrischen Probekörpern verschiedener Geometrien zeigen einen deutlichen Einfluß der Randbedingungen der Lasteinleitungsflächen auf das Versagensmuster (siehe Bild 2.11). Dabei wurden zwei unterschiedliche Arten der Lasteinleitung untersucht. Im ersten Versuchsprogramm wurden die Einspannplatten starr gelagert, so daß sich die Platten während des ganzen Versuches parallel gegenüberstanden. Im zweiten Versuch wurden die Einspannplatten frei beweglich und zentriert gelagert, so daß sie sich bis kurz vor Erreichen der Festigkeit parallel gegenüberstehen, aber bei einsetzender Rißöffnung je nach Spannungssituation in eine Richtung bewegen konnten. Zur Erfassung der lokalen unterschiedlichen Rißöffnungen wurden an den Probekörpern an vier Stellen über der zu erwartenden Prozeßzone Wegaufnehmer angebracht, so daß jeweils vier Spannungs-Rißöffnugs-Kurven pro Versuch aufgenommen wurden (siehe Bild 2.11). Die Ergebnisse dieser Untersuchung zeigten keine großen Abhängigkeiten von der Körpergeometrie [vMSV96]. Im

Gegensatz zu der Körpergeometrie zeigten die Festigkeit und das Nachbruchverhalten eine Abhängigkeit von der Art der Lasteinleitung.

Dabei fiel die Festigkeit der starr gelagerten Variante gegenüber der gelenkig gelagerten Variante größer aus. Wohingegen das Nachbruchverhalten der gelenkig gelagerten Proben besser ausfiel (siehe Bild 2.11). Weiterhin konnten die Trends mit dem zweidimensionalem "lattice model" durch [Ver97] bestätigt werden (siehe Bild 2.12).

Die Experimente und Simulationen von Zugversuchen nach v.Mier und Vervuurt zeigen einen deutlichen Einfluß der Randbedingungen in den Lasteinleitungsbereichen auf das Materialverhalten der Proben.

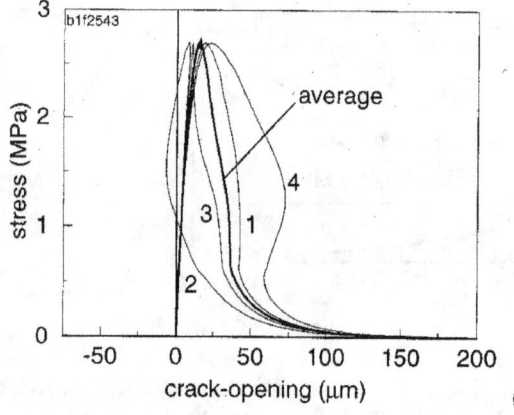 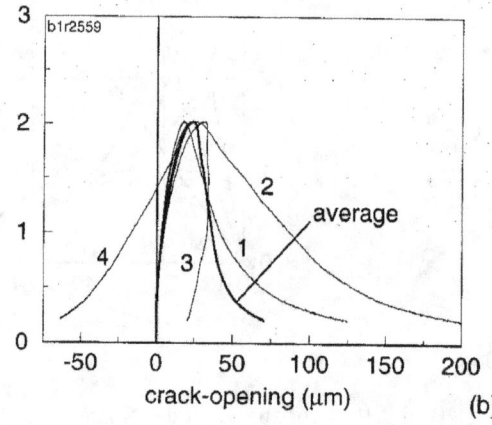

Bild 2.11: Spannungs- Rißöffnungs- Diagramme an zylindrischen Probekörpern mit unterschiedlichen Randbedingungen in der Lasteinleitung a) feststehende Einspannplatten b) gelenkig gelagerte Einspannplatten nach [Ver97].

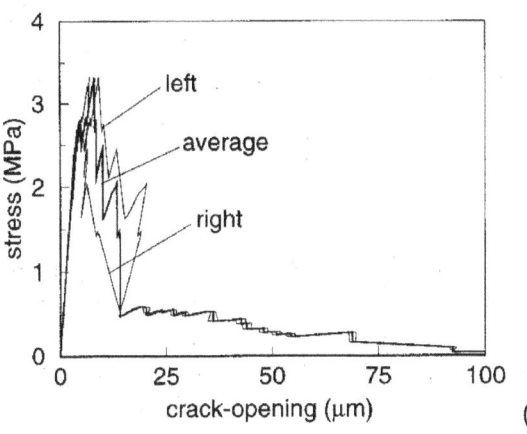 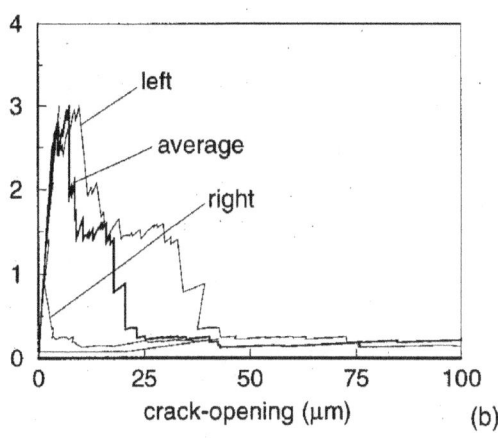

Bild 2.12: Simulation der Spannungs- Rißöffnungs- Diagramme mit dem "lattice model" in Anlehnung an die Ergebnisse der Versuche aus Bild 2.11 mit starrer Lagerung in a) und mit gelenkig zentrierter Lagerung der Einspannplatten in b) nach [Ver97]

2.5.2 Maßstabs- und Randeffekte bei Druckversuchen

Die Auswirkungen der Art der Lasteinleitung auf das Materialverhalten der Pobekörper ist bei weggesteuerten Druckversuchen deutlicher ausgeprägt als bei den Zugversuchen. Eine Trennung zwischen Maßstabs- und Randeffekten kann daher nicht klar gezogen werden.

So hat Schickert [Sci80] schon auf einen Zusammenhang zwischen der Steigerung der Druckfestigkeit mit Verminderung des Schlankheitsgrades der Proben bei der Verwendung von Druckplatten aus Stahl mit großer Reibung hingewiesen.

Infolge der durch die Reibung entstehenden Zwangskraft im Einspannungsbereich des Probekörpers und den dadurch entstehenden dreiachsialen Spannungszuständen, ist für gedrungene Probekörper mit einer Steigerung der Betonfestigkeit zu rechnen. In Bild 2.13 ist nach [vVM96] dargestellt, wie sich die Querdehnungsbehinderung in dem Probekörper fortpflanzt. Diese Querdehnungsbehinderung wirkt wie ein Auflager, da die infolge der Verschiebung in Längsrichtung entstehenden Zugkräfte in Querrichtung durch die Reibung auf die Lasteinleitungsplatten aufgenommen werden (siehe Bild 2.14). Die Rißentwicklung kann dadurch nur im mittleren, unbehinderten Teil des Probekörpers erfolgen. Es entstehen dann die üblichen Versagensstrukturen in Form von Doppelpyramiden.

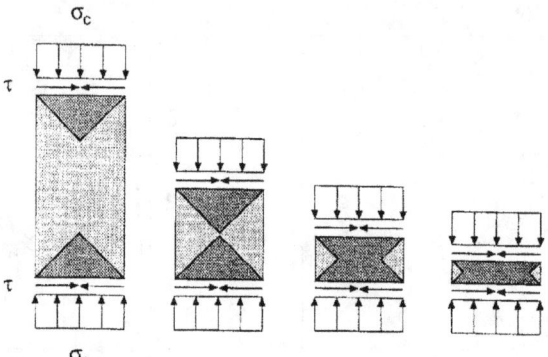

Bild 2.13: Zone der Querdehnungsbehinderung aufgrund der großen Reibung im Bereich der Einspannflächen für verschiedene Schlankheitsgrade nach [vVM96].

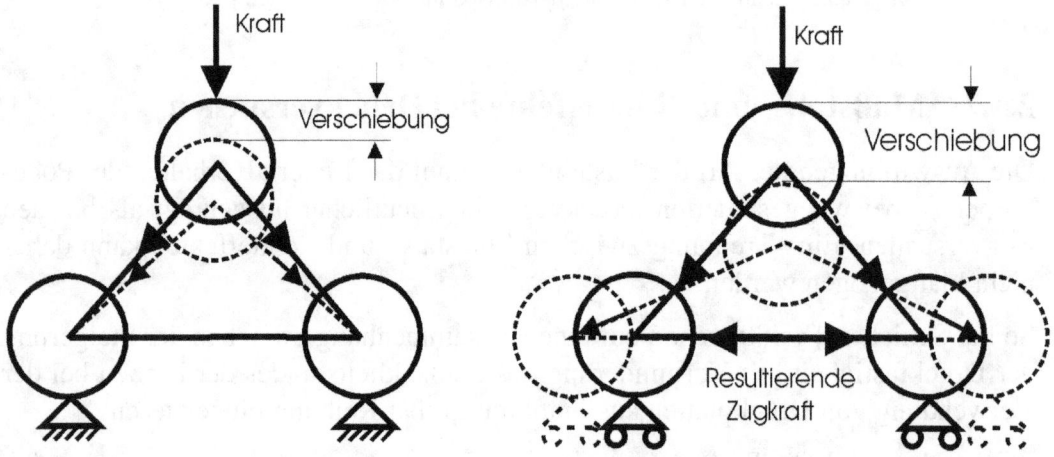

Bild 2.14: Zeigt das Schema der Art der Lasteinleitung auf die vertikale und horizontale Verformung bei gleichgroßer Belastung. Links: querdehnungsbehinderte Lasteinleitung mit kleiner Verschiebung. Rechts: querdehnungsunbehinderte Lasteinleitung mit großer Verschiebung und zusätzlicher horizontaler Verschiebung aus [Fri97].

Maßstabseffekt

Eine umfangreiche Untersuchung des Maßstabseffektes ist in dem Round Robin Test Programm des RILEM Technical commitee 148-SSC [RRT97] durchgeführt worden. In diesem Programm wurde besonders der Einfluß der Reibung in den Lasteinleitungsplatten und der Schlankheitsgrad der Probekörper auf das Spannungs-Dehnungs-Verhalten untersucht. Dabei wurde für zylindrische Probekörper ein Durchmesser von 100 mm und für prismatische Probekörper eine Querschnittfläche von 100 mm x 100 mm festgelegt. Die Variation der Länge ist für Zylinder

2.5 Maßstabs- und Randeffekte

und Prismen von 50, 100 und 200 mm bestimmt worden. Die jeweiligen Schlankheitsgrade ergeben sich zu h/d = 0.5, 1.0 und 2.0. An den Lasteinleitungsflächen wurden zur Bereitstellung großer Reibung Stahlplatten angeordnet. Geringe Reibung wurde durch den Einsatz verschiedene Systeme aus Bürsten oder Teflonschichten bereitgestellt. Die Wegsteuerung wurde statisch durchgeführt. Ein repräsentatives Ergebnis des Testprogramms zeigt Bild 2.15 nach [KSU94]. Dabei ist für die Lasteinleitung mittels Stahlplatten (große Reibung) ein deutlicher Zusammenhang zwischen der Steigerung der Betonfestigkeit und der Duktilität in Abhängigkeit von der Schlankheit, zu erkennen (siehe Bild 2.15 links). Für die Lasteinleitung mittels Teflonschichten (kleine Reibung) ist die Abhängigkeit der Festigkeit vom Schlankheitsgrad gegenüber der Stahlplattenvariante unterdrückt, wobei diese Abhängigkeit im Nachbruchverhalten deutlich zu erkennen ist (siehe Bild 2.15 rechts). Je schlanker der Probekörper, desto spröder verhält er sich im Nachbruchbereich. Deutlicher wird dieser Zusammenhang aus den Experimenten an Probekörpern aus Normalbeton nach Van Mier (siehe Bild 2.16). In dieser Meßreihe ist die querdehnungsunbehinderte Lasteinleitung durch ein Bürstensystem realisiert worden.

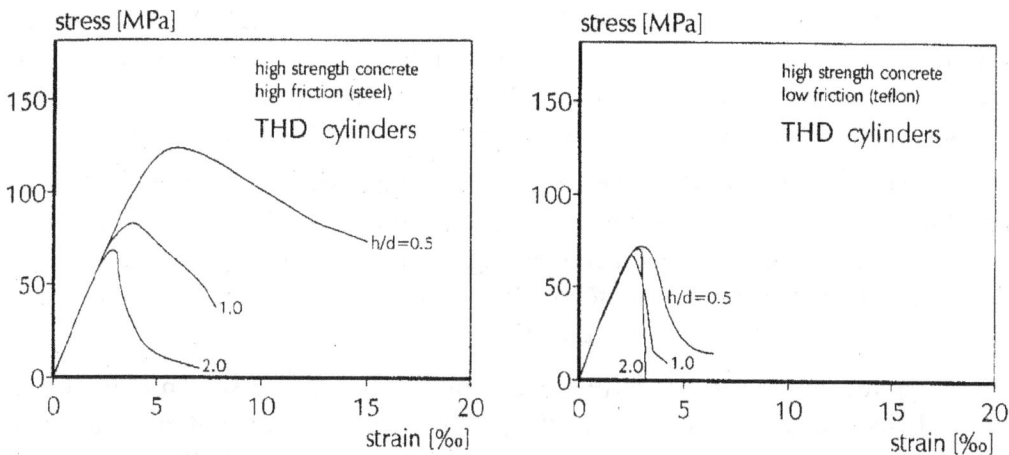

Bild 2.15: Spannungs- Dehnungs- Linien weggesteuerter Druckversuche der TH Darmstadt von zylindrischen Probekörpern aus hochfestem Beton, mit den Schlankheitsgraden 0.5, 1.0 und 2.0 sowie 100 mm Durchmesser. Links Lasteinleitung mit Stahlplatten (große Reibung), rechts Lasteinleitung mit Teflonplatten (kleine Reibung) nach [KSU94]

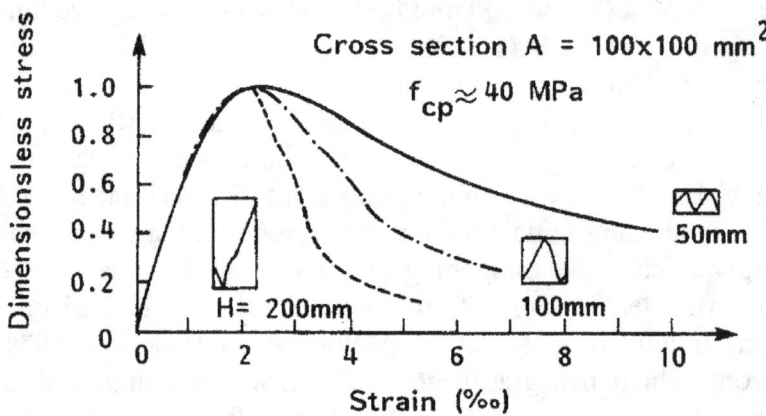

Bild 2.16: Einfluß des Schlankheitsgrades auf das Nachbruchverhalten bei kleiner Reibung in den Lasteinleitungsflächen nach [vMi84] aus [Mar93].

Wie bei den Experimenten können auch in der Simulation die gleichen Phänomene beobachtet werden, wie die Untersuchungen von [Fri97] mittels eines dreidimensionalen Stabwerksgitters zeigen (siehe Bild 2.17 und 2.18). Dabei wurden drei Stabwerksgitter in der Form von Prismen mit den Schlankheitsgraden 0.5, 1.0 und 2.0 zum einen mit Behinderung der Querdehnung (große Reibung) und zum anderen ohne Behinderung der Querdehnung (kleine Reibung) generiert.

Je nach Art der Lasteinleitung zeigen die "dreidimensionalen Rißmuster" unterschiedliche Strukturen. So kann in Bild 2.17 deutlich die Unterdrückung der Querdehnung im Bereich der Lasteinleitung in Form der auf die Spitze gestellten Pyramiden erkannt werden. Ähnlich dem Schema aus Bild 2.13. Die Stäbe versagen hauptsächlich in den Mittelbereichen.

Für die querdehnungsunbehinderte Lasteinleitung sind die versagten Stäbe für die Schlankheitsgrade 0.5 und 1.0 nahezu gleichmäßig über das Gitter verteilt. Bei dem Gitter mit Schlankheitsgrad 2.0 ist, wie in diesen Fällen üblich, ein "Schubriß" von links unten nach rechts oben zu erkennen (siehe Bild 2.18).

Die zugehörigen Spannungs-Dehnungs-Linien der in den Bildern 2.17 und 2.18 dargestellten Gitterstrukturen sind in Bild 2.19 visualisiert. Die qualitativen Kurvenverläufe der Spannungs-Dehnungs-Linien der Simulation in Bild 2.19 stimmen voll mit den experimentell ermittelten Kurven der Bilder 2.15 und 2.16 überein. Der Einfluß der Lasteinleitung auf die Steigung der Spannungs-Dehnungs-Linien für die querdehnungsbehinderte Lasteinleitung ist auf den Zwang in den Lasteinleitungsflächen zurückzuführen und kann in Analogie mit in Reihe geschalteter, unterschiedliche harter Federn interpretiert werden.

2.5 Maßstabs- und Randeffekte

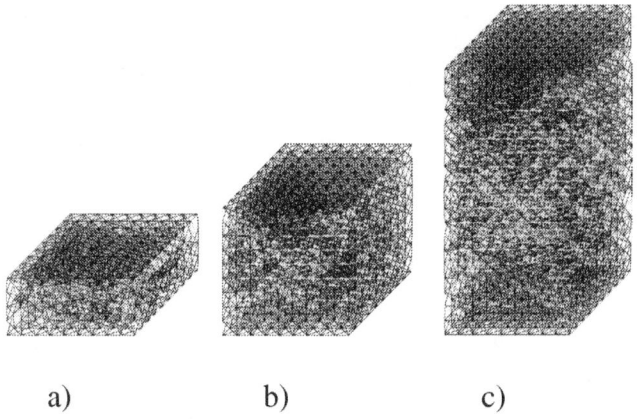

        a)   b)   c)

Bild 2.17: Versagte Stabwerksgitter mit Querdehnungsbehinderung in den Lasteinleitungsflächen für die Schlankheitsgrade a) 0.5, b) 1.0 und c) 2.0 . Die versagten Stäbe sind gelb markiert.

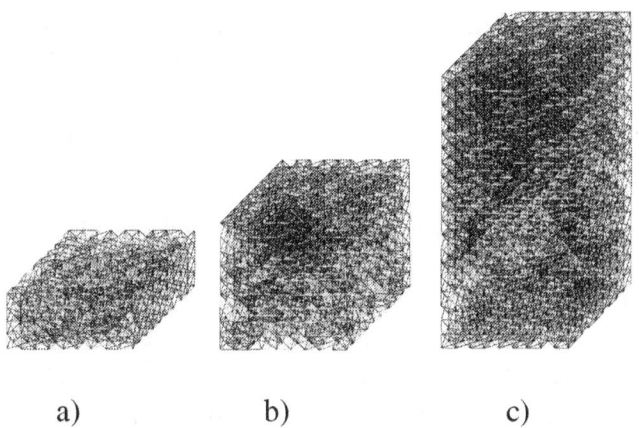

        a)   b)   c)

Bild 2.18: Versagte Stabwerksgitter ohne Querdehnungsbehinderung in den Lasteinleitungsflächen für die Schlankheitsgrade a) 0.5, b) 1.0 und c) 2.0 . Die versagten Stäbe sind gelb markiert.

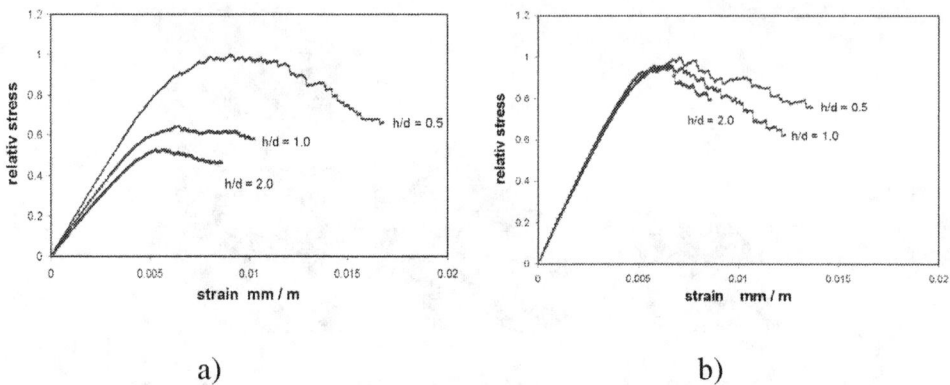

Bild 2.19: Spannungs- Dehnungs- Linien der Stabwerksgitter a) aus Bild 17 mit Querdehnungsbehinderung und b) aus Bild 2.18 ohne Querdehnungsbehinderung aus [Fri97].

Randeffekte

Der Einfluß der Art der Lasteinleitung zeigt sich besonders bei dem Vergleich der Spannungs-Dehnungs-Linien für die jeweiligen Schlankheitsgrade. Bei einem Vergleich der Spannungs-Dehnungs-Linien für den Schlankheitsgrad 2.0 nach [Sim92], zeigte sich entgegen der allgemeinen Ansicht eine größere Festigkeit für die Lasteinleitung mit Teflonschichten gegenüber der Variante mit Stahlplatten (siehe Bild 2.20)

Das gleiche Phänomen zeigt sich auch in der Simulation mit dem dreidimensionalen Stabwerksgitter nach [Fri97] (siehe Bild 2.21c). Der Vergleich der Spannungs-Dehnungs-Linien nach der Art der Lasteinleitung in Bild 2.21 zeigt für die Schlankheitsgrade 0.5 und 1.0, wie aus den Experimenten bekannt, für die Lasteinleitung mit behinderter Querdehnung eine größere Festigkeit. Für den Schlankheitsgrad 2.0 zeigt die Simulation wie auch im Experiment eine umgekehrte Situation. Die Festigkeit für die Probe mit unbehinderter Querdehnung in der Lasteinleitung hat eine größere Festigkeit als die Probe mit behinderter Querdehnung. Anders als in den Experimenten, bei denen im Prinzip kein Probekörper dem anderen gleicht, ist das Gitter der Stabwerke bis auf die unterschiedlichen Randbedingungen in den Lasteinleitungflächen gleich, so daß dieser Effekt nicht auf eine statistische Streuung zurückgeführt werden kann.

Unabhängig von den Untersuchungen nach [Fri97] zeigt Slowik [Slo98] mit dem zweidimensionalen Partikelmodel nach Zaitsev [Zai82] (siehe auch Kapitel 3) bei der Untersuchung der Abhängigkeit der Druckfestigkeit vom Größtkorn der Zuschläge und der Endflächenreibung den gleichen Effekt (siehe Bild 2.22). Dabei war, unabhängig vom Größtkorn, die Festigkeit für den Schlankheitsgrad 1.0 mit Endflächenreibung größer als ohne Reibung. Für den Schlankheitsgrad 2.0 war dagegen die Festigkeit ohne Endflächenreibung größer als mit Endflächenreibung. Der Grund für dieses Verhalten liegt in den unterschiedlichen Spannungssituationen für die unterschiedlichen Lasteinleitungen [Fri97].

2.5 Maßstabs- und Randeffekte

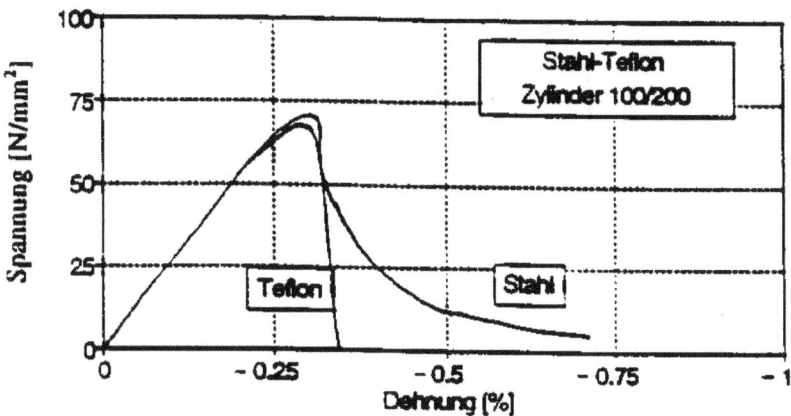

Bild 2.20: Vergleich der Spannungs-Dehnungs-Linien für Zylinder ⌀ 100/200 mm aus hochfestem Beton, Lasteinleitung mit Stahlplatten, bzw. mit Teflonfolie und Teflonspray nach [Sim92].

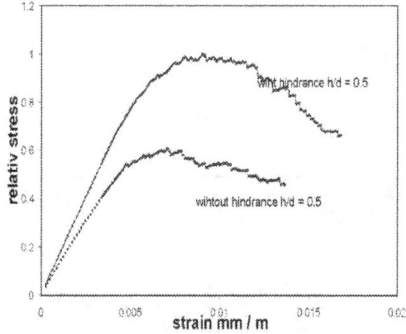

a)

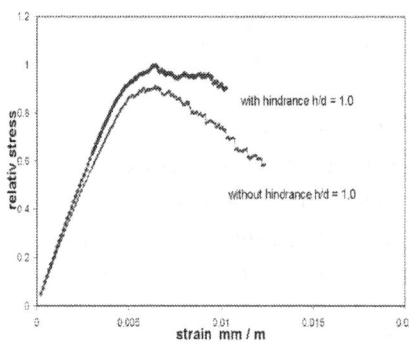

b)

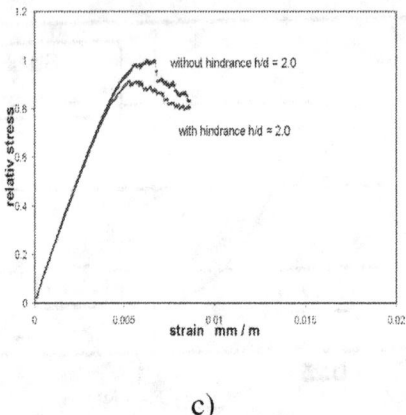

c)

Bild 2.21: Vergleich der Spannungs-Dehnungs-Linien der Schlankheitsgrade mit und ohne Behinderung der Querdehnung, a) h/d = 0.5, b) h/d = 1.0 und c) h/d = 2.0 aus [Fri97]

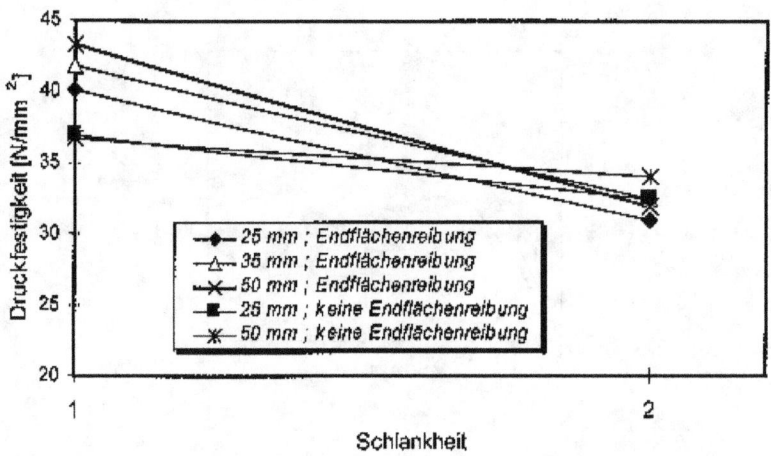

Bild 2.22: Druckfestigkeit in Abhängigkeit vom Schlankheitsgrad, Größtkorn und der Reibung in den Lasteinleitungsflächen nach [Slo98]

Bei den Simulationberechnungen in den späteren Kapiteln werden sowohl für Druck- als auch für Zugsimulationen die Knoten des FEM-Netzes, die in den Bereich der Lasteinleitung fallen, orthogonal zur Verschiebungsrichtung frei gelagert gehalten. Um somit bei den Variationen der jeweiligen Materialeigenschaften den störenden Einfluß einer behinderten Querdehnung in den Lasteinleitungsflächen soweit möglichst auszuschließen.

3 Betonmodelle zur Beschreibung der Versagensmechanismen

Dieses Kapitel stellt einen Überblick über die in der Vergangenheit entwickelten Modelle zur Beschreibung der Versagensmechanismen in Beton dar. Hierzu wurde schon von Eibel und Ivany [Eiy76] sowie von Kupfer [Kup73] eine umfassende Zusammenfassung der verschieden Modelle gegeben. Nach Kupfer lassen sich die bisher erstellten Betonmodelle in drei Bereiche einteilen: klassische Bruchhypothesen, Bruchhypothesen auf Grundlage der Energiebetrachtung und Bruchhypothesen aufgrund von Modellvorstellungen. Der letztere Bereich umfaßt die strukturorientierten Modelle, zu denen auch die Stabwerksmodelle gehören. Im folgenden sollen diese Modelle besonders berücksichtigt werden.

Die ältesten Beschreibungsformen sind die klassischen Bruchhypothesen, auf welche in diesem Zusammenhang nicht speziell eingegangen wird, der Vollständigkeit halber werden diese jedoch kurz benannt. Dazu gehören z.B. die Normalspannungshypothese (Navier, Rankine), die Dehnungshypothese (Poncelet, St. Venant, Bach), die Verformungshypothese (Maxwell, v. Miese, Haiger, Hencky) und die Schubspannungshypothese nach (Tresca). All diese klassischen Versagensmodelle wie auch die Coulomb/Mohr Hypothese idealisieren den Beton als homogen isotropes Material. Sie gehen nicht auf die innere Struktur des Betongefüges ein und eignen sich daher nicht zur Beschreibung der Feinstruktur und Rißentwicklung.

Im Gegensatz zu den klassischen Bruchhypothesen konnten die strukturorientierten Modelle schon in ihren früheren Entwicklungsstufen zu einem differenzierten Verständnis der Bruchmechanismen in Beton beitragen.

3.1 Strukturorientierte Betonmodelle

Unter „strukturorientierten Modellen" werden in dieser Arbeit die Modelle zusammengefasst, die das inhomogene Gefüge von Beton berücksichtigen. Dazu sollen hier ganz besonders die Gittermodelle in einer chronologischen Reihenfolge Berücksichtigung finden. Weiterhin wird die Darstellung der Betonstruktur mit Finite-Elementen-Netzen und das Partikelmodell beschrieben.

3.1.1 Die Gittermodelle

Im vorliegenden Abschnitt wird ein kurzer Überblick über die zeitliche Entwicklung der Gittermodelle gegeben. Dabei werden sukzessive das räumliche Modell von Reinius, das Drapierstoffmodell von Baker, das räumliche Simulationsmodell nach Roy und Sozen, das Stabwerksmodell nach Schorn und das "lattice-modell" nach van Mier beschrieben.

3.1.1.1 Das räumliche Modell von Reinius

Erste Ansätze zur strukturellen Beschreibung von Beton unter Berücksichtigung der Unterscheidung von Zuschlag und Zementstein sind von Reinius vorgeschlagen worden. Er entwickelte ein räumliches Modell, welches ausgehend vom Zementsteingefüge, den Beton mit starren Kugeln, die mit Stäben untereinander gelenkig verbunden sind, abbildet. Dabei stellen die Kugeln den Zuschlag und die Stäbe die Matrix dar (siehe Bild 3.1). Mit steigender Last verminderte Reinius den Querschnitt der Stäbe und konnte so Spannungs-Dehnungs-Linien erzeugen, die denen aus Versuchen ähnelten. Weiter konnte er mit diesem Modell zeigen, daß die Aufbringung einer zweiten Druckkraft eine Steigerung der Festigkeit zum Vorschein brachte. Die Kontaktzone zwischen Zuschlag und Zementstein ist bei diesem Modell nicht berücksichtigt worden.

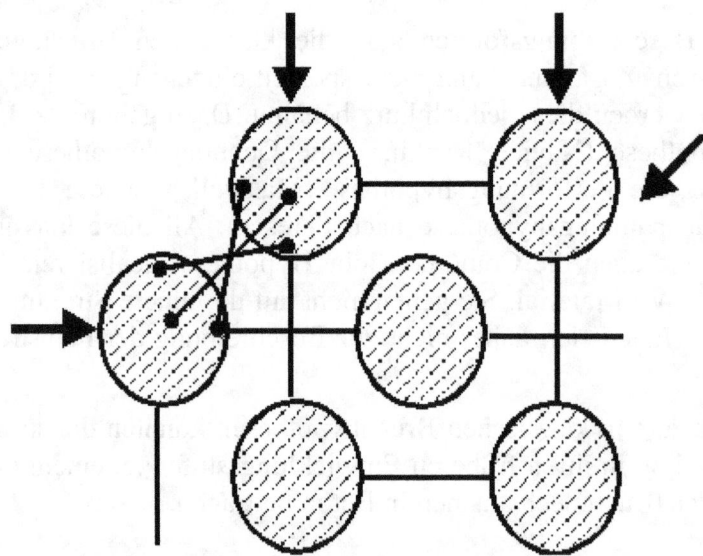

Bild 3.1: Räumliches Strukturmodell für Beton nach Reinius [Rei55]

3.1.1.2 Das Drapierstoffmodell von Baker

Ein ebenes Betonmodell ist mit der Berücksichtigung der Unterscheidung von Zuschlag und Zementstein von Baker [Bak59] entwickelt worden. Bakers Vorstellung baut darauf auf, daß bei Druckbelastungen auf Betonprobekörper die Druckspannungen von Zuschlag zu Zuschlag laufen und so Druckringe um den dazwischen liegenden weicheren Mörtel bilden (siehe Bild 3.2).

3.1 Strukturorientierte Betonmodelle

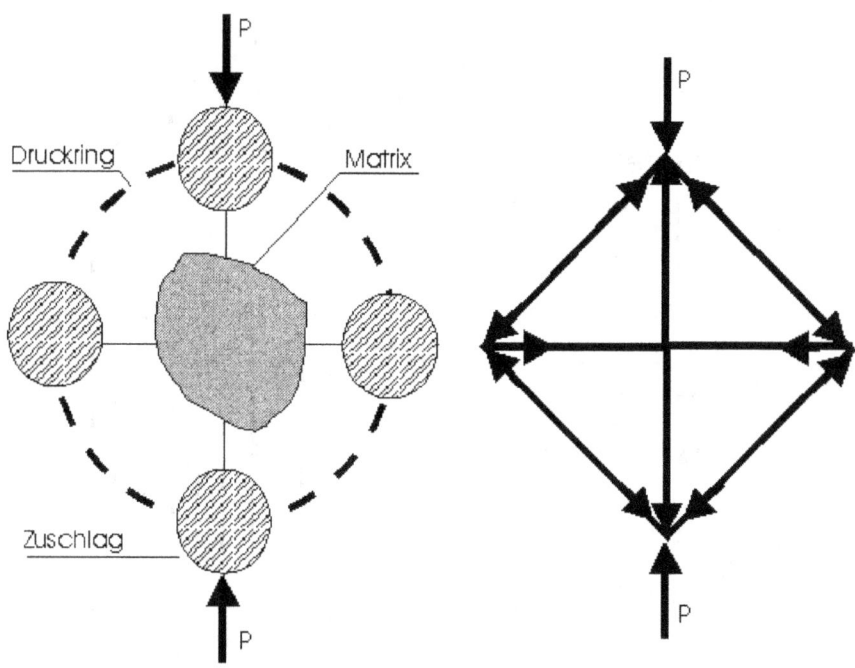

Bild 3.2: Strukturmodell für Beton nach [Bak59] aus Anson [Ans64]

Bei Aufbringen einer Last verformen sich diese Sprengwerke, so daß im Mörtel in Kraftrichtung Druck- und senkrecht zur Kraftrichtung Zugkräfte entstehen. Die Wirkungsweise dieser lokalen Sprengwerke konnten von Lusche [Lus71] durch spannungs-optische Untersuchungen an Betonproben verifiziert werden (siehe Bild 3.3).

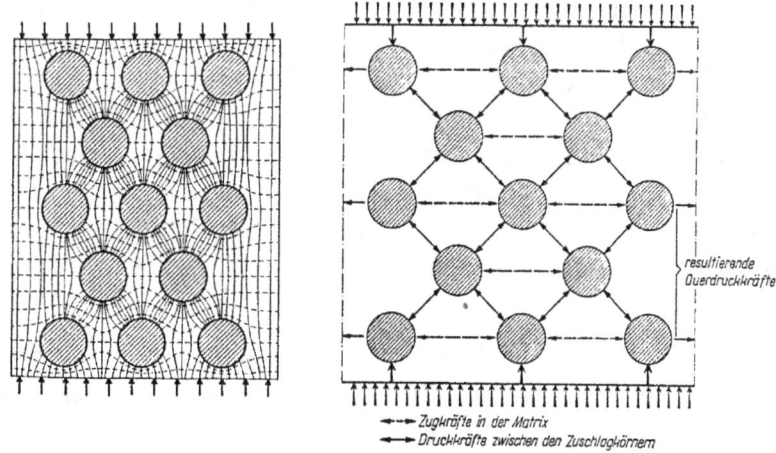

Bild 3.3: Schematischer Kräfteverlauf in Beton unter Druck nach [Lus71]

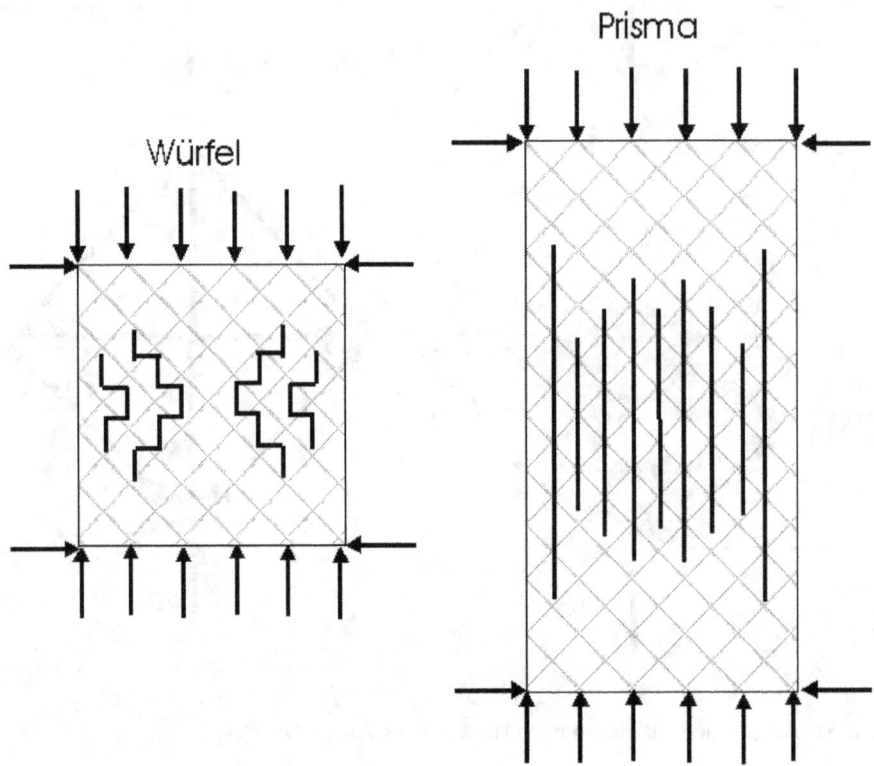

Bild 3.4: Rißbilder dargestellt durch die auf Zug versagten Streben, mit den Drapierstoffmodell nach [Bak59].

Durch eine Aneinanderreihung mehrerer solcher Sprengwerke baute Baker ein zweidimensionales Gittermodell aus Drapierstoff, an dem er das Verhalten unter Last beobachten konnte. So untersuchte er den Einfluß exzentrischer Lasten, die Vorgabe von Fehlstellen zur Rißentwicklung und den Einfluß der querdehnungsbehindernden Reibung in den Einspannflächen. Mit diesem Modell konnte gezeigt werden, daß der Rißverlauf entlang der maximalen Zugspannung verläuft. So zeigt Bild 3.4 die versagten Zugbänder eines Würfels und eines Prismas unter Druckspannung mit Berücksichtigung der Reibung in den Einspannflächen. Weiter konnte Baker zeigen, daß die Druckfestigkeit von Beton im wesentlichen von der Zugfestigkeit der Matrix und der Verbundfestigkeit zwischen Matrix und Zuschlag abhängig ist.

Aufbauend auf den Modell von Baker zeigte Anson [Ans64], daß der Bruch seinen Ursprung in den Mörtelbereichen hat, die sich nicht querdehnungsbehindert ausdehnen können.

3.1.1.3 Räumliches Simulationsmodell nach Roy und Sozen

Roy und Sozen [RoS63] nahmen das Modell von Reinius als Grundlage zur Simulationsberechnung. Roy entwarf ein dreidimensionales Stabmodell mit Kantenstäben und Flächendiagonalstäben, aber ohne Raumdiagonalstäben, siehe Bild 3.5. Weiterhin wurde den Stäben eine lastbedingte Abnahme der Stabsteifigkeit zugeordnet. Dabei ist der Stabquerschnitt mit fortschreitender Dehnung exponentiell vermindert worden, und zwar unterschiedlich für Zug- und Druckstäbe. Die Kontaktzone wurde in diesem Modell nicht berücksichtigt.

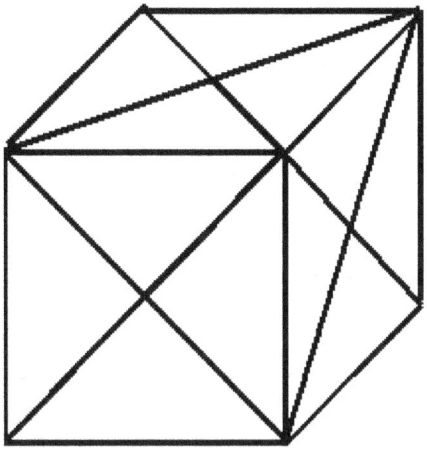

Bild 3.5:   Räumliches Gitter nach Roy und Sozen [RoS63]

3.1.1.4   Stabwerksmodell nach Schorn und Mitarbeiter

Die Abbildung und Idealisierung der Betonstruktur wurde mit den oben aufgeführten Modellen schon sehr detailliert beschrieben. Um Zusammenhänge zwischen Betonzusammensetzung und den im Belastungsprozeß herrschenden Randbedingungen auf die Rißentwicklung in den Betonproben zu schließen, ist von Schorn und seinen Mitarbeitern das Fachwerkmodell nach Hrennikoff aufgegriffen und weiter entwickelt worden [Sco86][Die84][Sco91][Hre41]. Dabei gehen die Grundideen im wesentlichen, ähnlich wie bei Baker, darauf zurück, daß sich die Druck- und Zug- Trajektoren in einem unter Belastung befindlichen Betonprobekörper durch ein Fachwerk darstellen lassen (siehe Bild 3.3). Die einzelnen Fachwerkstäbe erhalten dabei die Spannungen der jeweiligen Trajektorenbündel.

In den Anfängen entwickelten Schorn und seinen Mitarbeitern zunächst das programmtechnische Rüstzeug für eine zweidimensionale Simulation. Der Beton wurde mit einem regelmäßigen ebenen Gitter diskretisiert, wobei es nicht auf die geometrisch richtige Abbildung der Kraftflüsse zwischen den Zuschlagskörnern ankommt, sondern mehr auf die allgemeinen Kraftflüsse im Körper. Je nach Lage im Gitter werden den einzelnen Stäben Matrix- oder Zuschlags-Eigenschaften zugeordnet. Dabei werden Elastizitätsmodul, Druck- und Zugfestigkeit der einzelnen Komponenten unterschieden und um die Mittelwerte mit entsprechenden Standardabweichungen gestreut, so daß jeder Stab ein anders Verhalten aufweist.

Das Materialverhalten der Stäbe wurde in diesem Stadium der Entwicklung als linear-elastisch mit spröden Versagen simuliert, das heißt die Simulationsfachwerke wurden nur linear-elastisch gerechnet. In Bild 3.6 ist eine typische Spannungs-Dehnungs-Linie für einen weggesteuerten Druckversuch ohne Reibung in den Lasteinleitungsflächen mit dem dazu gehörigen Gitter und Randbedingungen abgebildet.

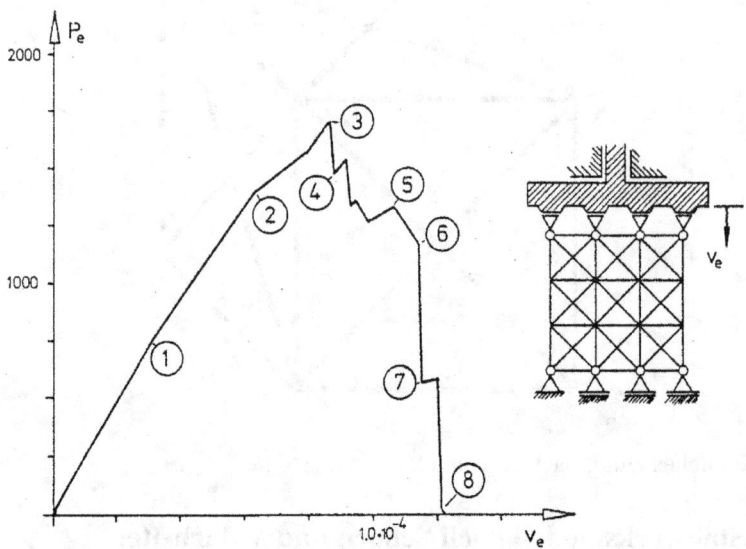

Bild 3.6: Spannungs- Dehnungs- Linie einer weggesteuerten Drucksimulation mit dazu gehörigen 2d Gitter nach Diekämper [Die84]

Im weiteren Verlauf entwickelten Schorn und Mitarbeiter das ebene Modell als räumliches Gitter weiter. Anders als bei der dreidimensionalen Simulation von Roy und Sozen [RoS63] wurde nicht auf den Einbau von Raumdiagonalstäben verzichtet, siehe Bild 3.7.

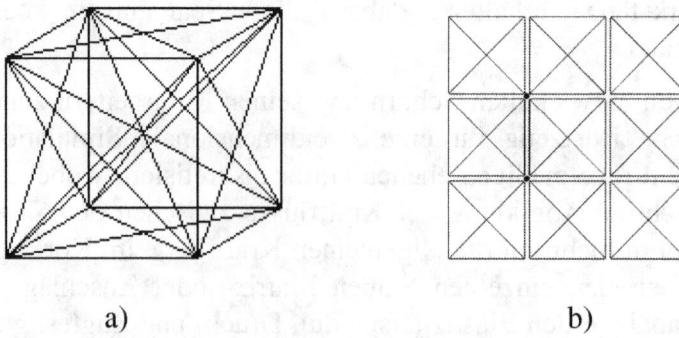

Bild 3.7: a) Grundelement des räumlichen Gitters, b) vollständiges Gitter aus den Grundelementen aufgebaut, wobei die parallel liegenden Kantenstäbe doppelt vorkommen [Die84].

3.1 Strukturorientierte Betonmodelle

Des weiteren wurde das ebene und das räumliche Modell auf ein Drei- Komponenten- System mit der Berücksichtigung von Matrix, Zuschlag und Kontaktzone erweitert. Zusätzlich wurde den Stäben für Matrix und Kontaktzone nach Erreichen der Festigkeit ein nichtlineares Materialverhalten mit schrittweise vermindertem Elastizitätsmodul zugewiesen. Mit den so ausgestatteten Elementen im Stabwerksgitter wurden dann sehr realitätsnahe Simulationen für die ebene und räumliche Gittervariante durchgeführt. Wobei sowohl die Spannungs-Dehnungs-Beziehung als auch die Rißentwicklung in Abhängigkeit von der Verschiebung mit den Experimenten eine sehr gute Übereinstimmung erbrachten (siehe Bild 3.8).

Weiterhin kann der Verlauf der Spannungs-Dehnungs-Linie in Bild 3.8 sehr anschaulich mit den entsprechenden Rißbildern interpretiert werden, wobei besonders die Verformungsstufen drei bis fünf einen deutlichen Zusammenhang zwischen Kurvenverlauf und Rissbildern zeigen. Der starke Spannungsabfall von Punkt drei nach Punkt vier der Spannungs-Dehnungs-Linie, hervorgerufen durch die starke Rißentwicklung in der schwachen Kontaktzone, wird ab Punkt vier abgefangen. Ab dieser Verformungsstufe müssen die Risse der Kontaktzone zur Verbindung untereinander durch die festere Matrix laufen, wodurch ein sofortiger Durchschlag der Spannungs-Dehnungs-Linie verhindert wird.

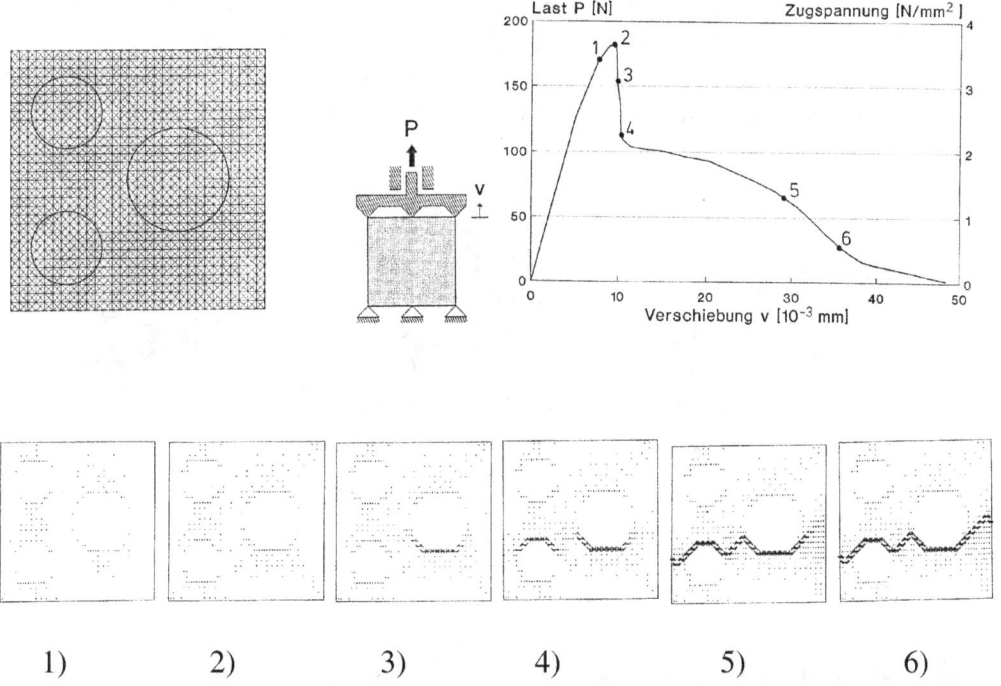

Bild 3.8: Darstellung einer Zugsimulation mit der Schädigung des Gitters für die jeweiligen Verformungsstufen nach Rode [Rod91].

Bei der Simulation der Zugversuche aus Bild 3.8 wurden die Verhältnisse von Matrixzugfestigkeit zu Kontaktzonenfestigkeit mit 1,5 : 1 und die Zugfestigkeit des Zuschlag als unendlich festgelegt. Die Randbedingungen in den Lasteinleitungsflächen wurden querdehnungsbehindert gehalten. Zudem ist für die einzelnen Stäbe eine Rißaufweitungsbeziehung angewandt worden.

Nach Schorn und Mitarbeiter [Rod91] stellt das hier beschriebene Stabwerksmodell ein effizientes Werkzeug zur Baustofforschung dar. Deren Stärken besonders in der Beschreibung der Rißbildung auf mesostruktureller Abbildungsebene von Beton liegen, um so ein besseres Verständnis in die Versagensmechanismen innerhalb der Stoffstruktur und deren Einfluß auf das makroskopische Betonverhalten zu erhalten. Dennoch räumt Rode [Rod91] ein, daß zur Spezifizierung der Modellparameter weitere experimentelle Untersuchungen und Parameterstudien notwendig sind.

Das von Schorn und Mitarbeiter entwickelte Stabwerksmodell bildet im wesentlichen die Grundlage der im folgenden dargestellten qualitativen Untersuchungen.

3.1.1.5 Das „lattice" Modell nach van Mier und Mitarbeiter

Zur Lösung von Bruchproblemen in Beton ist die von Herrmann und Roux [HeR90] vorgeschlagene Netznäherung zur Beschreibung des Rißwachstums in Beton von v. Mier und Schlangen zum „lattice" Modell weiterentwickelt worden [SvM92] [vMSV93]. Das „lattice" Modell bildet den Beton als Drei- Komponenten- System mit einem zweidimensionalen Netz auf Mesoebene ab. Sowohl regelmäßige als auch unregelmäßige Dreiecksnetze, aufgebaut aus Balkenelementen, unterscheiden Zuschlag, Matrix und Kontaktzone, siehe Bild 3.9.

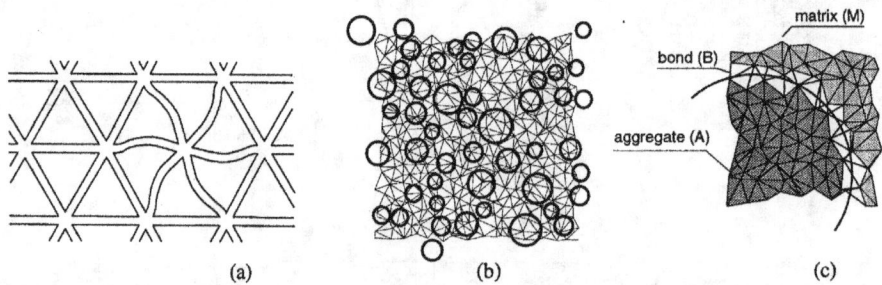

Bild 3.9: Regelmäßiges und unregelmäßiges Dreiecksgitter mit Zuordnung der Balkeneigenschaften nach der Lage im Netz nach [vMSV94].

Das Materialverhalten der Balkenelemente wird für jede Komponente als sprödeelastisch angenommen. Die Spannung der Balken wird mit $\sigma = F/A + \alpha \cdot M/W$, mit $A = b \cdot h$ der Balkenquerschnitt und $W = b \cdot h^2 / 6$ das Widerstandsmoment berechnet. Der Faktor α wird zur Variation der Biegespannung eingesetzt und auf

0.005 festgelegt. Eine genaue Interpretation des α Faktors ist nach [vMSV94] zu diesem Zeitpunkt nicht gegeben. Der Versagensmechanismus des Netzes unter Belastung sieht vor, daß die Balkenelemente, deren Spannung größer als ihre Festigkeit ist, aus dem Netzverband ausgebaut werden. Die Wahl der E-Module ist für den Zuschlag mit 70 GPa für Matrix und Kontaktzone mit 25 GPa bestimmt worden. Die Festigkeit der Balkenelemente wird für die Zuschlagselemente mit 10 MPa, für die Matrixelemente mit 5 MPa und für die Kontaktzonenelemente mit 1.25 MPa festgelegt. Für die Simulation sind nach [vMSV94] die absoluten Werte der Festigkeit der Balkenelemente weniger von Bedeutung, es kommt dabei viel mehr auf die Verhältnisse der Parameter zwischen den einzelnen Komponenten an. Selbstkritische Anmerkungen von v.Mier hinsichtlich der Richtigkeit des Bruchmodells der Elemente, sowie die korrekte Wahl der Elementparameter stellen das „lattice" Modell nicht in Frage. Ganz im Gegenteil, so zeigt Bild 3.10 die Stärken des „lattice" Modell auf, indem ein klarer Zusammenhang zwischen der Inhomogenisierung der Matrix durch der Einbau kleiner Partikel und den Verlauf der Spannungs- Dehnungs- Linien mit den dazugehörigen Rißbildern zu erkennen ist.

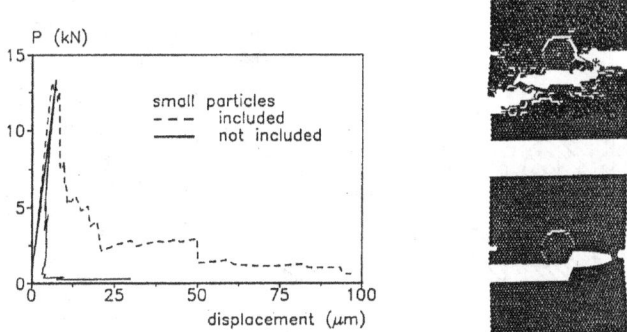

Bild 3.10: Einfluß der Inhomogenisierung der Matrix durch den Einbau kleiner Zuschläge (small particle effect) nach [vMSV94]

Nach v. Mier stellt das „lattice" Modell ein Forschungswerkzeug für fundamentale Bruchstudien dar, was sicherlich zutreffend ist und in einer abgewandelten Form auch hier zum Einsatz kommt.

3.1.2 FEM-Modellierung der Betonstruktur

Parallel zu den oben dargestellten Gittermodellen wurde in der Vergangenheit von vielen Forschern das inhomogene Betongefüge mit den Methoden der Kontinuumsmechanik im Rahmen der FEM-Modellieruung dargestellt. Dabei wurde mit Hilfe von Finiten Elementen versucht, das Gefüge von Beton in seiner mehrkomponentigen Natur so realitätsnahe wie möglich abzubilden. Im

komponentigen Natur so realitätsnahe wie möglich abzubilden. Im Folgenden seien hier zwei Beispiele der FEM-Formulierung vorgestellt.

3.1.2.1 Ebenes Verbundmodell von Shah, Winter und Buyukozturk

Ein ebenes Verbundmodell unter Berücksichtigung von Verbundrissen ist von Shah u. Winter entwickelt worden [ShW66]. Auf der Grundlage der Finite-Elemente-Methoden erstellten sie ein Einkornmodell, mit dem Zuschlag, Matrix und Kontaktzone abgebildet werden konnten. Aufbauend auf diesem Modell generierte Buyukozturk [BNS71] ein FEM-Netz aus Dreieckselementen (siehe Bild 3.11) mit der Unterscheidung von Zuschlag, Matrix und Kontaktzone. Die Zuschlagselemente erhalten dabei ein linear-elastisches Materialverhalten. Die Matrix- und Kontaktzonenelemente sind mit einem linear-elastischen Materialverhalten versehen, was bei Überschreiten der jeweiligen Elementzugfestigkeit spröde versagt. Die Steifigkeit der gerissenen Elemente wird dabei auf einen kleinen Wert gesetzt, so daß die Berechnung trotz Rißentwicklung weiter betrieben werden kann.

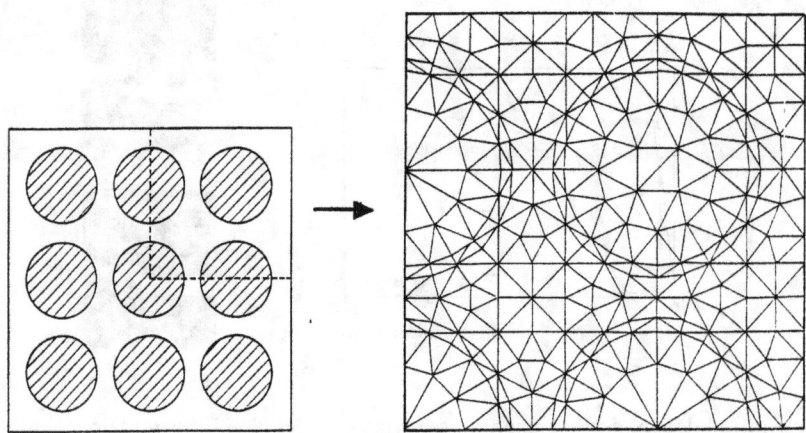

Bild 3.11:   Finite- Elemente- Modell nach Buyukozturk [BNS71]

3.1.2.2 Der numerische Beton von Wittmann und Mitarbeiter

Die Erstellung eines numerischen Betons mit der Berücksichtigung von Zuschlag, Matrix und Kontaktzone wurde von Wittmann und Mitarbeiter realisiert [WSS93][Wit83]. Sie generierten Finite-Elemente-Netze bestehend aus Dreieckselementen und konnten damit beliebig geartete Zuschlagkonfigurationen darstellen (siehe Bild 3.12)[Wit83]. Dabei setzten Sie voraus, daß der Riß nur in Matrix und Kontaktzone entstehen und wachsen kann. Das Materialverhalten der Zuschlagelemente wurde linear-elastisch ohne Rißbildung angenommen. Die Mat-

3.1 Strukturorientierte Betonmodelle

rixelemente unterliegen dem verschmierten Rißmodell mit Vorgabe von Elastizitätsmodul, Zugfestigkeit und einer Spannungs-Rissaufweitungs-Beziehung. Die Kontaktzone wird durch eine Zusammensetzung spezieller Finite-Elemente aus Federelementen, Reibungselementen und Entfestigungselementen dargestellt (siehe Bild 3.13).

Bild 3.12:   Finite-Elemente- Netz nach Wittmann und Sadouki [WSS93]

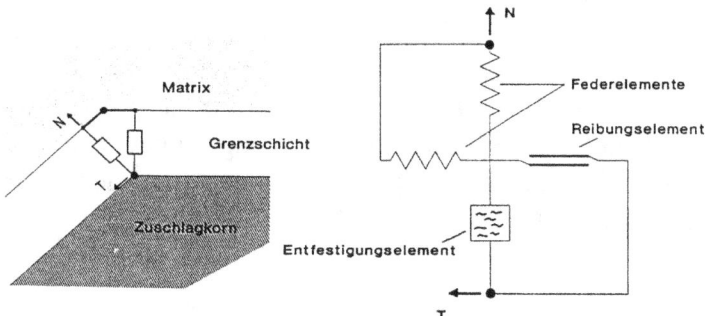

Bild 3.13:   Modell für die Grenzschicht-Elemente

3.1.3 Partikelmodell nach Zaitsev und Hu

Eine weitere Möglichkeit, die Betonstruktur in zwei Dimensionen abzubilden, ist das Partikelmodell, entwickelt von Zaitsev und Hu [Zai82]. Mit diesem Modell wird der Beton als Zwei- Komponenten- System, zusammengesetzt aus Zuschlag und Matrix, abgebildet. Das System besteht aus einer homogenen Matrix mit zufällig eingestreuten Zuschlagkörnern wobei nur das größte Korn vorkommt. Zusätzlich wird durch Mikrorißinduzierung im Bereich der Zuschläge die Existenz einer Kontaktzone angedeutet, direkt abgebildet wird sie aber nicht, siehe Bild 3.14.

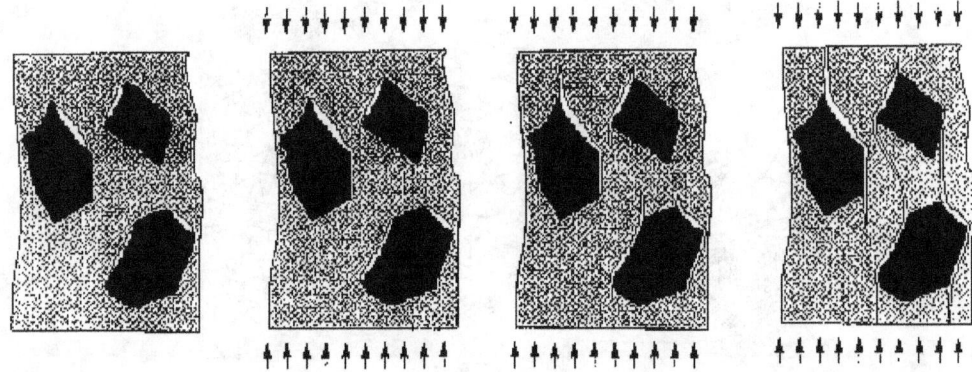

Bild 3.14: Entwicklung der induzierten Risse in der Kontaktzone mit anwachsender Belastung nach [Slo98]

Die Spannungsermittlung erfolgt bei diesem Modell über ein Näherungverfahren unter Verwendung der linear-elastischern Bruchmechanik zur Rißausbreitung im heterogenen Medium. Beim Aufbringen äußerer Lasten werden die Spannungskonzentrationen an den Rißspitzen der Anfangsrisse an den Zuschlägen mit den Kriterien der linear-elastischen Bruchmechanik bestimmt. Dabei werden die Rißmoden KI (Rißöffnung) und KII (Rißlängsscherung) angewendet. Bei Überschreitung der Bruchzähigkeit durch die Spannungsintensität in den Rißspitzen werden die Risse entsprechend verlängert, siehe Bild 3.15.

3.1 Strukturorientierte Betonmodelle 39

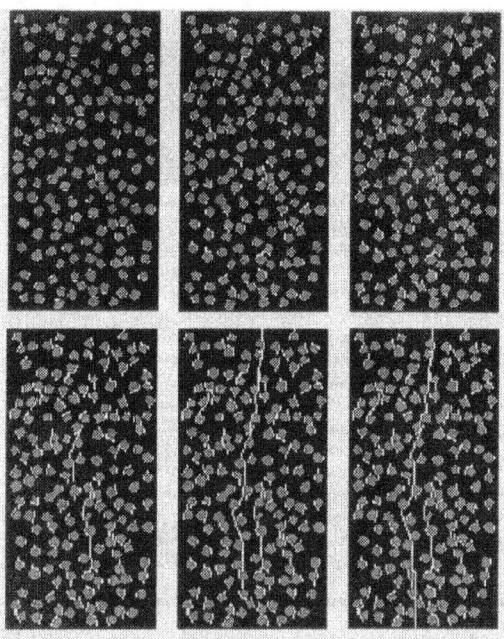

Bild 3.15: Simulation der Rißentwicklung mit ansteigender Last nach [Slo98]

Slowik [Slo90] baute auf den Arbeiten von Zaitsev und Hu auf und untersuchte Bruchprozesse an druckbeanspruchten Prismen mit unterschiedlicher Struktur, Probengrößen und Randbedingungen. Bild 3.16 zeigt z.B. die Abhängigkeit der Druckfestigkeit vom Größtkorn und den Randbedingungen in den Lasteinleitungsflächen.

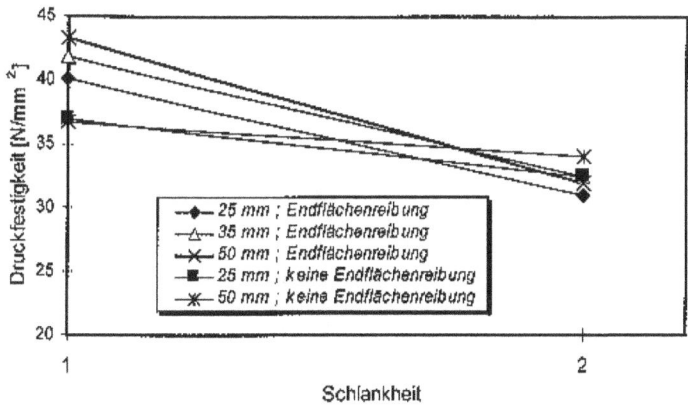

Bild 3.16: Druckfestigkeit in Abhängigkeit vom Schlankheitsgrad, Größtkorn und der Reibung in den Lasteinleitungsflächen nach [Slo98]

3.2 Diskussion der Modelle

Außer den hier aufgeführten Modellen sind in der Vergangenheit noch weitere Modelle zur Beschreibung der Versagensprozesse in Beton entworfen worden, auf die hier aber nicht weiter eingegangen wird.

Um eine lastbedingte Gefügeänderung im Beton darzustellen, ist es wichtig, daß eine sehr feine Diskretisierung der Betonstruktur durchgeführt werden kann. Mit den oben genannte Modellen ist diese Zerlegung der Betonstruktur nur mit den Methoden der Finiten-Elemente möglich. Mit den Modellen von Buyukozturk, Wittmann, Schorn, v. Mier und Zaitsev kann der Beton auf Mesoebene mit der Unterscheidung von Matrix, Zuschlag und Kontaktzone abgebildet werden.

Die Abbildungsgrenzen der Betonstruktur werden durch den jeweiligen Rechenspeicherbedarf und den Rechenzeitaufwand der verwendeten Finite-Element-Modellierung bestimmt. Die generelle Grenze der Gefügeabbildung wird bei allen Finite-Element-Modellierungen durch die zur Verfügung stehenden Rechenanlagen begrenzt. Es hat sich aber gezeigt, daß die Modelle von Schorn und v. Mier gegenüber den anderen genannten die effektiveren Darstellungsformen sind. Bei beiden Modellen kann durch die Einfachheit der einzelnen Elemente (jedes Element benötigt nur zwei Knoten) eine sehr gute Auflösung der Betonstruktur erreicht werden (siehe Bild 3.8 und Bild 3.10). Dabei zeichnet sich das Stabwerksmodell von Schorn gegenüber dem „lattice" Modell von v. Mier durch eine einfache mathematische Formulierung der Elementsteifigkeitsmatritzen, ein eindimensionales Materialgesetz und eine leichtere allgemeinere Überführung in drei Dimensionen aus. Zudem ist der Rechenspeicherbedarf bei gleicher Anzahl der Knoten und gleicher Gittergeometrie für das Stabwerksmodell geringer. Die nachfolgenden Untersuchungen bauen somit auf dem Stabwerksmodell auf.

4 Materialverhalten der Stabelemente

Die Betonmodellierung mittels Stabwerksgitter kann in speziellen Fällen wie z.B. bei der Simulation von quasistatischen, zentrischen, weggesteuerten Zugversuchen auf ein spröde-elastisches Materialverhalten für die einzelnen Stabelemente reduziert werden [vMSV94]. Mit einer genügend großen Streuung der Elementparameter, wie Elastizitätsmodul und Festigkeit, kann in Kombination mit einer großen Anzahl von Elementen ein nicht-lineares Materialverhalten durch sukzessiven Ausfall von Stabelementen simuliert werden. Das Materialverhalten des realen Betons wird auf diese Weise gut angenähert.

Erfahrungen bei der Simulation von weggesteuerten Druckversuchen an zweidimensionalen Gittergeometrien haben jedoch gezeigt, daß zur Darstellung des Nachbruchbereiches der Spannungs-Dehnungs-Linien auf die Implementierung eines nicht-linearen Materialverhaltens für die Stabelemente nicht verzichtet werden kann. Auf Grund der begrenzten Anzahl von Stäben und mehrachsialen Spannungszuständen muß bei einer Druckbelastung ein nicht- lineares Materialgesetz berücksichtigt werden.

Das Stabelement wird je nach seiner Zuordnung im Gitter mit einem speziellen Materialverhalten versehen. Dabei wird besonders zwischen Elementen mit Beton gegenüber Elemente mit Stahlfasereigenschaften unterschieden (siehe Kapitel 10). Das Verhalten der Stäbe für die einzelnen Betonfraktionen wie Matrix, Zuschlag und Kontaktzone unterscheidet sich nur quantitativ in den Parametern. Die charakteristischen Kurvenverläufe des Materialverhaltens sind bei allen Komponenten gleich. Die Herleitung des Materialverhaltens geht auf die Arbeit von Nuxoll zurück [Nux98].

Der nichtlineare Kurvenverlauf der Elemente für die Betonfraktionen wird dem Materialverhalten von einachsialen zentrischen Zugversuchen an Betonprobekörpern aus den Experimenten angenähert. Dabei ist jedoch zu berücksichtigen, daß die Randbedingungen in den Experimenten speziell in den Lasteinleitungsflächen, sowie die Probekörperabmessungen einen signifikanten Einfluß auf das Materialverhalten haben (siehe auch Kapitel 2.5.1). Weiterhin ist zu bedenken, daß der Stab im Gitter einen ideal einachsial belasteten Körper mit einem homogenen Spannungsfeld darstellt. Derartige Bedingungen werden in den Experimenten zur Bestimmung des Materialverhaltens an den Probekörpern nicht erreicht. Das ermittelte Materialverhalten beinhaltet somit immer die in den Messungen herrschenden Randbedingungen. Zusätzlich ist zu erwähnen, daß die in den Experimenten eingesetzten Probekörper im Gegensatz zu dem kleinen Stab im Gitter nicht als unteilbare Elemente angesehen werden können. Vielmehr kann der Probekörper in Unterstrukturen z.B. von der Größe eines Stabelements, also kleiner als ein Millimeter, aufgeteilt werden. Das festgestellte Materialverhalten einer Betonprobe muß somit als eine Überlagerung der Materialeigenschaften der einzelnen Unterstrukturen verstanden werden. Der direkte physikalische Zusammenhang zwischen dem Betonverhalten der Probekörper auf das Elementverhalten der Stäbe im Gitter kann somit nur eine qualitative Annäherung sein (siehe auch [vMSV94]).

So zeigen z.B. die Simulationen von zentrischen Zugversuchen im „lattice Modell" nach v.Mier mit spröde-elastischen Elementen ein nichtlineares Systemverhalten, d.h. das vom makroskopischen Materialverhalten der Betonprobekörper nicht unbedingt auf ein mikroskopisches Elementverhalten im Stabwerksgitter geschlossen werden kann. Die verwendeten Materialgesetze können somit nur ein Hilfsmittel sein, die außerdem von der Knoten- und Stabdichte im Gitter abhängig sind. Je größer die Knoten- und Stabdichte in einem Gitter ist, um so mehr kann das Materialverhalten der Elemente als spröde-elastisch angenommen werden.

Ein weiterer Aspekt, warum die Ergebnisse der Simulation qualitativer Natur sind, ist die nicht vorhandene Querdehnung der Stabelemente. Ein Zusammenhang der errechneten Querdehnung an einem 2-D- oder 3-D-Modellkörper ist somit nicht gegeben.

Im folgenden wird das mathematische Gerüst eines nichtlinearen Materialverhaltens für die Stabelemente mit Betoneigenschaften entwickelt, d.h. für die Stäbe, die im Gitter mit der Eigenschaften für Zuschläge, Matrix oder Kontaktzone versehen sind, wird das gleiche Materialverhalten angewendet. Die Unterscheidung für die jeweiligen Fraktionen wird dabei über die verwendeten Parameter gesteuert, so daß eine elegante Aufteilung in Stäben mit Zuschlags-, Matrix- oder Kontaktzoneneigenschaften getroffen werden kann. Das Materialverhalten für Stäbe mit Fasereigenschaften wird in einem späteren Kapitel beschrieben.

4.1 Der Stab als rheologisches Element

Zur Herleitung des nichtlinearen Materialverhaltens wird das Stabelement zunächst als ein rheologisches Element betrachtet, um die prinzipielle Wirkungsweise des nichtlinearen Verhaltens anschaulich darzustellen. Dabei wird der einzelne Stab aus einer großen Anzahl von *n* Unterstäben, den sogenannten "Subelementen", aufgebaut. Das Stabelement wird somit durch eine Superposition von *n* parallel liegenden spröde-elastischen "Subelementen" gebildet (siehe Bild 4.1). Jedes "Subelement" erhält dabei den gleichen Elastizitätsmodul $E_i = E$ und die gleiche Querschnittsfläche $A_i = A_0/n$ mit A_0 als Elementquerschnitt in der Ausgangslage. Das einzelne "Subelement" kann durch sein spröde-elastisches Verhal-

4.1　Der Stab als rheologisches Element

ten mit dem Hookeschen Gesetz beschrieben werden. Die Spannung des i-ten "Subelementes" ist dann mit $\sigma_i = E_i \cdot \varepsilon$ gegeben.

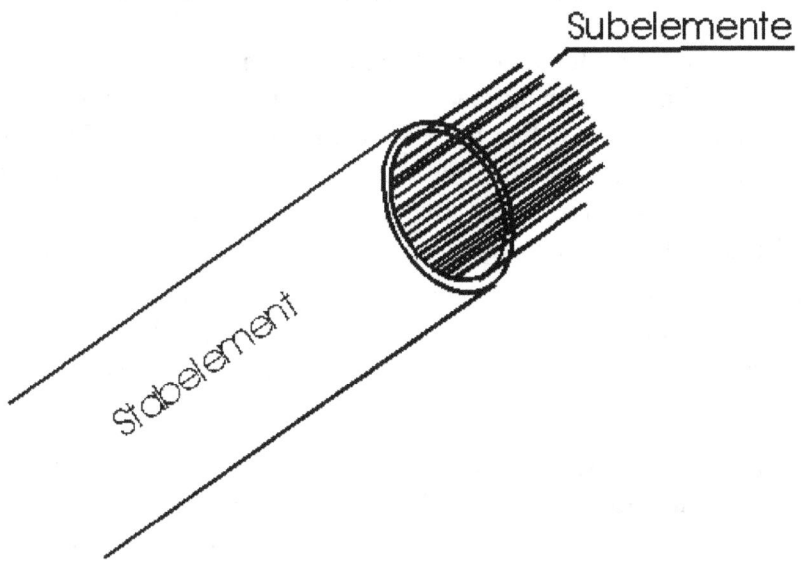

Bild 4.1:　Modelvorstellung des Stabelementes, zusammengesetzt aus n spröde-elastischen "Subelementen"

Zusätzlich wird jedem "Subelement" eine andere Zugfestigkeit zugeordnet. Diese kann entsprechend einer Wahrscheinlichkeitsverteilung generiert werden. Die Kraft-Dehnungs-Beziehung für das i-te "Subelement" ist gegeben mit:

$$F_i = E_i \cdot A_i \cdot \varepsilon = E \frac{A_0}{n} \varepsilon \qquad (4.1)$$

Für die Überlagerung aller n "Subelemente" ergibt sich die Kraft für das gesamte Element mit:

$$F = \sum_{i=1}^{n} F_i = \sum_{i=1}^{n} A_i \cdot E_i \cdot \varepsilon \qquad (4.2)$$

$$\Rightarrow F = A_0 \cdot E \cdot \varepsilon \qquad (4.3)$$

Mit Gleichung (4.3) wird das gesamte Bündel von n "Subelementen" als ein Element beschrieben, so lange keine Schädigung eintritt.

Durch die Streuung der Wahrscheinlichkeitsverteilung der Zugfestigkeiten der "Subelemente" kann jedem "Subelement" eine maximale Zugdehnung mit $\varepsilon_i^{zv} = \dfrac{\sigma_i^{zv}}{E_i}$ zugeordnet werden. Wird dem Element eine Zugbelastung zugeführt, fallen durch die unterschiedlichen Grenzdehnungen der "Subelemente" diese nach und nach aus dem Elementverband heraus. Mit steigender Dehnung und dem daraus folgenden sukzessiven Ausbau der "Subelemente", kann das Element immer weniger Kraft aufnehmen (siehe Bild 4.2). Anschaulich wird das Element infolge des ständigen Versagens der "Subelemente" immer dünner, der Elementquerschnitt A_0 wird im Laufe des Prozesses vermindert. Bei Entlastung und rückläufiger Dehnung behält das Element seinen minimalen Querschnitt bei, so daß eine Umkehrung des Zerstörungsprozesses nicht möglich ist. Auf diese Weise kann der Elementquerschnitt in Abhängigkeit von der Spannung mit $A(\sigma)$ ausgedrückt werden.

Um eine kontinuierliche Beschreibung des spannungsabhängigen Elementquerschnitts Verminderung zu erhalten, muß der Grenzübergang von n "Subelementen" nach unendlich vielen "Subelementen" vollzogen werden. Die Querschnittsfläche des einzelnen "Subelements", gegeben mit $A_i = A_0/n$, geht dann über in $\lim\limits_{n \to \infty} A_i = dA$. Mit einem geeigneten dA kann dann eine analytische Funktion mit $A = \int dA$ bestimmt werden. Diese Funktion beschreibt den Elementquerschnitt in Abhängigkeit von der Dehnung und faßt somit die modelhafte Vorstellung der "Subelemente" in einem einzelnen Element zusammen, welches mit steigender Dehnung immer dünner wird.

4.2 Die Weibull- Verteilung   45

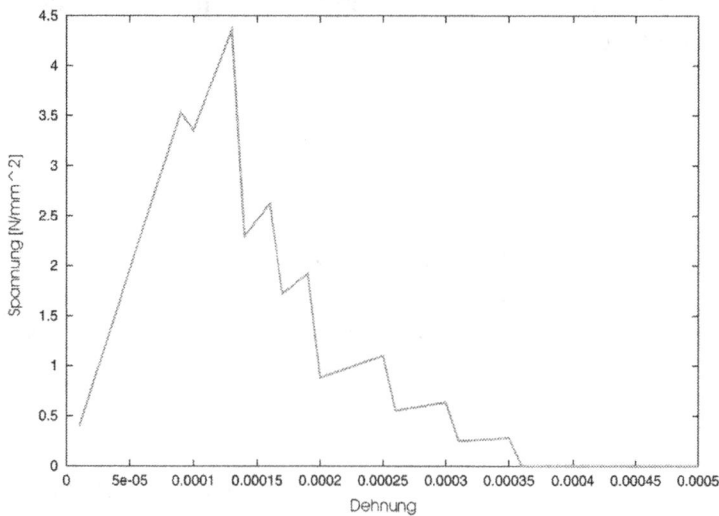

Bild 4.2: Modellvorstellung des Elementverhalten unter Zugbelastung infolge des sukzessiven Ausfalls der Subelemente.

4.2 Die Weibull- Verteilung

In diesem Abschnitt wird nun die Weibull-Verteilung zur Herleitung einer analytischen Funktion A herangezogen. Dabei wird nochmals das gewünschte Elementverhalten ausgehend von der Modellvorstellung der "Subelemente" her interpretiert um die Funktionsweise von A anschaulich zu machen.

Das Elementverhalten wird durch eine Überlagerung des Verhaltens der einzelnen "Subelemente" gebildet. Die Versagenspannung bzw. Dehnung des jeweiligen "Subelements" wird dabei durch die Weibull- Verteilung bestimmt, so daß infolge fortschreitender Belastung die "Subelemente" nach und nach ausfallen. So kann mit einer abstrakten Wahrscheinlichkeitsverteilung ein nichtlineares Materialverhalten simuliert werden. Die Verminderung des Elementquerschnittes wird mit der Weibull-Verteilung wie folgt angegeben:

$$-\frac{dA}{d\sigma} = \frac{m}{\rho} A_0 \left(\frac{\sigma}{\rho}\right)^{m-1} \exp\left[-\left(\frac{\sigma}{\rho}\right)^m\right] \quad (4.4)$$

Dabei ist ρ die charakteristische Spannung des Elements. Sie kann als mittlere Versagensspannung des Elementes interpretiert werden, bei der bereits 63% der Subelemente versagt haben. Weiterhin ist m der Dispersionsgrad des Elements. Er kann als ein Maß für die Duktilität des Elements gedeutet werden.

Durch Integration von Gleichung (4.4) ergibt sich die Elementquerschnittsfläche in Abhängigkeit von der Spannung zu:

$$A(\sigma) = \begin{cases} A_0 \exp\left[-\left(\dfrac{\sigma}{\rho}\right)^m\right] & ; \quad \tilde{\sigma} < \sigma \\ A_0 \exp\left[-\left(\dfrac{\tilde{\sigma}}{\rho}\right)^m\right] & ; \quad 0 \leq \sigma \leq \tilde{\sigma} \text{ linear- elastischer Bereich} \\ A_0 & ; \quad \sigma^{dv} \leq \sigma < 0 \end{cases} \qquad (4.5)$$

Die von den fortschreitenden Degenerierungen eines sich unter Belastung befindlichen Stabwerksgitters hervorgerufenen Kraftumlagerungen haben zur Folge, daß ein Element in seiner Verformungsgeschichte eine Entlastung oder eine Kraftumkehr erfahren kann. Daher werden in Gleichung (4.5) drei Fälle unterschieden:

Das vorgeschädigte Element verhält sich bei Entspannung mit einer kleineren momentanen Spannung σ als die zuletzt angenomme maximale Spannung $\tilde{\sigma}$, mit dem verminderten Querschnitt an der Stelle $\tilde{\sigma}$ linear-elastisch. Bei erneuter Belastung tritt eine weitere Schädigung des Elements erst wieder ein, wenn die Spannung die zuletzt angenommene maximale Spannung $\tilde{\sigma}$ überschritten hat. Unter Druckbelastung verhält sich das Element von vornherein mit unverminderter Querschnittsfläche A_0 linear-elastisch. Nach Überschreitung der Druckfestigkeit versagt das gesamte Element dann spröde.

An dieser Stelle soll nochmals daran erinnert werden, daß der Einsatz eines nichtlinearen Materialgesetzes in einem Stabwerksgitter zur Abbildung von Betonverhalten in erster Linie nur eine Näherung sein kann. Die hier zur Anwendung kommende Weibull-Verteilung kann daher auch nur als eine qualitative Abbildung für das Betonverhalten angesehen werden. Somit ist ein direkter Vergleich der Parameter im Bezug zu bruchmechanischen Analysen der Experimente und deren Größenordnungen nicht ganz zulässig.

4.3 Die Kennlinie des Elements

Um einen programmfreundlichen, analytischen, nicht linearen Ausdruck für das Elementverhalten zu bekommen, ist es sinnvoll $A(\sigma)$ aus Gleichung (4.5) in eine Funktion $A(\varepsilon)$ in Abhängigkeit von der Dehnung zu überführen.

4.3 Die Kennlinie des Elements

Das nichtlineare Verhalten des Elements ist eine Erscheinung der großen Anzahl spröde- elastischer Subelemente. Das i-te Subelement wird nach dem Hookschen Gesetz mit $\sigma_i = E_i \cdot \varepsilon$ beschrieben. Durch das Superpositionsprinzip kann das Element mit $\sigma = E \cdot \varepsilon$ beschrieben werden. Mit einer allgemeineren Formulierung von Gleichung (4.3) durch die Ersetzung von A_0 durch $A(\sigma)$ kann diese geschrieben werden als:

$$F = A(\sigma) \cdot E \cdot \varepsilon \tag{4.6}$$

Das Einsetzen von Gleichung (4.5) in Gleichung (4.6) und die Substitution von σ ergibt die gewünschte Kraft- Dehnungs- Beziehung für das Element mit:

$$F(\varepsilon) = \begin{cases} EA_0 \exp\left[-\left(\dfrac{E\varepsilon}{\rho}\right)^m\right]\varepsilon & ; \quad \tilde{\varepsilon} < \varepsilon \\ EA_0 \exp\left[-\left(\dfrac{E\tilde{\varepsilon}}{\rho}\right)^m\right]\varepsilon & ; \quad 0 \leq \varepsilon \leq \tilde{\varepsilon} \\ EA_0 \varepsilon & ; \quad \varepsilon^{dv} \leq \varepsilon < 0 \end{cases} \tag{4.7}$$

Aus Gleichung (4.7) kann nun die Festigkeit des Elements bestimmt werden. Dazu wird die Kraft- Dehnungs- Beziehung nach ε differenziert und die Stelle des Extremwertes ermittelt:

$$\frac{\partial F}{\partial \varepsilon} = 0 \quad \Rightarrow \quad \varepsilon_{max} = \left(\frac{1}{m}\right)^{1/m} \cdot \frac{\rho}{E} \tag{4.8}$$

Durch den Einsetzen von ε_{max} in Gleichung (4.7) kann die Festigkeit des Elements ermittelt werden:

$$\beta = F(\varepsilon_{max})/A_0 = \left(\frac{1}{m}\right)^{1/m} \exp(-1/m)\rho = \mu(m)\rho \tag{4.9}$$

Die Festigkeit ist abhängig von der charakteristischen Spannung und vom Dispersionsgrad, sie hängt nicht ab vom Elastizitätsmodul.

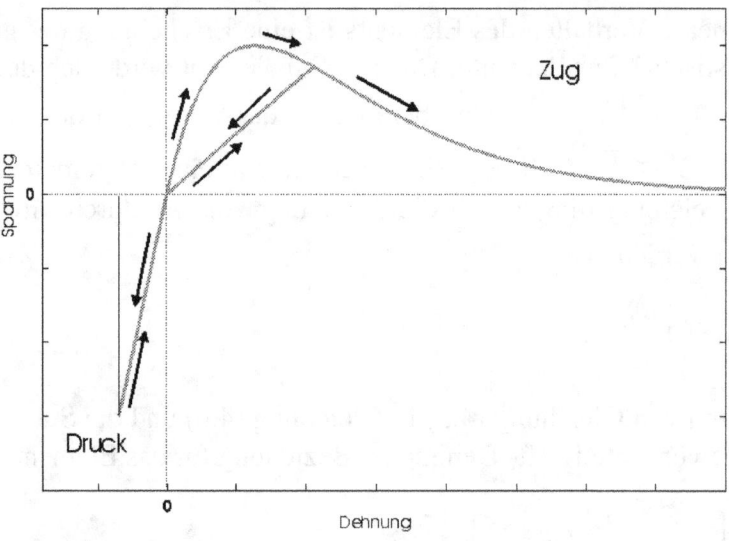

Bild 4.3: Kennlinie des Stabelements

4.4 Ermittlung der Bruchenergie des Elements

Mit der Kenntnis der Bruchenergie des Elementes kann die Energieabgabe eines sich im Zerstörungsprozeß befindlichen Systems bestimmt werden. Weiter können mit einem analytischen Ausdruck für die Bruchenergie Beziehungen zu anderen bruchmechanischen Kenngrößen hergestellt werden.

Zur Ermittlung der Bruchenergie wird zunächst die Arbeit bestimmt, die nötig ist, um das Element bis zu seiner endgültigen Zerstörung zu führen. Dabei wird die Fläche unter der Kraft-Dehnungs-Beziehung bestimmt:

$$W = \int_0^\infty F \, d\Delta l \qquad (4.10)$$

Mit der Substitution von $\varepsilon = \Delta l / l_0$ in Gleichung (4.7) geht Gleichung (4.10) über in:

$$W = \frac{EA_0}{l_0} \int_0^\infty e^{-\left(\frac{E\Delta l}{\rho l_0}\right)^m} \Delta l \, d\Delta l \; ; \text{ mit } u = \frac{E\Delta l}{\rho l_0} \text{ und } d\Delta l = \frac{\rho l_0}{E} du \text{ ergibt sich:}$$

4.5 Relationen der Element- Parameter

$$W = \frac{\rho^2 A_0 l_0}{E} \int_0^\infty e^{-u^m} u\, du \; ; \; \text{weiter mit } x = u^m \text{ und } u\, du = \frac{1}{m} x^{\frac{1}{m}-1} dx \text{ folgt:}$$

$$W = \frac{\rho^2 A_0 o l_0}{E m} \int_0^\infty e^{-x} x^{\frac{2}{m}-1} dx \; ; \; \text{mit} \int_0^\infty x^n e^{-an} dx = \frac{\Gamma(n+1)}{a^{n+1}}$$

dabei ist $\Gamma(x)$ die Gamma-Funktion. Die Arbeit geht über in:

$$W = \frac{\rho^2 A_0 o l_0}{E m} \Gamma\left(\frac{2}{m}\right); \; \text{mit der Regel } x\Gamma(x) = \Gamma(x+1) \text{ kann die Arbeit}$$

geschrieben werden als:

$$W = \frac{1}{2} \frac{\rho^2 A_0 l_0}{E} \Gamma\left(\frac{2}{m} + 1\right) \qquad (4.11)$$

Die Lösung der Gamma-Funktion kann in Tabellen nachgeschlagen werden (siehe Bronstein [Bro87]) oder über einen Integralausdruck iterativ gelöst werden. Zur numerischen Bestimmung der Elementparameter ist jedoch die iterative Lösungsweise besser geeignet.

Wird die Arbeit auf die Querschnittsfläche des Elements bezogen, ergibt sich so die Bruchenergie:

$$G_f = \frac{W}{A_0} = \frac{1}{2} \frac{\rho^2 l_0}{E} \Gamma\left(\frac{2}{m} + 1\right) \qquad (4.12)$$

Mit Gleichung (4.12) ist eine zusätzliche Beziehung der Elementparameter gegeben.

4.5 Relationen der Element- Parameter

Zur Bestimmung der Stabparameter für die jeweiligen Elemente in einem Stabwerksgitter ist es nützlich, wenn zwischen gewissen Parametern Beziehungen aufgebaut werden können. Mit derartigen Verknüpfungen können dann mit einer kleinen Auswahl von vorgegebenen charakteristischen Materialgrößen die restlichen Parameter für die Elemente bestimmt werden. Dabei ist es erstrebenswert, daß durch die Vorgabe von Elastizitätsmodul, Festigkeit und Bruchenergie das

Elementverhalten ermittelt werden kann. Die Elementlänge l_0 ist durch die Gittergeometrie bereits vorbestimmt.

Aus den oben hergeleiteten zwei Grundgleichungen für die Bestimmung der Kraft und der Energie sowie mit der Einführung der charakteristischen Länge, können die benötigten mechanischen Beziehungen zwischen den Elementparametern hergestellt werden.

Die Festigkeit des Elements kann mit Gleichung (4.9) in Abhängigkeit von der Dispersion m und der mittleren Versagensspannung ρ mit

$$\beta = \left(\frac{1}{m}\right)^{1/m} \exp(-1/m)\rho \qquad (4.13)$$

dargestellt werden. Mit der Forderung, durch die Vorgabe der Festigkeit, dem Elastizitätsmodul und der Bruchenergie den ganzen Satz von Parametern zu bestimmen, ist Gleichung (4.13) nicht ausreichend. Mit dem Ausdruck für die Bruchenergie aus Gleichung (4.12) mit

$$G_f = \frac{1}{2}\frac{\rho^2 l_0}{E}\Gamma\left(\frac{2}{m}+1\right) \qquad (4.14)$$

und der charakteristischen Länge l_{ch}, die eine Beziehung zwischen Festigkeit, Elastizitätsmodul und Bruchenergie bildet,

$$l_{ch} = \frac{G_f E}{\beta^2} \qquad (4.15)$$

kann durch Ersetzung von G_f mit Gleichung (4.14) und von β mit Gleichung (4.13) eine Beziehung zwischen den Duktilitätsparametern m und l_{ch} hergestellt werden. Die charakteristische Länge kann somit nachfolgend beschrieben werden:

$$l_{ch} = \frac{1}{2}\cdot l_0 \cdot \Gamma\left(\frac{2}{m}+1\right)\cdot e^{(2/m)}\cdot m^{(2/m)} \qquad (4.16)$$

Mit Gleichung (4.16) ist es möglich, den Dispersionsgrad m in Abhängigkeit von der Ausgangslänge l_0 und der charakteristischen Länge l_{ch} iterativ zu ermitteln. Zur Darstellung der Zusammenhänge zwischen der charakteristischen Länge und dem Dispersionsgrad ist in Bild 4.4 der Quotient von l_0/l_{ch} gegen m aufgetragen. Dabei ist auffällig, daß für eine kleine charakteristische Länge ein größerer Dis-

4.5 Relationen der Element- Parameter

persionsgrad m gegeben ist und so mit einem spröderen Elementverhalten in Verbindung steht. Zusätzlich ist für eine größere Ausgangslänge l_0 ein sprödes Elementverhaltens gegeben. Damit ist in dem Elementverhalten ein aus den Experimenten bekannter „Size- Effekt" integriert. Das hier beschriebene qualitative Elementverhalten berücksichtigt somit die Ergebnisse aus experimentellen und theoretischen betontechnologischen Untersuchungen.

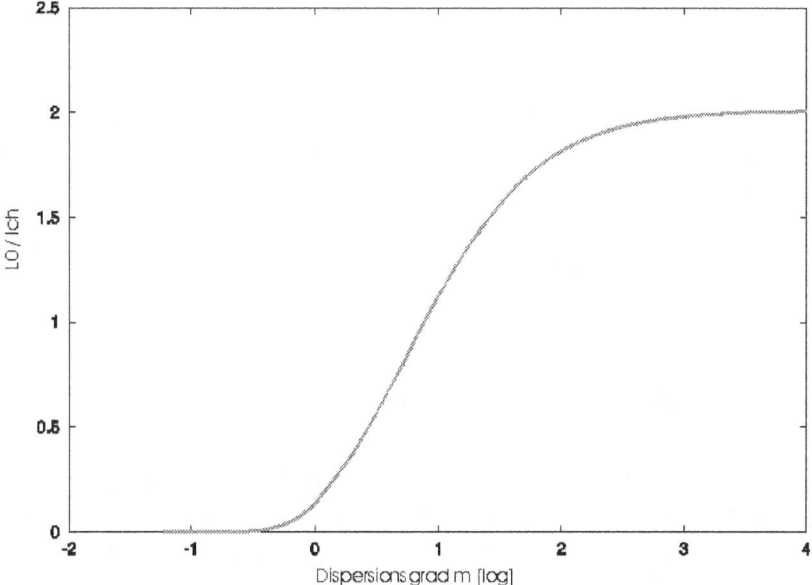

Bild 4.4: Relation zwischen dem Quotient aus Elementlänge l_0 und der charakteristischen Länge l_{ch} und dem Dispersionsgrad m

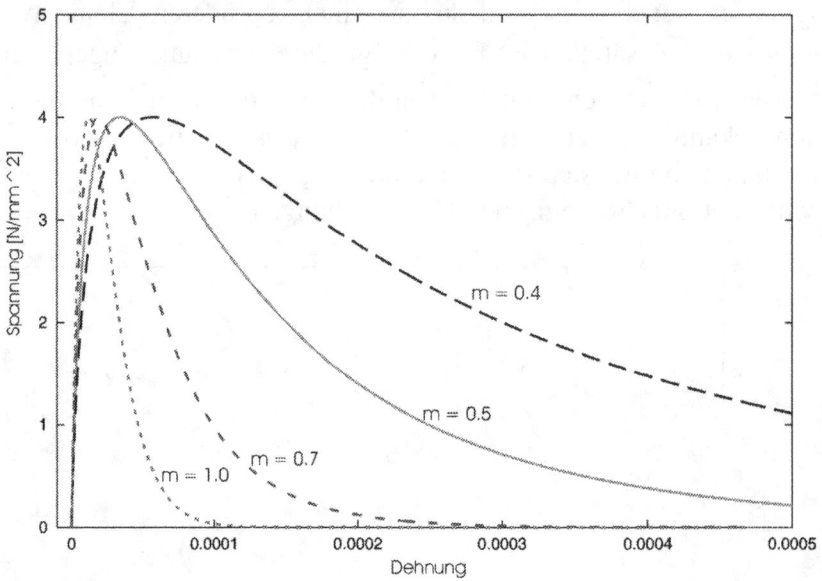

Bild 4.5: Spannungs-Dehnungs-Verhalten in Abhängigkeit von der Elementlänge l_0

Die charakteristische Länge steht jedoch durch Gleichung (4.15) im Zusammenhang mit der Festigkeit, dem Elastizitätsmodul und der Bruchenergie, so daß die Dispersion direkt aus diesen drei Materialparametern zu bestimmen ist. Mit der Vorgabe von der Festigkeit β, dem Elastizitätsmodul E und der Bruchenergie G_f kann der Dispersionsgrad m hergeleitet werden. Mit Gleichung (4.13) kann daraufhin die mittlere Versagenswahrscheinlichkeit ρ ermittelt werden, so daß damit die gesamten Elementparameter bestimmt sind.

Den Einfluß des Dispersionsgrades auf das Spannungs-Dehnungs-Verhalten für das einzelne Element ist in Bild 4.5 dargestellt. Die Eingabeparameter β, E und G_f für das Element sind in diesem Beispiel konstant gehalten worden nur die Elementlänge l_0 wurde variiert.

4.6 Wechselwirkung der Elemente im Netzwerk

Im Stabwerksgitter stehen die einzelnen Elemente durch eine netzartige Verknüpfung in enger Beziehung untereinander. Das Materialverhalten des einzelnen Stabes kann durch die Nachbarschaft der mit ihm in Verbindung stehenden Stäbe beeinträchtigt werden. Ein duktiles Materialverhalten der einzelnen Elemente muß sich nicht unbedingt im Systemverhalten widerspiegeln.

4.6 Wechselwirkung der Elemente im Netzwerk

Im Folgenden wird an zwei sich im Spannungs-Dehnungs-Verhalten unterscheidenden in Reihe geschalteten Elementen, das Gesamtverhalten dieses Systems unter Zugbelastung untersucht (siehe Bild 4.6). Dabei ist das Element A, zwischen den Knoten A und B, mit einem spröderen Spannungs-Dehnungs-Verhalten und einer geringeren Festigkeit, als das Element B gewählt worden (siehe Bild 4.7).

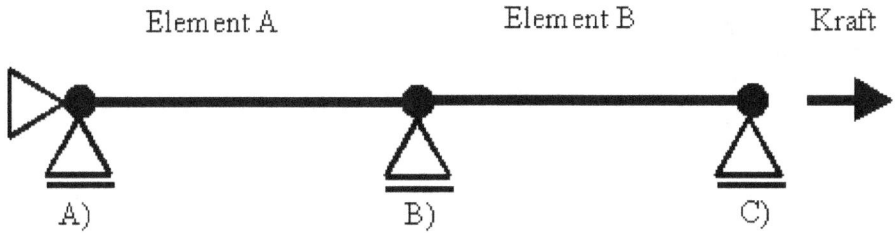

Bild 4.6: Zwei in Reihe geschaltete Elemente mit unterschiedlichem Spannungs-Dehnungs-Verhalten und verschiedenen Duktilitätsgraden.

Unter Zugbelastung ist die Spannung in den Elementen A und B im Gleichgewichtszustand gleich groß. Bei Überschreitung der Festigkeit eines der beiden Elemente, wird sich das Element mit der größeren Festigkeit entspannen. Unter Zugbelastung bedeutet dies, daß sich das Element mit der größeren Festigkeit zusammenzieht. Für das schwächere Element hat dies zur Folge, daß zusätzlich durch die von außen vorgegebene Dehnung noch eine innere Dehnung hinzukommt, so daß der Versagensprozeß im schwachen Element beschleunigt wird (siehe Bild 4.7). Die verbleibende Kraft in den Elementen, wird aber über die von außen vorgegebene Dehnung aufgetragen. Die inneren Verschiebungen bleiben dabei unberücksichtigt, so daß ein sprödes Materialverhalten in Erscheinung tritt. In Bild 4.7 ist gezeigt, wie das Element mit der kleineren Festigkeit das Gesamtverhalten des Systems hin zu einem spröden Verhalten beeinflußt. Die Meßstrecke wurde hier zwischen den Knoten A und C gewählt. Die Wahl der Meßstrecke ist bei der Erstellung von Spannungs-Dehnungs-Linien zur Ermittlung des Materialverhaltens von großer Bedeutung. Dieser Effekt ist aus den Experimenten als Snap-Back-Effekt bekannt, siehe Hordijk [Hor91]. Das System wird instabil, wenn die Steifigkeiten des linearelastischen Bereiches und der Bruchprozeßzone vom Betrag her gleich groß sind, d.h. es tritt ein spontaner Spannungsabfall auf, der in den Experimenten sogar mit einer rückläufigen Dehnung in den Spannungs-Dehnung-Beziehungen in Erscheinung treten kann. Der Zustand der Instabilität ist dann gegeben mit:

$$\frac{d\sigma}{l \cdot d\varepsilon} = -\frac{d\sigma_S(w)}{dw} \qquad (4.17)$$

dabei ist σ und ε die Spannung und die Dehnung des linear-elastischen Bereiches mit der Länge l und $\sigma_S(w)$ das Entfestigungsverhalten in der Bruchzone, Slowik [Slo95].

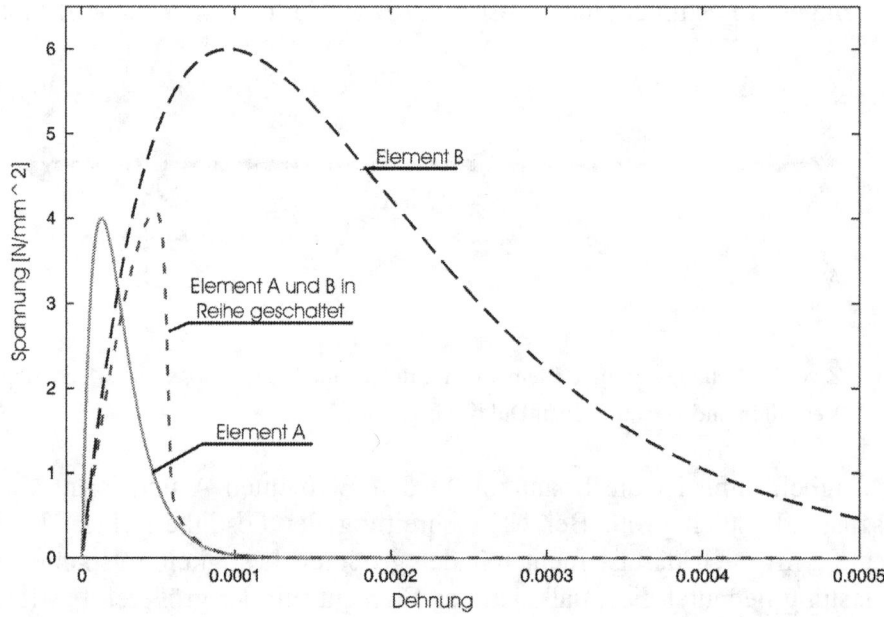

Bild 4.7: Spannungs- Dehnungs- Linien der getrennten Elemente A und B sowie das Verhalten des gesamten Systems nach Bild 4.6 mit Element A und B zusammen.

Das Spannungs-Dehnungs-Verhalten der in Reihe geschalteten Elemente A und B (siehe Bild 4.7) verdeutlicht, daß das Systemverhalten nicht ausschließlich von der Duktilität der einzelnen Elemente abhängig ist, sondern außerdem von der Wechselwirkung der Elemente untereinander beeinflußt wird.

5 Gittergenerierung

5.1 Abbildung eines heterogene Stoffgefüges

Die im vorhergehenden Kapitel aufgezeigten Modelle, beschreiben die Betonstruktur im wesentlichen mit regelmäßigen Vernetzungen. Die Inhomogenität des Betons wird in den meisten Modellen über eine Varianz der Elementparameter realisiert. Eine zusätzliche Inhomogenität, um die Betonstruktur besser abzubilden, ist die Generierung zufällig geordneter Gitter. Die Entwicklung einer zufällig generierten Struktur ist bei v. Mier und Schlangen [SvM95] eine auf Moukarzel und Herrmann [MoH92] zurückgehende Vernetzung zu finden. Dieses zufällige Gitter hat seinen Ausgangspunkt in einem regelmäßig quadratischen Gitter. Die Koordinaten der Knoten des Ausgangsgitters werden dabei um den ursprünglichen Ort der Knoten mit einer kleinen Abweichung zufällig variiert. Dieses modifizierte Gitter trägt dann durch die unterschiedlichen Stablängen und den daraus resultierenden unterschiedlichen Steifigkeiten, eine spezifische Inhomogenität in sich. Die Anzahl der Stäbe pro Knoten bleibt bei dieser Vorgehensweise für alle Knoten gleich groß, so wie bei dem regelmäßigen Ausgangsgitter (siehe Bild 5.1a). Ein richtiges inhomogenes Abbild der Betonstruktur allein durch die Gittergeometrie, ist mit der von Schlangen und v. Mier gegebenen Darstellungsform nicht möglich. Eine rein zufällige Anordnung der Knoten und deren Verknüpfungen ist von Burt und Dougill [BuD77] vorgeschlagen worden (siehe Bild 5.1b). Die im folgenden beschriebene Vernetzung ist stark an diesen Entwurf angelehnt.

Die in diesem Kapitel generierten Gitter werden aus einer Poisson-Verteilten Knotenanordnung aufgebaut (siehe Bild 5.2a). So zeigt die Anordnung der Knoten in Bild 5.2a Bereiche mit einer dichten und Bereiche mit einer dünnen Knotenbesetzung. Diese Dichteverteilung der Knoten führt durch eine überlappende Verknüpfung zu einer sehr inhomogenen Gitterstruktur (siehe Bild 5.2b). Allein mit dieser Gitterstruktur werden schon zufällig verteilte Fehlstellen im Beton wie z.B. Luftporen nur durch die Geometrie berücksichtigt (siehe Bild 5.2b). Bei dieser Art der Gittergenerierung wird unabhängig von der Streuung der einzelnen Stabparameter die Betonstruktur im Ansatz sehr realistisch dargestellt.

Ungeachtet von der inhomogenen Gittergeometrie erfordert die Beschreibung von Beton auf der Mesoebene die Berücksichtigung der Matrix, des Zuschlags und der Kontaktzone (siehe Bild 5.4). Die unterschiedlichen Materialparameter dieser drei Komponenten werden außerdem zu einer Steigerung der Inhomogenität des Gitters beitragen. Zusätzlich wird für die Mittelwerte der Parameter der jeweiligen

Komponente eine Streuung zugelassen. Damit sind die Möglichkeiten zur Erzeugung einer heterogenen Betonstruktur voll ausgeschöpft.

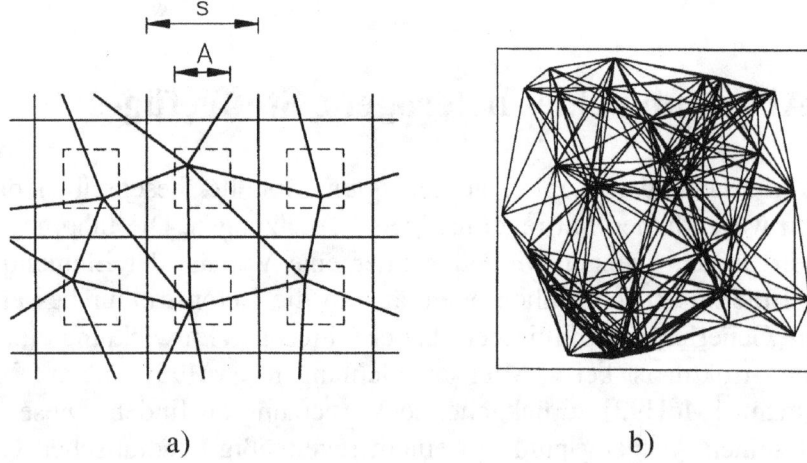

Bild 5.1: a) Modifiziertes regelmäßiges Gitter zu einem unregelmäßigen Gitter nach v. Mier und Schlangen [SvM95], b) zufällig strukturiertes Gitter mit maximaler Stablänge nach Burt und Dougill [BuD77].

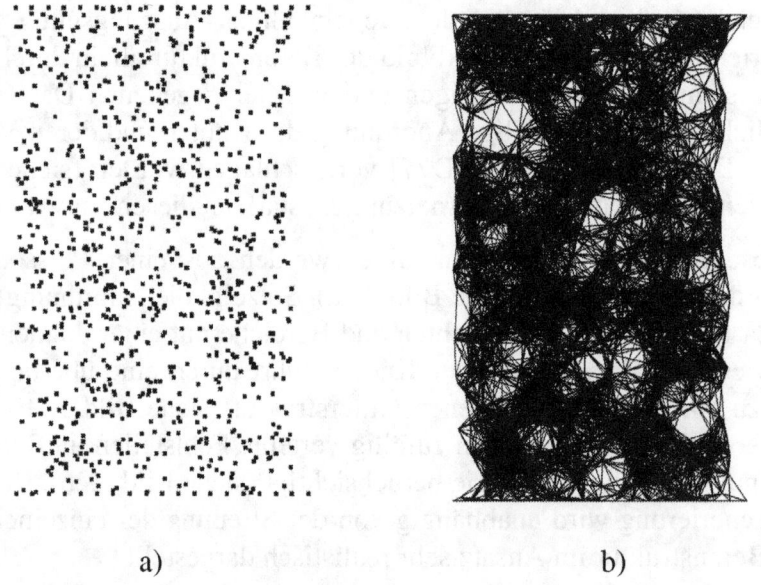

Bild 5.2: zeigt ein Gitter, bestehend aus 1000 Knoten und 15141 Stäben a) Zufällige Verteilung der Gitterknoten, b) Überlappende Verknüpfung der poissonverteilten Knoten aus Bild 5.2a)

5.1 Abbildung eines heterogene Stoffgefüges

Durch die zufällig angeordnete Gitterstruktur ist im Gegensatz zur regelmäßigen Variante die Anzahl der Stäbe nicht mehr konstant.

Die Anzahl der Stäbe pro Knoten ist daher einer gewissen Streuung unterworfen. In Bild 5.3a ist die Verteilung der Stäbe pro Knoten dargestellt. Die Anzahl der Stäbe kann dabei von minimal fünf bis maximal 42 Stäbe pro Knoten schwanken. Im Mittel schließen an einen Knoten ca. 24 Stäbe an.

Die Verteilung der kürzesten Abstände eines Knotens aus allen mit diesem verbunden Knoten entspricht einer Poisson-Verteilung (siehe Bild 5.3b). Womit die Knotenanordnung in Bild 5.2a als eine echte zufälligen Verteilung angesehen werden kann.

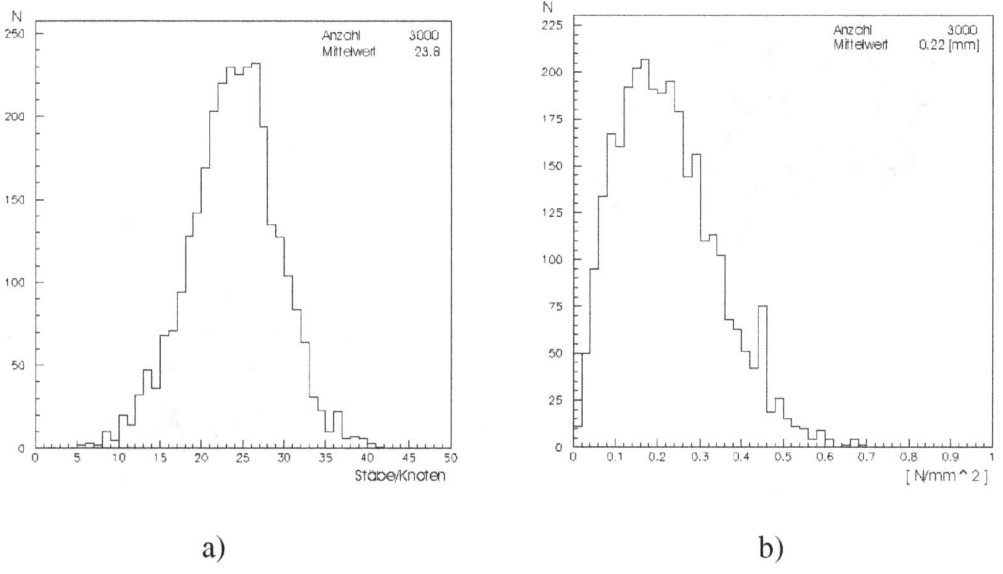

a) b)

Bild 5.3: a) Anzahl der Stäbe pro Knoten, b) Verteilung des kürzesten Abstandes zwischen einem ausgewählten Knoten und dessen Nachbarknoten (Poisson Verteilung).

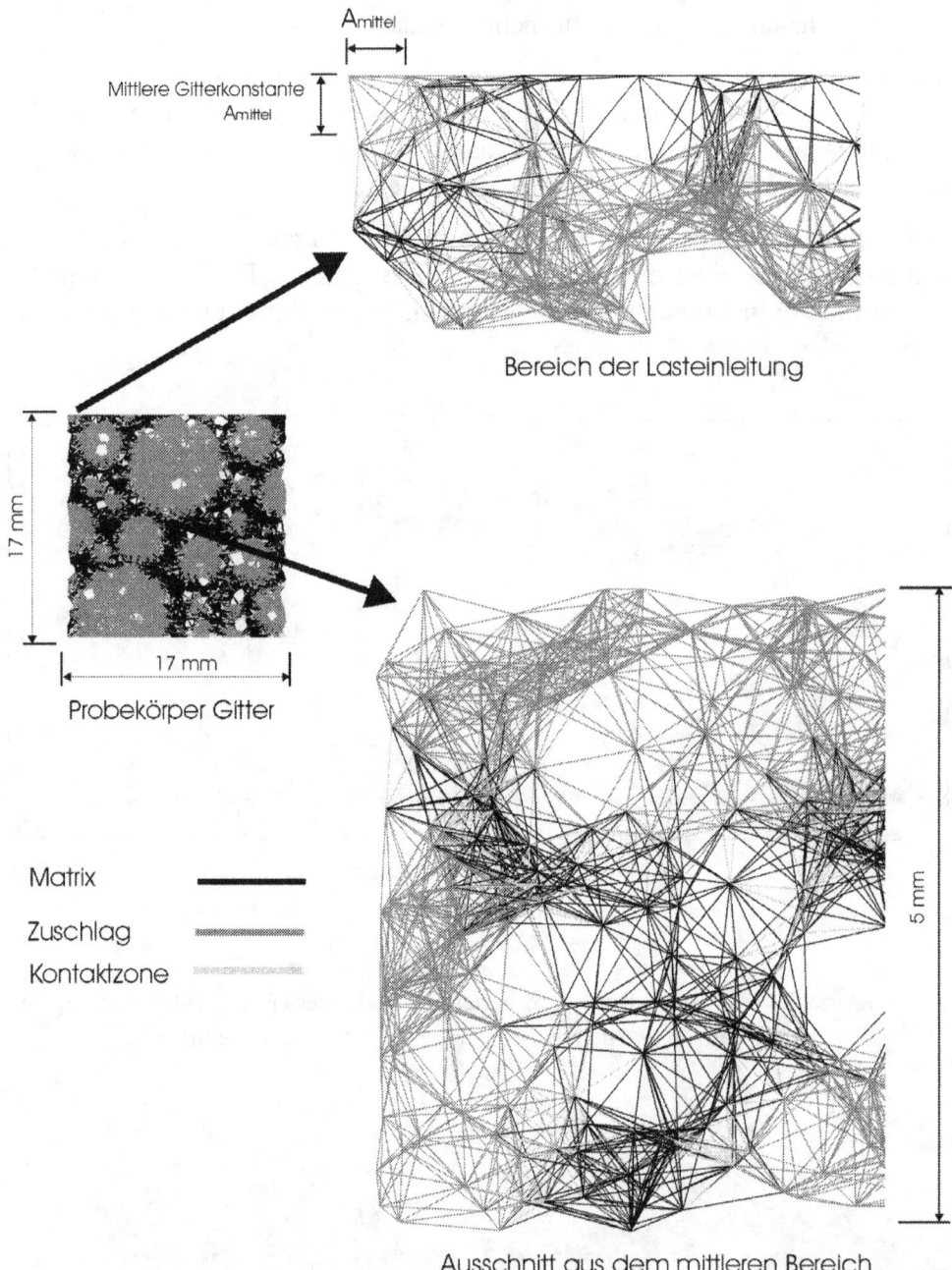

Bild 5.4: zeigt ein Stabwerksgitter zur Beschreibung von Beton auf der Mesoebene mit der Unterscheidung von Matrix, Zuschlag und Kontaktzone. Das Gitter wird aus 3000 Knoten und 35017 Stäben auf einer Fläche von 17mm x 17mm mit zufällig generierten Knoten und Stabanordnungen gebildet.

5.2 Beschreibung des Generierungsalgorithmus

Die nachfolgend beschriebene Gittergenerierung ist für die Erzeugung zwei- und dreidimensionaler Gitter entwickelt worden. Um aber eine genügend feine Gitterstruktur für eine differenziertere Unterscheidung zwischen Matrix, Zuschlag und Kontaktzone zu erhalten, wird die Generierung auf die Darstellung zweidimensionaler Gitter beschränkt.

Der erste Schritt zur Gittergenerierung ist die Festlegung der Probekörpergeometrie. Diese kann von zylindrischer oder kubischer Form sein. Aus der zu generierenden Knotenzahl wird zunächst die mittlere Gitterkonstante A_{mittel} bestimmt. Für ein zweidimensionales Gitter ergibt sich diese aus der Gitterfläche und der Anzahl der Knoten

$$A_{mittel} = \sqrt{2 \cdot Fläche / Knotenzahl} \qquad (5.1)$$

Mit Hilfe dieser mittleren Gitterkonstante werden zunächst die Knoten entlang der oberen und unteren Lasteinleitung des Gitters mit gleichem Abstand auf die Breite des Gitters verteilt, um somit eine gleichmäßige Lasteinleitung auf das Gitter zu erreichen (siehe Bild 5.4, oben rechts). Hat der Probekörper eine kubische Form, so ist er mit der Angabe von Länge, Breite und Höhe vollständig beschrieben. Die Verteilung der Knoten, die nicht in den Bereich der Lasteinleitung fallen, erfolgt dann unabhängig für jede Koordinate.

$$x = RN * Breite \quad y = RN * Länge \quad z = RN * Höhe \quad RN \in [0;1] \qquad (5.2)$$

RN ist eine gleichverteilte Zufallsgröße mit den Werten zwischen Null und Eins.

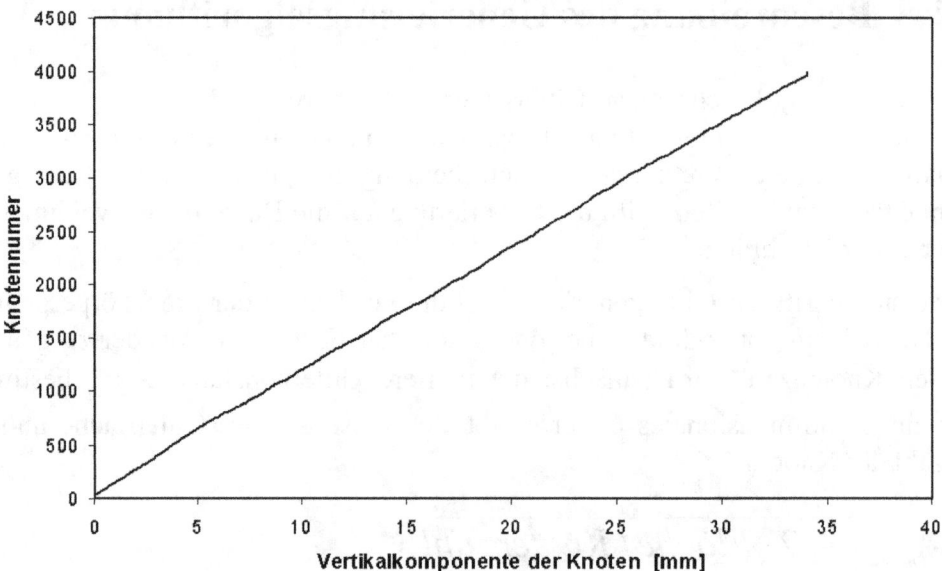

Bild 5.5: Korrelation zwischen Knotennummer und Vertikalkomponente der Knotenkoordinate

Nach abgeschlossener Knotenverteilung werden die Knoten durchnumeriert. Bei der Numerierung muß die mögliche Verknüpfung mit Bezug auf die zu erstellende Steifigkeitsmatrix zwischen den Knoten berücksichtigt werden. Um eine möglichst schmale Bandbreite in der Steifigkeitsmatrix zu erreichen, sollten die Differenzen der Freiheitsgrade zweier Knotenpaare, die eine Verbindung darstellen, klein sein. Damit wird die Belegung des Speicherplatzes und die Dauer der Rechenzeiten verringert. Die Numerierung der Knoten wird in Abhängigkeit von der Vertikalkomponente der Knotenkoordinaten vorgenommen (siehe Bild 5.5). Mit einer solchen Numerierung können die Differenzen zwischen den Freiheitsgraden und somit die Bandbreite der Steifigkeitsmatrix klein gehalten werden (siehe Bild 6.2).

Nachdem die Lage der Knoten festgelegt ist, wird die Anordnung der Zuschläge organisiert. Aus der vorgegebenen Anzahl der Zuschläge, die in ihrer Gesamtheit eine Sieblinie ergeben, werden zunächst die größten Körner zur Platzvergabe ausgewählt und dann sukzessive mit kleiner werdendem Durchmesser die nachfolgenden Zuschlagskörner in das Gitter installiert. Bei dieser Prozedur ist darauf zu achten, daß die Kreisscheiben der Zuschlagskörner sich nicht überlappen. Daher wird geprüft, ob das neu einzubauende Korn mit den schon im Gitter platzierten Zuschlägen in Konflikt gerät. Ist dies der Fall, werden für das zu installierende Korn neue Koordinaten generiert und die Abstandsuntersuchung erneut durchgeführt, solange, bis der richtige Platz gefunden ist. Sind keine Lücken im Gitter

5.2 Beschreibung des Generierungsalgorithmus

mehr frei, um ein neues Korn zu integrieren, muß eine neue Sieblinie erstellt werden oder es müssen die Abfolgen der Zufallsgeneratoren verändert werden.

Nach erfolgreichem Einbringen der Bereiche im Gitter, die für die Zuschläge reserviert sind, werden im Prinzip alle möglichen Knotenverbindungen hergestellt. Aus der Anzahl aller möglichen Verbindungen (Anzahl der Knoten mal Anzahl der Knoten) werden dann die realistischen Knotenpaare, die dann einen potentiellen Stab darstellen, ausgewählt. Dabei wird die zuvor ermittelte mittlere Gitterkonstante A_{mittel} als ein Auswahlkriterium eingesetzt. Aus dem Pool der potentiellen Stabkandidaten werden nur diese Knotenverbindungen zugelassen, deren Abstand zueinander kleiner als die zweifache mittlere Gitterkonstante ist. Mit dieser Verknüpfungsbedingung wird natürlich eine gewisse Überlappung der Verbindungen zugelassen (siehe Bild 5.4). Nachdem die Verbindung eines Knotenpaares die Stabkriterien erfüllt hat, wird direkt die Stablänge festgelegt. Damit ist auch gleich ein Stabparameter gegeben, deren Verteilung für das ganze Gitter in Bild 5.10a dargestellt ist.

Durch die Erfüllung der Stabkriterien erhält die zufällig angeordnete Knotenverteilung eine realistische, zufällig verknüpfte Gitterstruktur. Die Lage des Stabes im Gitter entscheidet darüber, welche Eigenschaften der Stab, in Form einer speziellen Parameterzuordnung, im Zustand der Belastung besitzt. Da die Festlegung der Bereiche der Zuschlagskörner schon vollzogen ist, muß noch die Unterscheidung zwischen Matrix und Kontaktzone getroffen werden. Liegt ein Stab mit beiden Knoten vollständig in der Zuschlagscheibe, so erhält der Stab reine Zuschlageigenschaften. Die Eigenschaft für die Erkennung, ob ein Stab Zuschlag ist, wird dabei mit der Zahl –100 ausgezeichnet. Liegt der Stab mit beiden Knoten vollständig außerhalb einer Zuschlagsscheibe, bekommt er die Erkennung 0, die als Parameter Zuordnung der Matrixeigenschaften steht. Liegt der Stab auf der Grenze zwischen Zuschlag und Matrix, wird der Abstand zwischen dem Knotenpaar abgefragt, ist der Abstand kleiner als das 1.5 fache der mittleren Gitterkonstante, erhält der Stab die Erkennung –200 und ist damit ein Stab mit Kontaktzoneneigenschaften. Überschreitet der Abstand das 1.5 fache der mittleren Gitterkonstante, so wird der Stab der Matrix zugeschlagen und mit deren Parameter ausgestattet. Der Grund für dieses Auswahlkriterium ist die kleine Ausdehnung des Bereiches für die Kontaktzone in Beton. Im Gitter würde der Kontaktzone sonst ein zu großes Gewicht zukommen. Trotz der Beschränkung der Stablänge ist die Kontaktzone immer noch über- repräsentiert. Diese starke Ausprägung der Kontaktzone muß aus der Begrenzung der Knotendichte als Kompromiß hingenommen werden, denn je feiner das Gitter wird, je größer werden die Schwierigkeiten der numerischen Handhabung.

Mit der Festlegung der Erkennungen der Stäbe können den Stäben je nach Platzierung im Gitter die ihnen zugehörigen Eingabeparameter zugewiesen werden. So werden dann die Zugfestigkeit und der Elastizitätsmodul für die jeweiligen Komponenten der Stäbe verteilt. Bei dieser Zuweisung der Eingabeparameter werden, wie schon im Vorfeld erwähnt, die Parameter der Stäbe durch eine Gaußverteilung zufällig festgelegt.

5.2 Beschreibung des Generierungsalgorithmus

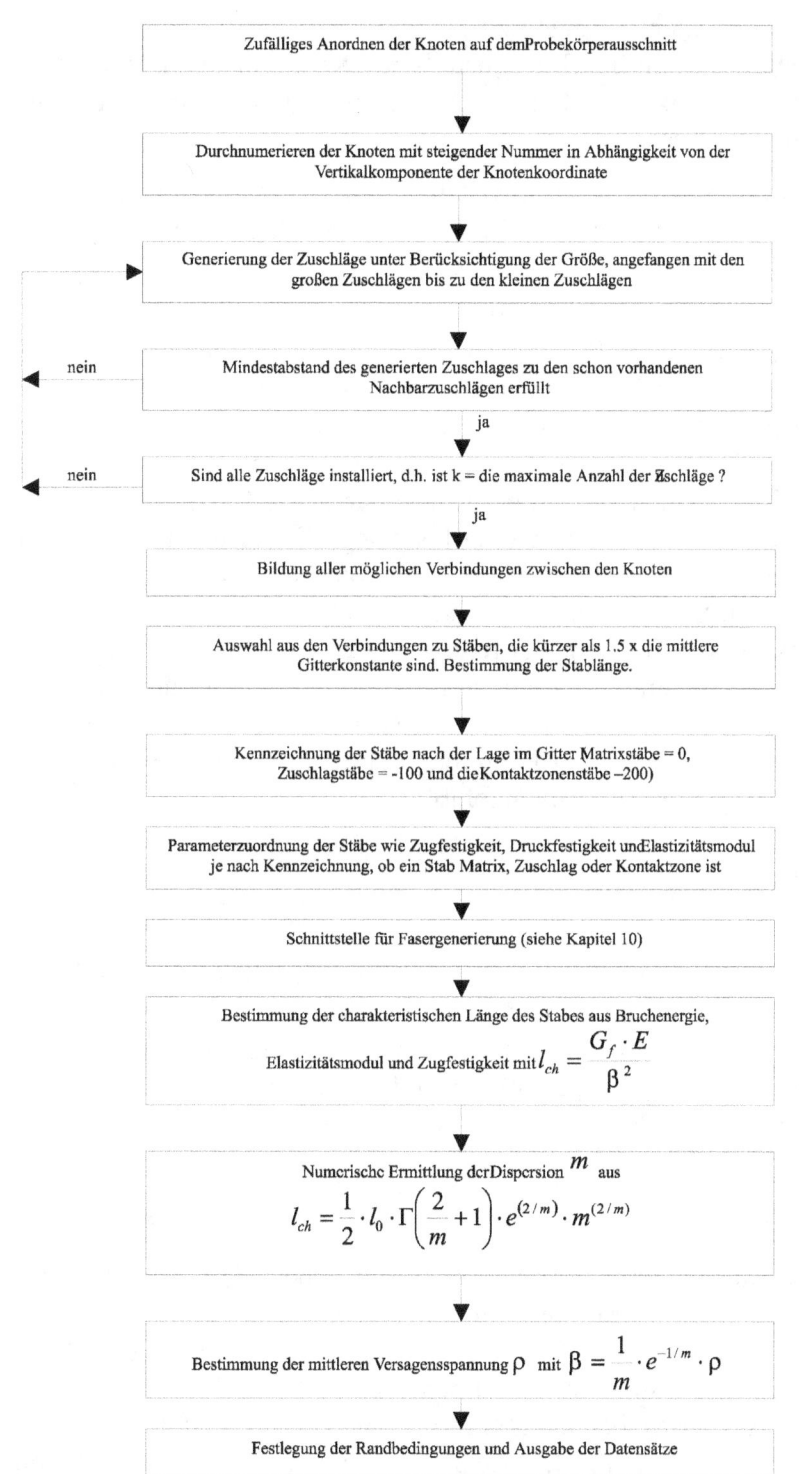

Bild 5.6: Flußdiagramm zur Gittergenerierung

Mit abgeschlossener Parameterzuweisung werden dann für die Simulation von Faserbeton die Fasern im Gitter installiert. Der Algorithmus zur Generierung von Stäben mit Fasereigenschaften wird in dem späteren Kapitel 10 zur Simulation von Faserbeton dargestellt.

Aus der Zugfestigkeit, dem Elastizitätsmodul, der Stablänge und der Bruchenergie wird dann die charakteristische Länge für jeden Stab bestimmt. Mit der charakteristischen Länge und der Stablänge wird aus dem Quotienten l_0/l_{ch} die numerische Bestimmung des Dispersionsgrades m vorgenommen. Dabei muß für jeden Stab eine numerische Integration der Gammafunktion vorgenommen werden, so daß die Ermittlung des Dispersionsgrades der rechenintensivste Abschnitt im ganzen Generierungsprogramm ist. Aus der Zugfestigkeit und dem Dispersionsgrad kann dann die mittlere Versagensspannung des Stabes festgelegt werden. Mit der Beendigung der Parameterermittlung werden noch die Randbedingungen der Knoten in den Bereichen der Lasteinleitung festgelegt. Dabei werden alle Knoten berücksichtigt, die weniger als die mittlere Gitterkonstante von der jeweiligen Lasteinleitung mit der Vertikalkomponente entfernt liegen. Damit wird ein Übergangsbereich zwischen der regelmäßigen Knotenanordnung auf der horizontalen Gitterbegrenzung und dem zufällig strukturierten Gitter hergestellt. Mit diesem Ansatz soll ein vorzeitiges Versagen im Bereich der Lasteinleitung verhindert werden. In Bild 5.6 ist der Programmablauf der Gittergenerierung zur Übersicht in einem Flußdiagramm zusammengefaßt.

5.3 Stabparameter

Die Parameter für die Stabelemente können unterteilt werden in: Eingabeparameter, Gitterstrukturparameter und resultierender Parameter. In den nun folgenden drei Abschnitten werden die Stabparameter für die nachfolgenden Simulationsrechnungen festgelegt. Dabei soll besonders der Unterschied zwischen Normalbeton und hochfestem Beton herausgestellt werden.

5.3.1 Eingabeparameter

Zu den Eingabeparametern werden in dieser Arbeit die Stabparameter gezählt, die bei der Generierung der Gitter von außen vorgegeben werden müssen. Dazu zählt der Elastizitätsmodul, die Bruchenergie und die Zugfestigkeit. Bei der Bestimmung der Eingabeparameter ist zu beachten, daß die Struktur des Gitters und die relative Länge der Stabelemente einen Einfluß auf die Beträge der Eingabeparameter haben. So zeigten z.B. erste Testrechnungen von Zugsimulationen am Gitter mit zufälliger Netzstruktur, dass für eine realistische Darstellung des Spannungs-Dehnungs-Verhaltens höhere Werte für die Zugfestigkeit und den Elastizitätsmodul nötig waren, als für geordnete Rechteck- Gitterstrukturen wie z.B.

5.3 Stabparameter

bei dem Bochumer Modell nach Schorn und Mitarbeiter (siehe Nuxoll, Rode [Nux98] [Rod91] und Tabelle 5.1). Wobei hier allerdings die Werte für die Zugfestigkeit und dem Elastizitätsmodul, zumindest für die innen liegenden Kantenstäbe nach oben korrigiert werden müssen da diese durch den sukzessiven Gitteraufbau aus Grundelementen, wie in Kapitel 3.1.1.4 angedeutet (siehe Bild 3.7), im Prinzip doppelt vorliegen. Somit können diese beiden Stäbe als ein Stab mit doppelter Zugfestigkeit und Steifigkeit interpretiert werden.

Ein wesentlicher Grund für die Verschiebung der Eingabeparameter zu größeren Beträgen liegt in der, in dieser Arbeit gewählten, zufälligen Gitterstruktur. Durch die große Anzahl an geneigten Stäben und den damit verbundenen kleinen horizontalen Neigungswinkeln fallen die effektiven Zugfestigkeiten und Elastizitätsmodule der Stabelemente im Mittel geringer aus als die Mittelwerte der Eingabeparameter (siehe Kapitel 5.4).

Weiterhin soll an dieser Stelle nochmals daran erinnert werden, daß das in den Experimenten festgestellte Materialverhalten eines Betonprobekörpers als eine Überlagerung des Materialverhaltens der mikroskopischen Unterstrukturen zu verstehen ist. Für die Festigkeit und dem Elastizitätsmodul besteht dies bezüglich ein ähnlicher Zusammenhang. So zeigen z.B. microhardness Profile nach Igarashi, Bentur und Mindess [BIM96] eine signifikant große Festigkeit in mikroskopischen Bereichen (ca. 500 Mpa) gegenüber der Festigkeit, die generell von einem Probekörpers erbracht wird. Der Grund für die hohe Festigkeit für ein mikroskopisches Volumen liegt in der geringen Anzahl an Fehlstellen gegenüber einem makroskopischen Volumen. In gleicher Weise kann ein Stabelement als ein mikroskopisches und das Gitter als ein makroskopisches Volumen interpretiert werden.

Bei der Bestimmung der Parameter für hochfesten Beton werden die Parameter der Matrixstäbe denen der Zuschlagstäbe angeglichen, so daß zwischen dem Materialverhalten der beiden Fraktionen kein Unterschied besteht. Bei der Wahl der Eigenschaften für die Kontaktzonenstäbe ist die Verdichtung der Kontaktzone durch die Zugabe von Microsilica berücksichtigt worden. Nach Scrivener et.al ist daher bei hochfestem Beton mit einer doppelt so dichten Kontaktzone wie bei Normalbeton zu rechnen (siehe Bild 5.7). Zusätzlich zeigen elektronenmikroskopische Aufnahmen nach Sicker [Sic99] einen deutlichen Unterschied in der Kompaktheit der Kontaktzone von normal- und hochfestem Beton (siehe Bild 5.8). Die Festigkeit und der Elastizitätsmodul der Stäbe mit den Eigenschaften für die Kontaktzone werden daher für den hochfesten Beton auf 50% der Matrixstäbe angesetzt und sind damit viermal härter als die Kontaktzonenstäbe des Normalbetons. Der hochfeste Beton wird somit als ein Zwei- Komponentensystem betrachtet, bei dem zwischen Matrix und Zuschlag kein Unterschied besteht, die Kontaktzone aber weiterhin wie bei Normalbeton das schwächste Glied bildet. In Tabelle 5.1

sind die Mittelwerte der Eingabeparameter für Normal- und hochfesten Beton aufgeführt.

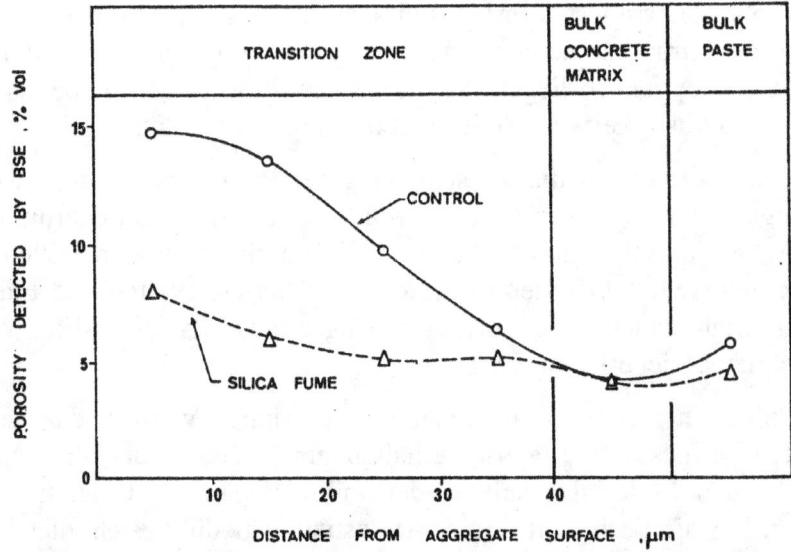

Bild 5.7: Die Porösität in Abhängigkeit vom Abstand der Zuschlagsoberfläche nach Scrivener, Bentur und Pratt [BeSP88]

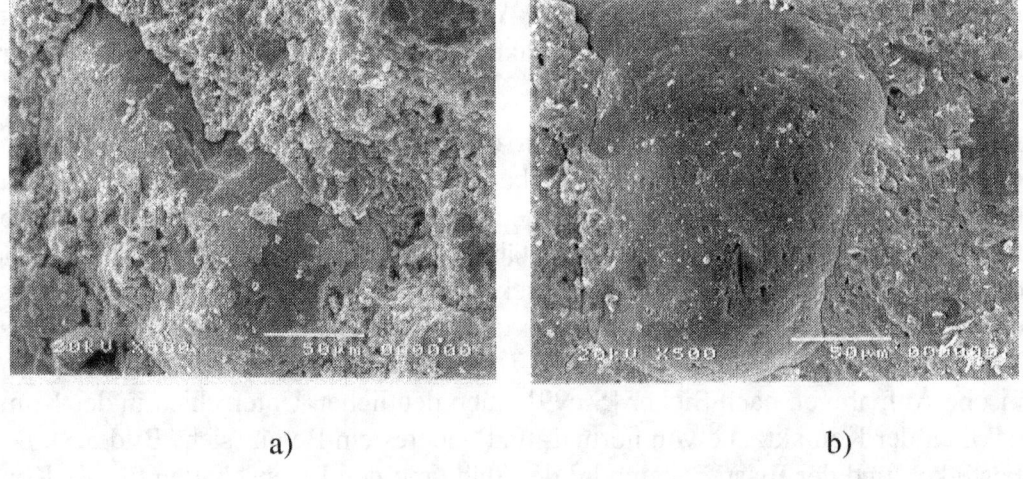

a)   b)

5.3 Stabparameter

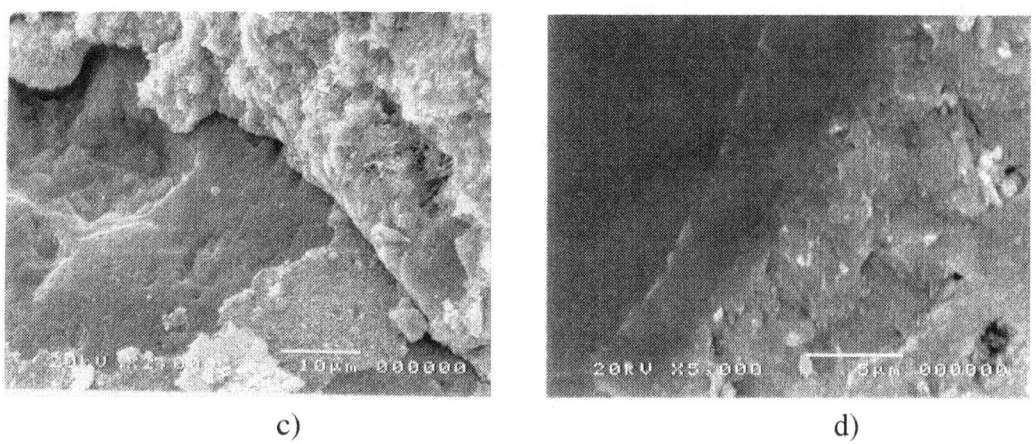

Bild 5.8: a) Normalbeton, b) hochfester Beton, c) Normalbeton und d) hochfester Beton nach [Sic99]

Tabelle 5.1: Eingabeparameter für die Generierung von Normalbeton und hochfestem Beton.

	Zugfestigkeit in [N/mm^2]	E- Modul in [N/mm^2]	Bruchenergie in [N/mm]
Normalbeton:			
Zuschlag	17	156000	0.05
Matrix	10	65000	0.05
Kontaktzone	2	13000	0.05
Hochfester Beton:			
Zuschlag	17	156000	0.05
Matrix	17	156000	0.05
Kontaktzone	8.5	78000	0.05
Normalbeton nach Nuxoll Nux[98]:[*)]			
Zuschlag	10	60000	0.05
Matrix	6	25000	0.05
Kontaktzone	3	-	0.05

[*)]Für parallel innen liegende Stäbe müssen die Werte für die Festigkeit und das Elastizitätsmodul prinzipiell nach oben korrigiert werden (siehe oben).

Die Verteilung der Zugfestigkeit für Normalbeton und hochfesten Beton ist in Bild 5.9 dargestellt. Dabei zeigt Bild 5.9a ein Zwei- Komponentenmaterial und repräsentiert daher einen hochfesten Beton. Die Verteilung in Bild 5.9b zeigt durch das Vorhandensein von drei deutlichen Peaks, die den Unterschied von Matrix, Zuschlag und Kontaktzone widerspiegeln, das typische Festigkeitsprofil für einen Normalbeton.

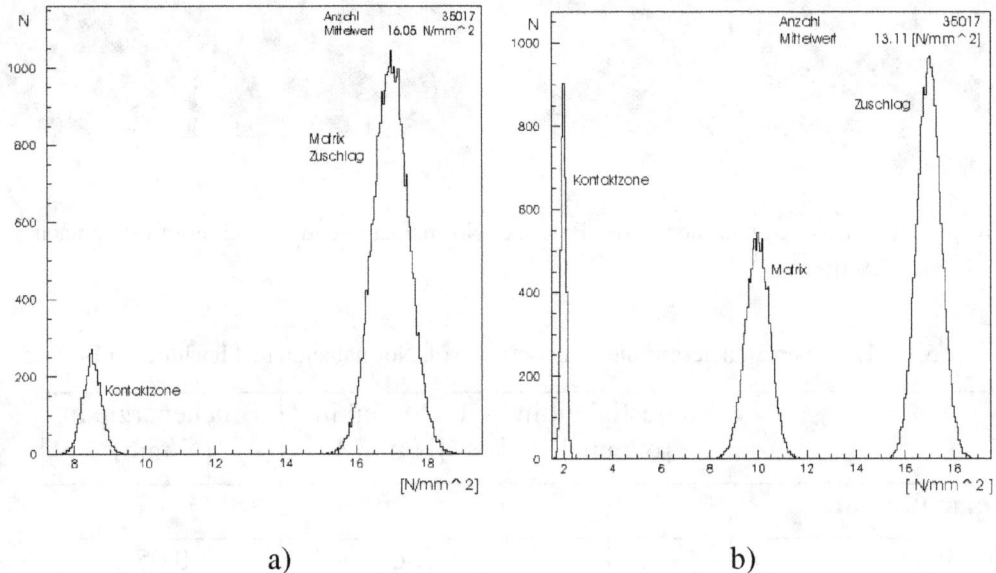

Bild 5.9: Verteilung der Zugfestigkeit der Stäbe. a) für hochfesten Beton, b) Normalbeton mit Erkennbarkeit der einzelnen Fraktionen.

5.3.2 Gitterstrukturparameter

Unabhängig von den Eingabeparametern hat die Gitterstruktur in Verbindung mit dem definierten Materialverhalten einen Einfluß auf das Stabverhalten. Über Gleichung 5.3 steht der Dispersionsgrad direkt mit der Stablänge in Relation (siehe auch Bild 4.4 in Kapitel 4).

$$l_{ch} = \frac{1}{2} \cdot l_0 \cdot \Gamma\left(\frac{2}{m} + 1\right) \cdot e^{(2/m)} \cdot m^{(2/m)} \tag{5.3}$$

Dabei hat ein langer Stab gegenüber einen kurzen Stab bei gleichem Elastizitätsmodul, gleicher Festigkeit und Bruchenergie einen größeren Dispersationsgrad und ist somit spröder.(siehe Bild 4.4 Kapitel 4). Die Form der Stablängenverteilung, wie in Bild 5.10 dargestellt, hat somit indirekt einen Einfluß auf das Systemverhalten des Gitters.

5.3 Stabparameter

Weiterhin muß durch die Abbildung des Betons auf Mesoebene berücksichtigt werden, daß sich die drei Fraktionen wie Matrix, Zuschlag und Kontaktzone in ihren Ausdehnungen im Gitter sehr unterscheiden. Die Ausdehnung der Kontaktzone ist im Vergleich mit den beiden anderen Fraktionen am geringsten. Mit der zur Verfügung stehenden Feinheit des Gitters ist eine wirklichkeitsgetreue Abbildung der Kontaktzone aber nicht möglich, da diese im Mikrometerbereich liegt. Der oben schon angeführte Kompromiß zur Reduzierung des prozentualen Anteils der Kontaktzonenstäbe am gesamten Gitter führt dazu, daß die maximale Stablänge begrenzt wird. Diese Begrenzung der Stablänge für die Stäbe der Kontaktzone führt unweigerlich zu einer abgewandelten Form der Verteilung der Stablängen. Zusätzlich hat die dargestellte Sieblinie mit ihrer Größenverteilung der Korndurchmesser, eine weitere Separation der Verteilung der Stablängen zur Folge.

Durch die bereits bestehende Gitterverknüpfung führt die Auswahl der Gitterstäbe entsprechend ihrer Zugehörigkeit, zu einer Zersplitterung der im Bild 5.10 dargestellten Stablängenverteilung. Diese Verteilung kann dann den einzelnen Fraktionen entsprechend nach Matrix, Zuschlag und Kontaktzone angeordnet werden, so daß wie in Bild 5.10b für jede der drei Fraktionen eine andere Verteilung der Stablängen zum Vorschein kommt. Unabhängig von der Parameterzuordnung für die jeweiligen Fraktionen wirkt sich hier schon allein die Gitterstruktur auf das spätere Verhalten der Stäbe aus. Allerdings spiegelt die Gittergeometrie mit der beschriebenen Fraktionierung leider nicht immer die Verhältnisse, wie sie im Beton herrschen, wieder. Das zeigen die mittleren Stablängen für Matrix, Zuschlag und Kontaktzone und die jeweilige Verteilung selbst. So bildet z.B. die Verteilung der Stablängen der Kontaktzone aus der Perspektive der Relation zwischen Stablänge und Dispersion, die Verteilung mit den duktilsten Stäben, gefolgt von der Verteilung für die Zuschläge und derer der Matrix (siehe Bild 5.10b und Tabelle 5.2).

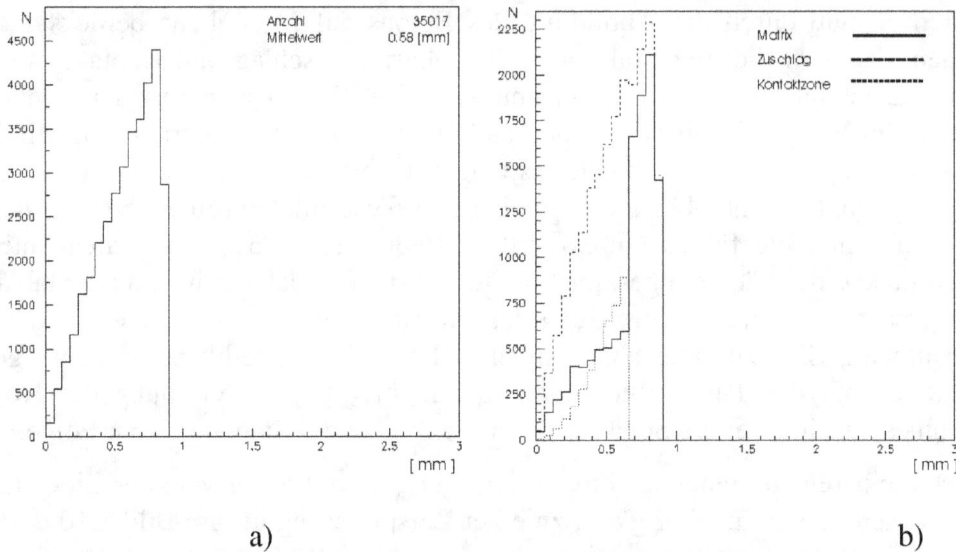

Bild 5.10: a) die Verteilung der Stablängen des Gitters aus Bild 5.4, b) Aufspaltung der Stablängen nach den Fraktionen Matrix, Zuschlag und Kontaktzone.

Für die Berechnung des Dispersionsgrades muß daher der Einfluß der Stablänge berücksichtigt werden. Über den Quotienten l_0/l_{ch} aus Stablänge und charakteristischer Länge in Gleichung (5.3) steht die Stablänge in direkter Verbindung zur Dispersion. Für eine realistische Betonbeschreibung kann daher an dieser Stelle eine Korrektur vorgenommen werden. Dabei wird der Quotient l_0/l_{ch} entsprechend seiner Zuordnung, ob der Stab zur Matrix, zum Zuschlag oder zur Kontaktzone gehört, verschoben. Die Verschiebung des Quotienten erfolgt mit Gleichung (5.4)

$$(l_0/l_{ch})_v = (l_0/l_{ch})^{(1/\gamma)} \tag{5.4}$$

Der Verschiebungsparameter γ kann dann der jeweiligen Fraktion angepaßt werden. In Tabelle 5.2 sind die verwendeten Parameter für hochfesten Beton und Normalbeton aufgelistet. Bei den hier verwendeten Gittern werden keine unterschiedlichen Verschiebungsparameter verwendet.

Erfahrungen mit anderen Gitterstrukturen haben gezeigt, daß eine separate Verschiebung sinnvoll sein kann. Mit zunehmender Knotendichte werden die Unterschiede zwischen den Verschiebungsparametern immer geringer.

5.3 Stabparameter

Tabelle 5.2: Mittlere Stablängen und die Verschiebungsparameter der einzelnen Fraktionen.

	Kontaktzone	Matrix	Zuschlag
Mittlere Stablänge [mm]	0.4871	0.6453	0.5628
γ hochfester Beton	1.25	1.25	1.25
γ Normalbeton	1.25	1.25	1.25

5.3.3 Resultierende Stabparameter

Durch die Verbindung von Eingabeparameter und Gitterparameter mittels dem eingesetzten Materialgesetz vervollständigt sich der Parametersatz für die Stabelemente. Unter Berücksichtigung von Gleichung (5.4) wird der Dispersionsgrad m mit Gleichung (5.3) für jeden Stab bestimmt. Durch die unterschiedlich verteilten Eingabeparameter für hochfesten Beton und Normalbeton ergeben sich entsprechende charakteristische Formen für die Verteilungen der Dispersionsgrade, der charakteristischen Versagensspannungen und der charakteristischen Längen.

Die Verteilung für die charakteristische Länge von Normalbeton (siehe Bild 5.11b) zeigt deutlich die Form eines 3-Komponentenmaterials mit der Unterscheidung von Zuschlag, Matrix und der Kontaktzone. Die Mittelwerte der einzelnen Peaks sind in Tabelle 5.3 aufgeführt und entsprechen im wesentlichen den Werten nach [Nux98]. Die Form der Verteilung für den hochfesten Beton (siehe Bild 5.11a) spiegelt dagegen ein 2-Komponentensystem wider, wobei zwischen Matrix und Zuschlag nicht unterschieden wird.

An den Formen der Verteilungen der Dispersionsgrade (siehe Bild 5.12a und 5.12b) für die verschiedenen Fraktionen ist der Einfluß der Stablängenverteilungen nach Bild 5.10b deutlich erkennbar. Unabhängig von den einzelnen Komponenten, sowohl bei Normal- als auch beim hochfesten Beton, bewegen sich die Mittelwerte der entsprechenden Verteilungen um 0.8, so daß, wie oben schon erwähnt, kein Unterschied zwischen den Verschiebungsparametern besteht.

Die Verteilungen der charakteristischen Versagensspannung (siehe Bild 5.13) zeigen, ähnlich den Verteilungen für die charakteristische Länge, einen klaren Unterschied zwischen Normalbeton und hochfestem Beton.

Tabelle 5.3: Mittelwerte der charakteristischen Länge

	Charakteristische Länge [mm]
Hochfester Beton:	
Zuschlag	27.1
Matrix	27.1
Kontaktzone	54.2
Normalbeton:	
Zuschlag	27.1
Matrix	32.9
Kontaktzone	164
Normalbeton nach Nuxoll:	
Zuschlag	30
Matrix	34.7
Kontaktzone	138.9

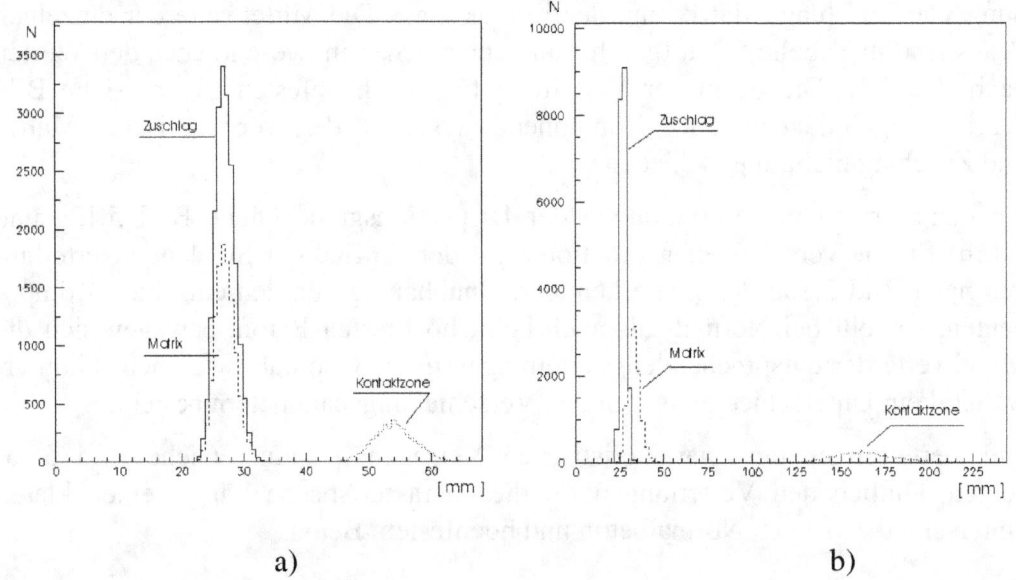

a)   b)

Bild 5.11: Verteilungen der charakteristischen Länge, a) für hochfesten Beton, b) für Normalbeton.

5.4 Effektive Elementfestigkeit und -steifigkeit

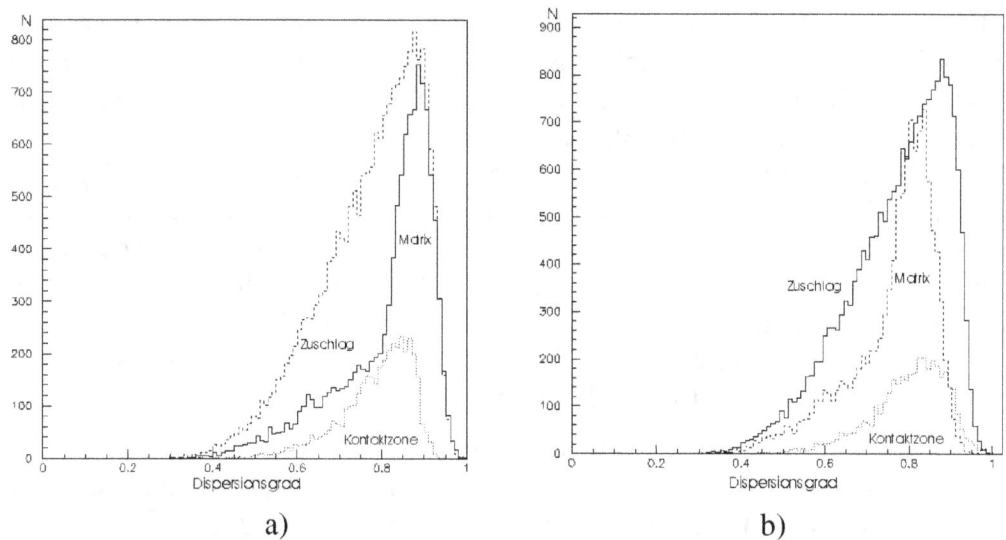

Bild 5.12: Bild 5.12: Verteilungen des Dispersionsgrades separiert nach den Betonfraktionen a) hochfester Beton, b) Normalbeton

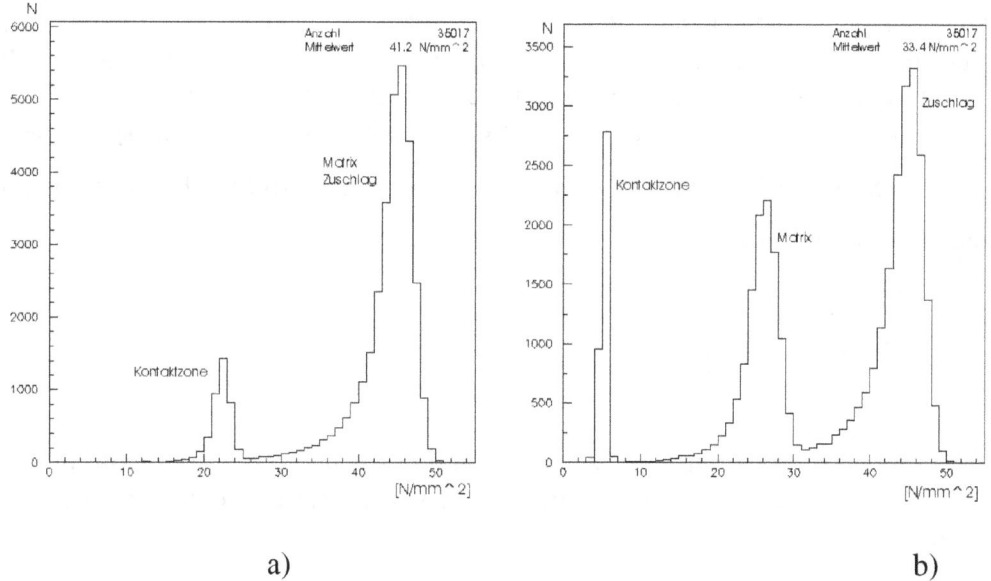

Bild 5.13: Charakteristische Versagensspannung a) hochfester Beton, b) Normalbeton.

5.4 Effektive Elementfestigkeit und -steifigkeit

Das Erreichen der Festigkeit des im Gitter eingebauten Stabes ist stark von seinem Neigungswinkel abhängig. Bei vertikalen Verschiebungen auf das Gitter erfahren geneigte Stäbe eine größere Spannung als Stäbe, die parallel zur Verschiebungsrichtung liegen. Wie bei einem Sprengwerk wird die vertikal angreifende Kraft mit $1/\sin\alpha$, mit α als Winkel zwischen Horizontaler und Neigung (siehe Bild 5.14), multipliziert und auf die Druckstreben umgelagert. Entgegengesetzt kann die Festigkeit eines geneigten Stabes auf die Verschiebungs- oder Belastungsrichtung projiziert werden. Dabei wird die Festigkeit mit $\sin\alpha$ multipliziert (siehe Bild 5.14). Die projizierte Festigkeit kann als eine effektive Elementfestigkeit im Gitter interpretiert werden. Die Verteilungen der Festigkeiten der Stäbe für Normalbeton und hochfesten Beton aus Bild 5.9a und 5.9b verschieben sich dann entsprechend in Richtung Ursprung (siehe Bild 5.15a und 5.15b). Im Vergleich zu den Mittelwerten der Festigkeiten aus Bild 5.9a und 5.9b fallen die mittleren effektiven Festigkeiten aus Bild 5.15 geringer aus.

Das gleiche Phänomen tritt auch beim Elastizitätsmodul der Stäbe auf, so daß nicht von der Systemsteifigkeit auf die Elementsteifigkeit geschlossen werden kann. Zusätzlich muß die Tatsache berücksichtigt werden, daß ein Gitter aus in Reihe und parallel geschalteten Federn, deren Steifigkeit einer gewissen Streuung unterworfen ist, besteht. Für die einachsiale Zugbelastung kann das Gitter modellhaft in einer Summe aus parallel zur Belastungsrichtung liegenden Federn zerlegt werden. Jede dieser parallel liegenden Federn kann wiederum in viele kleine, hintereinander geschaltete Unterfedern interpretiert werden, deren Steifigkeiten natürlich einer Streuung unterworfen sind. Wenn der Einfachheit halber alle Parallelfedern aus gleich vielen Unterfedern aufgebaut sind, ist die Steifigkeit dieser Unterfedern E_{ij}. In so einem Fall wird die Gesamtsteifigkeit des Systems durch Gleichung (5.5) bestimmt. Mit E_{ges} als Gesamtsteifigkeit des Systems und E_{ij} als Elementsteifigkeit.

$$E_{ges} = \sum_i 1 / \left(\sum_j 1 / E_{ij} \right) \tag{5.5}$$

Die weicheren Elemente in (5.5) schlagen stärker als die harten Elemente ins Gewicht, so daß die Systemsteifigkeit immer kleiner als die mittlere Elementsteifigkeit ist.

Die Festigkeiten und die Steifigkeiten der Stäbe müssen damit höher angesetzt werden als es die Messungen in den Experimenten zur Bestimmung der Materialparameter von Beton ergeben (siehe Tabelle 5.1).

5.5 Netzabhängigkeiten

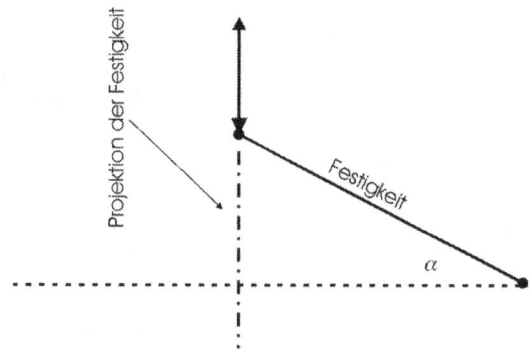

Bild 5.14: Projektion der Stabfestigkeit auf die Belastungsrichtung.

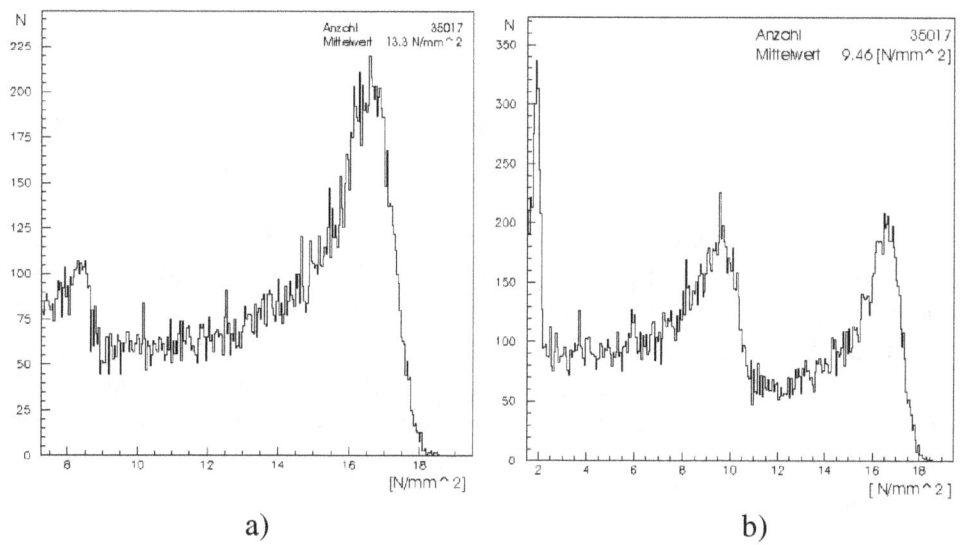

Bild 5.15: Verteilung der Projektion der Zugfestigkeit auf eine vertikale Belastungsrichtung, a) für hochfestem Beton b) Normalbeton

5.5 Netzabhängigkeiten

Um den Einfluß einer Parametervarianz auf das Verhalten eines numerischen Betons zu analysieren, ist es unerläßlich, die Varianz der übrigen Parameter möglichst gering zu halten. Eine bedeutende Größe ist die Elementgröße, oder bei zufällig erzeugten Gittern, die Knotendichte. Der Einfluß der Variation der Elementgröße, oder anders formuliert die Anzahl der Knoten pro Fläche, ist von Schlangen [Scl95] qualitativ beschrieben worden (siehe Bild 5.16b). Dabei ist speziell das Nachbruchverhalten einer Zugsimulation an einem triogonalen Gitter aus Balkenelementen untersucht worden (siehe Bild 5.16a).

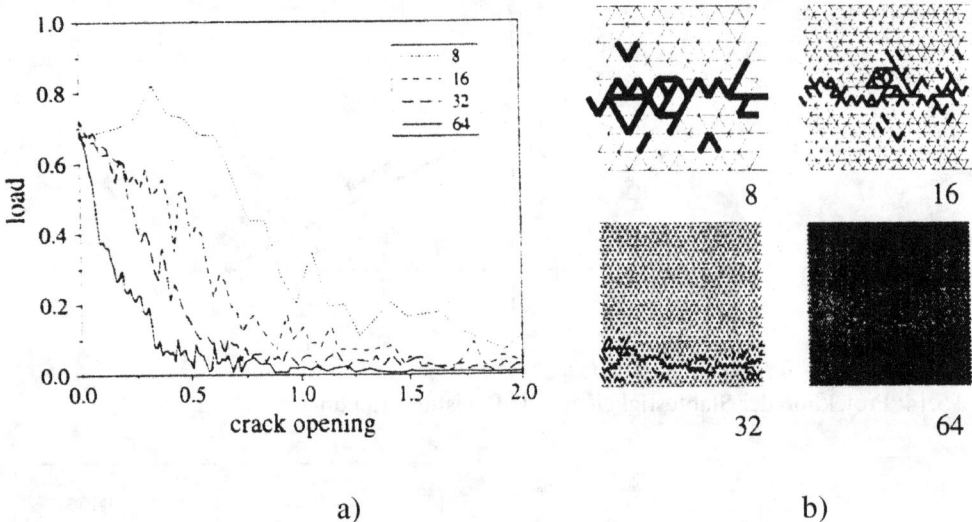

Bild 5.16: Last- Rißöffnungsverhalten (a) und Rißbilder (b) einer Simulation in Abhängigkeit von der Knotendichte nach [Scl95]

Die Rißbilder für die unterschiedliche Elementgröße sind zwar vergleichbar, das Nachbruchverhalten aber zeigt dagegen einen großen Unterschied. Schlangen erklärt den Einfluß der Elementgröße auf das Rißöffnungsverhalten damit, daß bei dem Ausbau eines versagten Elementes aus einem groben Gitter ein größerer Energiebetrag aus dem Gitter herausgetragen wird als bei einem feineren Gitter. Das zeigen auch die Rißbilder. Bei einem groben Gitter ist der Riß nicht so scharf lokalisiert wie bei einem feinen Gitter, so daß der Energieeinsatz bei einem groben Gitter rein anschaulich schon größer ist.

Bei der qualitativen Betrachtung von Parameterstudien mit der Bedingung, daß bei einer Parametervariation die Knotendichte konstant zu halten ist, wird die Netzabhängigkeit unterdrückt. In den folgenden Kapiteln sind für die jeweiligen Parameterstudien die Knotendichten eine feste Größe.

6 Aufbau und Lösung der Systemgleichung

In diesem Kapitel wird die numerische Handhabung der generierten Gittergeometrie und die Struktur der Knotenverknüpfung untereinander mit den Methoden der Matrizenstatik beschrieben [Krä94]. Weiterhin wird auf den Aufbau der Gesamtsteifigkeitsmatrix aus den Elementsteifigkeitsmatrizen, die kompakte Speicherung der Gesamtsteifigkeitsmatrix, die Methode des konjugierten Gradienten zur Lösung der Systemgleichung sowie die Beschreibung des Lösungsprogramms zur Simulation der Bruchprozesse eingegangen.

6.1 Die Elementsteifigkeitsmatrix

Als Ausgangspunkt der Formulierung wird zunächst die mathematische Beschreibung eines einzelnen Stabes untersucht. Das kleinste Element in einem Stabwerksgitter ist ein Stab. Dieser wird durch einen Anfangs- und einen Endpunkt im Raum festgelegt (siehe Bild 6.1). Dabei ist **S** der Stab im unbelasteten Zustand mit den Anfangspunkt **P1** und den Endpunkt **P2**. In der Matrizenstatik werden die Stäbe in einem Stabwerksgitter durch sehr harte Federn ersetzt, d.h. ein Stab wird unter Belastung gestaucht oder gedehnt, wobei die Punkte des Stabes eine neue Lage einnehmen. S′ stellt den Stab in seiner verschobenen Position dar. Ein Stab kann demnach nur Druck- und Zugkräfte aufnehmen. Die Verbindung der Stäbe untereinander mit den Knoten ist gelenkig gelagert. Daraus resultieren sechs Freiheitsgrade, d.h. drei Verschiebungen je Knoten.

Weiterhin ist der Stab durch die charakteristischen Parameter wie Querschnittsfläche A, Ausgangslänge S und Elastizitätsmodul E voll bestimmt. Nach dem Hooke'schen Gesetz kann die Kraft F im Stab durch die Verschiebung des Anfangs- und Endknotens berechnet werden:

$$F_{stab} = \underbrace{(E \cdot A / S)}_{\equiv k} \cdot \Delta S \tag{6.1}$$

ΔS bezeichnet die Längenänderung des Stabes. In der Matrizenstatik ordnet man jedem Element im Fachwerk eine Elementsteifigkeitsmatrix zu. Für einen Stab in beliebiger räumlicher Lage führt dies zu einer symmetrischen 6 mal 6 Elementsteifigkeitsmatrix (EM), wie in (Gl. 6.2) dargestellt.

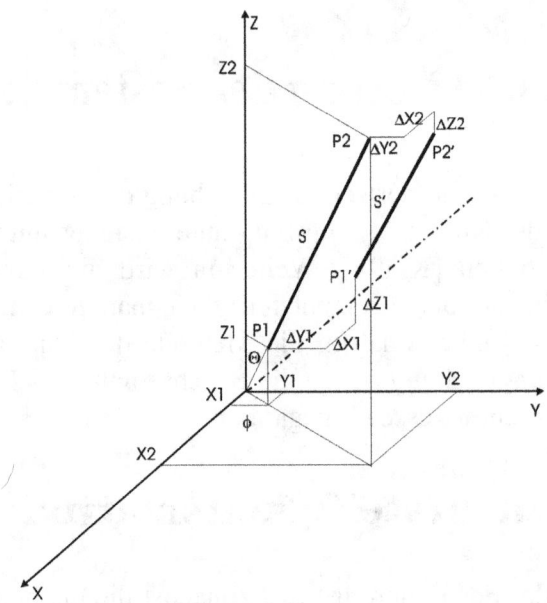

Bild 6.1: Lage eines Stabes unter Verschiebung im Raum

Für den allgemeinen Fall geht F_{stab} aus Gleichung (6.1) über in den Kraftvektor $\vec{F}_{stab}$, aus der Verschiebung ΔS_{stab} wird der Verschiebungsvektor $\Delta \vec{S}_{stab}$ und aus k die Elementsteifigkeitsmatrix EM Gl. 6.2 . Damit geht Gleichung 6.1 über in Gl.6.3.

$$EM = k \cdot \begin{bmatrix} (\cos\phi*\sin\Theta)^2 & \cos\phi*\sin\phi*\sin^2\Theta & \cos\phi*\sin\Theta*\cos\Theta & -(\cos\phi*\sin\Theta)^2 & -\cos\phi*\sin\phi*\sin^2\Theta & -\cos\phi*\sin\Theta*\cos\Theta \\ & (\sin\phi*\sin\Theta)^2 & \sin\phi*\sin\Theta*\cos\Theta & -\cos\phi*\sin\phi*\sin^2\Theta & -(\sin\phi*\sin\Theta)^2 & -\sin\phi*\sin\Theta*\cos\Theta \\ & & \cos^2\Theta & -\cos\phi*\sin\Theta*\cos\Theta & -\sin\phi*\sin\Theta*\cos\Theta & -\cos^2\Theta \\ & & & (\cos\phi*\sin\Theta)^2 & \cos\phi*\sin\phi*\sin^2\Theta & \cos\phi*\sin\Theta*\cos\Theta \\ & & & & (\sin\phi*\sin\Theta)^2 & \sin\phi*\sin\Theta*\cos\Theta \\ & & & & & \cos^2\Theta \end{bmatrix}$$

(6.2)

$$\vec{F}_{stab} = EM \cdot \Delta\vec{S}_{stab}$$

$$\vec{F}_{stab} = \begin{pmatrix} F_1 \\ \vdots \\ F_6 \end{pmatrix}, \quad \Delta\vec{S}_{stab} = \begin{pmatrix} \Delta s_1 \\ \vdots \\ \Delta s_6 \end{pmatrix} \tag{6.3}$$

Mit Gleichung 6.3 wird das Verhalten des Stabes vollständig beschrieben.

6.2 Die Gesamtsteifigkeitsmatrix

Für die mathematische Erfassung des gesamten Stabwerksgitters wird aus den einzelnen Elementsteifigkeitsmatrizen der jeweiligen Stäbe die Gesamtsteifigkeitsmatrix SM aufgestellt. Die Komponenten K_{ij} der Matrix SM werden so aufgebaut, daß für die jeweiligen Kombinationen der Freiheitsgrade i und j, mit i und j fest, über die Anzahl M der gemeinsamen Stäbe summiert wird:

$$K_{ij} = \sum_{n}^{M} k_{ijn} \tag{6.4}$$

Die k_{ijn} sind die Komponenten der n-ten Elementsteifigkeitsmatrix des n-ten Stabes. Die Dimension der Gesamtsteifigkeitsmatrix SM ergibt sich zu NxN, wobei N die Größe der Freiheitsgrade des Systems darstellt. Der Freiheitsgrad des Gesamtsystems bestimmt sich aus dem Produkt der Knotenanzahl mit den Freiheitsgrade pro Knoten.

Analog zu Gl. 6.3 kann das gesamte räumliche Stabsystem mit $\vec{F} = \{F_1 ... F_i ... F_N\}$ und $\Delta \vec{S} = \{\Delta s_1 ... \Delta s_j ... \Delta s_N\}$ als N- komponentige Vektoren und mit SM gemäß Gl.6.5 beschrieben werden.

$$\begin{pmatrix} F_1 \\ \vdots \\ F_i \\ \vdots \\ F_N \end{pmatrix} = \begin{pmatrix} K_{11} & \cdots & K_{1j} & \cdots & K_{1N} \\ \vdots & \ddots & & & \vdots \\ K_{i1} & & \sum_{n}^{M} k_{ijn} & & K_{iN} \\ \vdots & & & \ddots & \vdots \\ K_{N1} & \cdots & K_{Nj} & \cdots & K_{NN} \end{pmatrix} \cdot \begin{pmatrix} \Delta s_1 \\ \vdots \\ \Delta s_j \\ \vdots \\ \Delta s_N \end{pmatrix} \tag{6.5}$$

Mit der Lösung des linearen Gleichungssystems von N Gleichungen mit N Unbekannten gemäß Gleichung (6.5) ist das Gesamtsystem beschrieben. Durch die Einführung von Randbedingung, d.h. mit einer speziellen Festlegung einiger Freiheitsgrade, reduziert sich die Zahl der Unbekannten um diese. Die Kräfte der einzelnen Stäbe können dann aus den Knotenverschiebungen bestimmt werden.

6.3 Besetzung der Gesamtsteifigkeitsmatrix

Durch die Numerierung der Knoten und der Freiheitsgrade sowie die Verknüpfungen der Knoten untereinander erhält die Gesamtsteifigkeitsmatrix eine Besetzungsstruktur. Dabei ist aus Gleichung (6.5) zu erkennen, daß z.B. eine Verbindung des N-ten Freiheitsgrads mit dem ersten Freiheitsgrad einen Eintrag in der Matrix zur Folge hat, der sehr weit von der Hauptdiagonalen der Steifigkeitsmatrix entfernt liegt. Zur programmtechnischen Handhabung der Matrix ist es jedoch erstrebenswert, eine Numerierung zu wählen, die bei der Verbindung der Knoten berücksichtigt, daß die Differenz der Nummern der Freiheitsgrade klein ist. Wird eine solche optimale Knotennumerierung durchgeführt, kann eine enge Anordnung der von Null verschiedenen Matrixelemente um die Hauptdiagonale erreicht werden (siehe Bild 6.2).

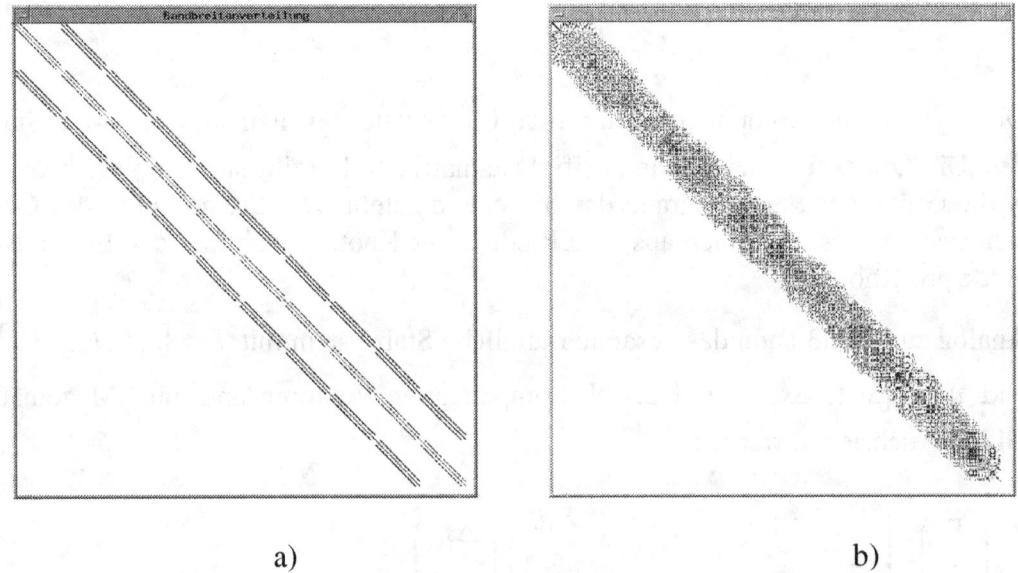

a)   b)

Bild 6.2: Besetzungsstruktur der von Null verschiedenen Matrixelemente zweier Gesamtsteifigkeitsmatrizen, a) eines regelmäßigen räumlichen Gitters mit 1000 Knoten, 3000 Freiheitsgraden und 10476 Stäben, b) eines zufällig angeordneten ebenen Gitters mit 1000 Knoten, 2000 Freiheitsgraden und 14992 Stäben.

Eine spezielle Knotennumerierung für zufällige Gitterstrukturen wurde bereits in Kapitel 5 beschrieben. Die Effizienz dieser Numerierung ist anhand einer Gesamtsteifigkeitsmatrix eines zweidimensionalen Gitters mit zufälliger Gitterstruktur in Bild 6.2b dargestellt. Hierbei ist zu sehen, wie die von Null verschiedenen Matrixelemente dicht um die Hauptdiagonale angeordnet sind. Eine hüllenorientierte Speicherung würde bei dieser Besetzungsstruktur einen erheblichen Platz an Rechenspeicher einsparen. Wobei die Anzahl der Nullen immer noch beträchtlich wäre.

Ein weiteres Beispiel der Verteilung der von Null verschiedenen Matrixelemente ist in Bild 6.2a gezeigt. Hier ist die Gesamtsteifigkeitsmatrix eines regelmäßigen räumlichen Gitters abgebildet. Parallel zu der Hauptdiagonalen sind hier zwei

Nebendiagonalen vorhanden, wobei der Raum zwischen den Diagonalen nur mit Nullen besetzt ist. Eine hüllenorienrierte Speicherung würde diesen großen Betrag an Nullen mit abspeichern. Erfahrungen bei der Erstellung dieser Arbeit haben gezeigt, das bei der im Prinzip recht effektiven Hüllenspeicherung der Anteil der Nullelemente bis zu 95% betragen kann.

Um den Bedarf an Rechenzeit und Rechenspeicherplatz gering zu halten, ist es daher unerläßlich eine optimale Numerierung zu wählen und nur die von Null verschiedenen Elemente der Gesamtsteifigkeitsmatrix abzuspeichern.

6.4 Speicherung der Steifigkeitsmatrix

Wie bereits erwähnt, hat die Besetzungsstruktur und die Art der Speicherung einen großen Einfluß auf die Effizienz der Lösungsalgorithmen. Die aus der Finite-Elemente- Vernetzung resultierenden Matrizen sind in der Regel dünn besetzt und symmetrisch (siehe Bild 6.2). Für eine dünn besetzte symmetrische Matrix A ist es sinnvoll, nur die von Null verschiedenen Elemente der unteren Hälfte abzuspeichern (siehe Bild 6.3). Dabei ist es aus speicherökonomischer Sicht günstig, die Matrix A in einem eindimensionalen Feld A abzuspeichern. Weiterhin ist es notwendig, ein Feld L mit der gleichen Länge wie das Feld A zu entwickeln. Mit diesem Feld L werden dann die Positionen der Matrixelemente in den jeweiligen Zeilen festgelegt. Die Spaltenindizes werden mit aufsteigender Reihenfolge angeordnet, wobei die Diagonalelemente am Ende der Zeile stehen. Mit dem N- komponentigen Zeigervektor Z werden die Diagonalelemente und das Ende der Zeilen markiert, damit können die Zeilen festgelegt werden. Die folgenden Lösungsalgorithmen sind auf dieser Speicherstruktur aufgebaut.

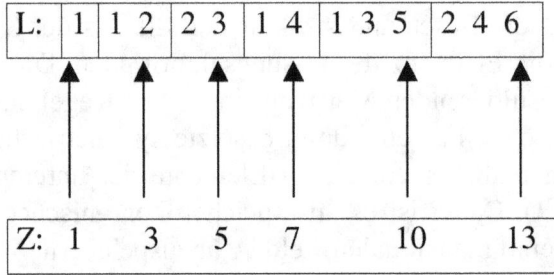

Bild 6.3: Kompakte, zeilenweise Speicherung der unteren Hälfte einer symmetrischen Matrix A [Scw88]

6.5 Linearisierung

Das verwendete nichtlineare Materialgesetz der Stabelemente führt in der Systemgleichung, Gleichung (6.5), zu einer Verschiebungsabhängigkeit der Matrixkomponenten K_{ij} mit:

$$K_{ij} = K_{ij}(\Delta \vec{S}) \tag{6.6}$$

Die i-te Gleichung aus Gleichung (6.5) geht dann über in:

$$F_i = \sum_{j=1}^{N} K_{ij}(\Delta \vec{S}) \cdot \Delta s_j \tag{6.7}$$

Das lineare Gleichungssystem aus Gleichung (6.5) geht somit über in ein nichtlineares Gleichungssystem mit N Gleichungen.

$$F_i = F_i(\Delta s_1, \Delta s_2, \ldots \Delta s_N) = 0 \quad , \quad i = 1, 2, \ldots N. \tag{6.8}$$

Das Gleichungssytem aus Gleichung (6.8) läßt sich mit einer Taylorreihe linearisieren [PTVF92]:

$$F_i(\Delta \vec{S} + \delta \Delta \vec{S}) = F_i(\Delta \vec{S}) + \sum_{j=1}^{N} \frac{\partial F_i}{\partial \Delta s_j} \delta \Delta s_j + O(\delta \Delta \vec{S}^2) \tag{6.9}$$

Die partiellen Ableitungen in Gleichung (6.9) sind mit den Elementen der Jakobimatrix identisch.

$$J_{ij} \equiv \frac{\partial F_i}{\partial \Delta s_j} \tag{6.10}$$

Das System von Gleichung (6.9) läßt sich dann in Matrizenschreibweise folgendermaßen formulieren.

$$\vec{F}(\Delta \vec{S} + \delta \Delta \vec{S}) = \vec{F}(\Delta \vec{S}) + \mathbf{J} \cdot \delta \Delta \vec{S} + O(\delta \Delta \vec{S}^2) \tag{6.11}$$

Der Term $O(\delta \Delta \vec{S}^2)$ in Gleichung (11) wird vernachlässigt, weiter folgt mit $\vec{F}(\Delta \vec{S} + \delta \Delta \vec{S}) = 0$ ein lineares Gleichungssystem für die Varianz $\delta \Delta \vec{S}$.

$$\mathbf{J}(\Delta \vec{S}^{(k)}) \cdot \delta \Delta \vec{S} = -\vec{F}(\Delta \vec{S}^{(k)}), \quad \Delta \vec{S}^{(k)} = \Delta \vec{S}^{(k-1)} + \delta \Delta \vec{S} \tag{6.12}$$

Die Jakobimatrix **J** kann im Fall der Gesamtsteifigkeitsmatrix als Tangentialsteifigkeitsmatrix des Stabwerksgitters angesehen werden. Die Iteration in Gleichung (6.12) wird so lange wiederholt, bis die Summe der Beträge der Komponenten des Variationsvektors $\delta \Delta \vec{S}$ kleiner als eine untere Genauigkeitsschranke ω ist.

$$\sum_{j=1}^{N} |\delta s_j| \leq \omega \tag{6.13}$$

6.6 Lösung der Systemgleichung

Das Lösen der Systemgleichung ist der Lösungsprozeß eines sehr großen linearen Gleichungssystems mit sehr vielen Unbekannten. Bei den zur Verfügung stehenden Lösungsverfahren wird zwischen zwei grundsätzlichen Methoden unterschieden: die direkten und die iterativen Methoden. Zu den direkten Lösungsmethoden gehört der Gauß-Algorithmus und das Cholesky-Verfahren. Diese lösen die Gleichungssysteme durch die sukzessive Elimination der Unbekannten.

Die iterativen Verfahren bestimmen die Lösung als Grenzwert einer Folge von Näherungen. Im Gegensatz zu den direkten Lösungsverfahren ist der Rechenaufwand bei den iterativen Verfahren größer. Allerdings ist der Speicherbedarf bei weitem geringer, da bei den iterativen Methoden zur Lösung des Gleichungssystems nur die von Null verschiedenen Elemente der Steifigkeitsmatrix nötig sind, siehe Schwarz [Scw91]. Da die Steifigkeitsmatrizen in der Regel nur schwach besetzt sind, kommt dabei eine kompakte Speicherung der von Null verschiedenen Elemente der Matrix voll zur Geltung.

Erfahrungen bei der Erstellung des hier zur Anwendung kommenden Programms zur Lösung der Systemgleichung haben gezeigt, daß der mehr zu erwartende Rechenaufwand bei den iterativen Verfahren weniger stark ins Gewicht fällt, als der Gewinn an Speicherplatz. So favorisierte der direkte Vergleich bei der Berechnung desselben Datensatzes mit einem direkten Lösungsverfahren (Cholesky-Verfahren) und mit einem iterativen Verfahren (Methode des konjugierten Gradienten) das iterative Verfahren. Der Speicherplatzbedarf belief sich bei der iterativen Methode auf nur 10% des Speicherplatzbedarfes des direkten Verfahrens und die Rechenzeit wurde mit der iterativen Methode sogar noch knapp unterschritten.

6.6.1 Die Methode des konjugierten Gradienten

Die Lösung der linearen Gleichungssysteme der Simulationsberechnungen in dieser Arbeit basiert im wesentlichen auf dem Verfahren des konjugierten Gradienten. Im folgenden wird ein kurzer Überblick zu diesem Verfahren gegeben, eine ausführliche Herleitung ist [Scw88] und [Scw91] zu entnehmen.

Das Grundprinzip des konjugierten Gradienten basiert darauf, daß die Lösung x des linearen Gleichungssystems $Ax + b = 0$ mit symmetrischer und positiv definiter Matrix $A \in \Re^{n \times n}$ das Minimum der quadratischen Funktion $G(v)$ ist, mit:

$$G(v) := \frac{1}{2} \sum_{i=1}^{n} \sum_{j=1}^{n} a_{ij} v_i v_j + \sum_{i=1}^{n} b_i v_i = \frac{1}{2}(v, Av) + (b, v) \qquad (6.14)$$

Die i-te Komponente des Gradienten von $G(v)$ ist

$$\frac{\partial G}{\partial v_i} = \sum_{j=1}^{n} a_{ij} v_j + b_i, \quad (i = 1, 2, \ldots, n) \qquad (6.15)$$

und der Gradient ergibt sich zu

$$\nabla G(v) = Av + b = r \qquad (6.16)$$

6.6 Lösung der Systemgleichung

gleich dem Residuenvektor r zum Vektor v. Für die Lösung x ist mit $\nabla G(x) = 0$ die Bedingung für ein Extremum erfüllt.

Der Gradient der Funktion $G(v)$ weist in dem Punkt v in die Richtung der lokal stärksten Zunahme. Mit der entgegengesetzten Richtung des Gradienten, d.h. mit dem negativen Gradienten, ist die Relaxationsrichtung festgelegt, in der das Minimum der Funktion $G(v)$ in einem Relaxationsschritt zu suchen ist. Mit v^0 als Startvektor und $v^1 = v^0 + q_1 p^1$ als erste Näherungslösung mit dem Richtungsvektor $p^1 = -r$ wird der Parameter q_1 so variiert, daß die Bedingung $G(v^1) < G(v^0)$ erfüllt wird. Die Richtungswahl des nächsten Relaxationsschrittes stellt eine Linearkombination aus $-\nabla G(v^{k-1})$ und dem vorhergehenden Relaxationsschritt p^{k-1} dar.

$$p^k = -r^{k-1} + e_{k-1} p^{k-1} \tag{6.17}$$

Der Koeffizient e_{k-1} bestimmt sich aus der Bedingung, daß p^k und p^{k-1} A-orthogonal sind:

$$\left(p^k\right)^T A\left(p^{k-1}\right) = 0 \tag{6.18}$$

Der Algorithmus des Verfahrens des konjugierten Gradienten kann somit wie folgt zusammengefaßt werden.

Start: Wahl von v^0

$$r^0 = Av^0 + b; \, p^1 = -r^0$$

Allgemeiner Relaxationsschritt (k = 1,2,....):

$$e_{k-1} = r^{k-1^T} r^{k-1} / r^{k-2^T} r^{k-2}$$
$$p^k = -r^{k-1} + e_{k-1} p^{k-1}$$
$$q_k = r^{k-1^T} r^{k-1} / p^{k^T}(Ap^k)$$
$$v^k = v^{k-1} + q_k p^k$$
$$r^k = r^{k-1} + q_k(Ap^k)$$

Der Iterationsprozeß ist beendet, wenn die euklidische Norm des Residuenvektors r^k eine vorgegebene Toleranz unterschreitet.

6.6.2 Programmbeschreibung zur Lösung der Systemgleichung

Das in dieser Arbeit entwickelte Programm zur Lösung der Systemgleichung wurde an die Agorithmen nach [Scw88] und [Scw91] angelehnt. Dabei ist das Verfahren des konjugierten Gradienten mit Vorkonditionierung und partieller Cholesky-Zerlegung für zeilenweise kompakt gespeicherte, positiv definite Matrizen angewandt worden. Das Differenzieren der Systemgleichung $F(\Delta \vec{S})$ nach den Verschiebungen $\Delta \vec{S}$ aus Gleichung (6.9) kann je nach eingesetztem Materialverhalten zu Tangentialmatrizen **J** führen, die die geforderte Bedingung der Positiv-Definitheit nicht erfüllen, worauf bereits schon bei [Rod91] und [Nux98] hingewiesen wurde. Die Verwendung einer echten Tangentialsteifigkeitsmatrix, die nicht die Bedingung der positiv Definitheit besitzt, kann somit zu Problemen mit den angewendeten Lösungsalgorithmen führen. Um dieses Problem zu umgehen, wird der diskrete Verformungszuwachs sehr klein gehalten, um den Unterschied der Elementsteifigkeiten zwischen zwei aufeinander folgenden Verformungsschritte zu minimieren.

6.6.2.1 Die Diskretisierung des Materialgesetzes

Bei der Simulation von weggesteuerten Druck- oder Zugversuchen wird von außen auf das System eine Verschiebung vorgegeben. Diese Verschiebung wird bei quasistatischen Wegsteuerungen mit einer diskreten Schrittweite festgelegt, wobei die Schrittweite im ganzen Verformungsablauf nicht konstant sein muß, sondern je nach Anforderung an die Auflösung verkleinert oder vergrößert werden kann.

Durch die Vorgabe der äußeren diskreten Schrittweite erfahren die Elemente entsprechend ihren Steifigkeiten unterschiedlich große Verschiebungen, die ebenfalls diskret sind. Dabei wird das nichtlineare Materialgesetz der Elemente diskretisiert.

Die Schrittweite, mit der das gesamte Gitter verschoben wird, stellt somit eine obere Grenze für die mittleren Dehnungen der Elemente dar. Diese beträgt für die nachfolgenden Berechnungen ca. 2.9E-06 Dehnung. In Bild 6.4 ist die Feinheit der Schrittweite in einem Spannungs-Dehnungs-Diagramm durch die Wertepaare von Spannung und Dehnung als Punkte dargestellt.

6.6 Lösung der Systemgleichung

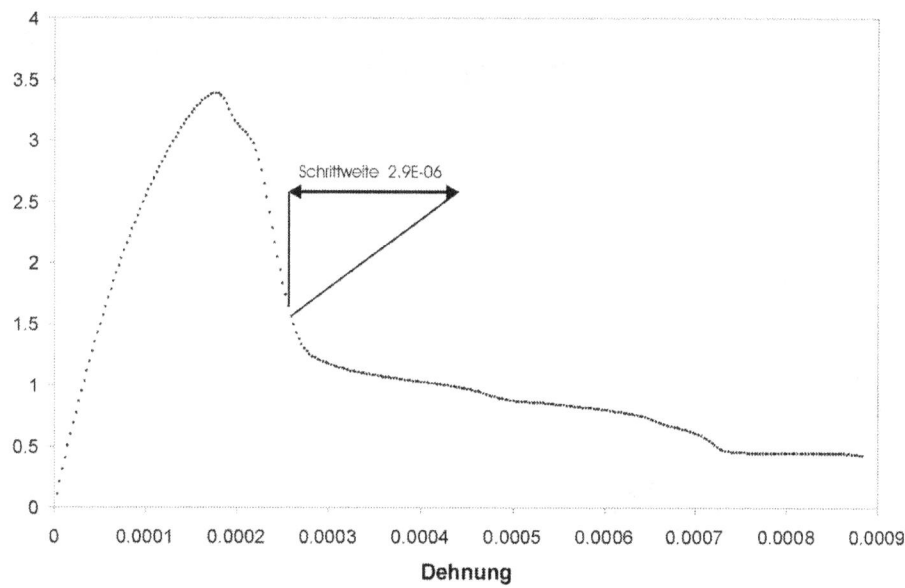

Bild 6.4: Schrittweite der Verformungsschritte am Beispiel einer Spannungs- Dehnungs- Linie einer weggesteuerten Zugsimulation.

Mit einer derart kleinen Schrittweite kann für die mittlere Differenz der Dehnungen der Elemente zwischen zwei Verformungsschritten ebenfalls ein kleiner Wert erwartet werden. Diese Differenz liegt dann im Mittel bei ca. $1.07E-06$ (siehe Bild 6.5a). Bild 6.5a zeigt die Verteilung der Absolutbeträge der Differenzen der Elementdehnungen. Damit liegen die zu erwartenden Differenzen der Dehnungen zwischen zwei Verformungsschritten der Elemente, unter der äußerlich vorgegebenen Schrittweite. Aufgrund der geringen Elementdehnungen fällt auch die Differenz der Elementsteifigkeiten klein aus. In Bild 6.5b ist die Verteilung der relativen Unterschiede der Elastizitätsmodule der Elemente abgebildet. Der mittlere Unterschied in Abhängigkeit eines Verformungsschrittes liegt bei ca. 0.34%. Unter Berücksichtigung der Streuung von ca. 0.4% liegt der relative Unterschied der Elastizitätsmodule der Elemente von Schritt zu Schritt unter 1% und ist somit sehr klein. Die Verwendung einer kritischen Tangentialsteifigkeitsmatrix ist bei diesen kleinen Verformungen nicht unbedingt nötig, so daß der Einsatz einer einfach zu handhabenden Sekantensteifigkeitsmatrix, deren positiv Definitheit sichergestellt ist, den Genauigkeitsansprüchen genügt.

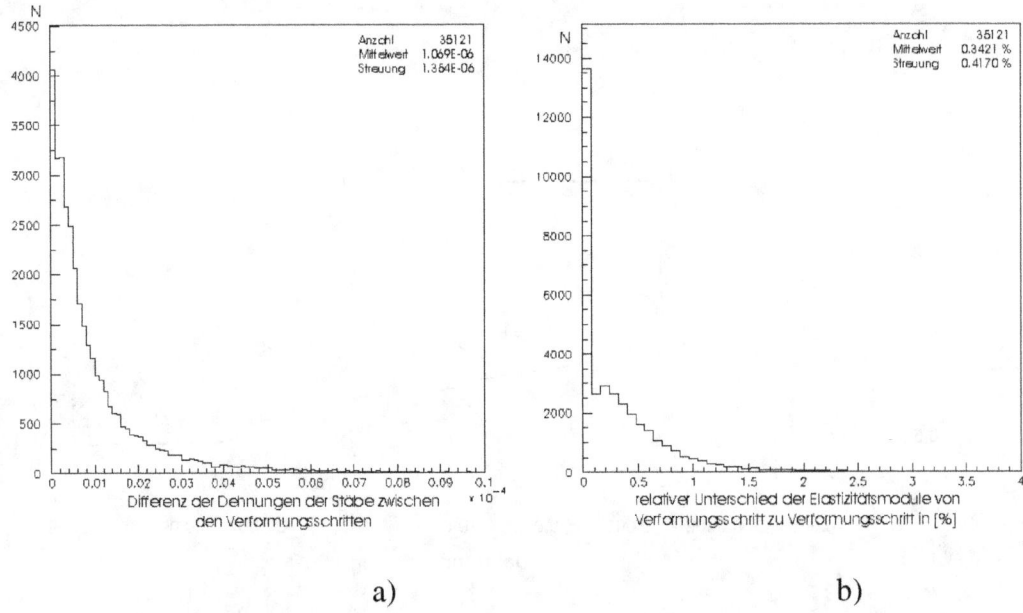

Bild 6.5: a) Verteilung der Absolutbeträge der Differenzen der Dehnungen der Elemente zwischen zwei Verformungsschritten, b) Verteilung der relativen Unterschiede der Elastizitätsmodule der Elemente zwischen zwei Verformungsschritten.

6.6.2.2 Aktualisierung der Elementsteifigkeit

Die Aktualisierung der dehnungsabhängigen Elastizitätsmodule erfolgt im Vorfeld eines jeden Verformungsschrittes. Dabei wird vor jedem Dehnungszuwachs der zu erwartende Elastizitätsmodul des Elementes in Abhängigkeit von den zu erwartenden Elementverschiebungen bestimmt. Mit diesem vorausgesagten Elastizitätsmodul wird dann der Verformungsschritt wiederholt. Die nach Abschluß eines Verformungszyklusses erhaltenen Elastizitätsmodule der Elemente liegen durch die Vorwegnahme des Dehnungsschrittes minimal unter den vorausgesagten Elastizitäsmodulen. Der mittlere relative Fehler in Abhängigkeit von der Dehnung des Systems zwischen dem vorausgesagten und dem tatsächlichen Elastizitätsmodul ist in Bild 6.6 für die jeweiligen Verformungsschrittes dargestellt. Dabei liegt der mittlere Fehler über die gesamte Wegsteuerung einer Zugsimulation, wie in Bild 6.4 dargestellt, unter 1%, bezogen auf dem tatsächlichen Elastizitätsmodul.

6.6 Lösung der Systemgleichung

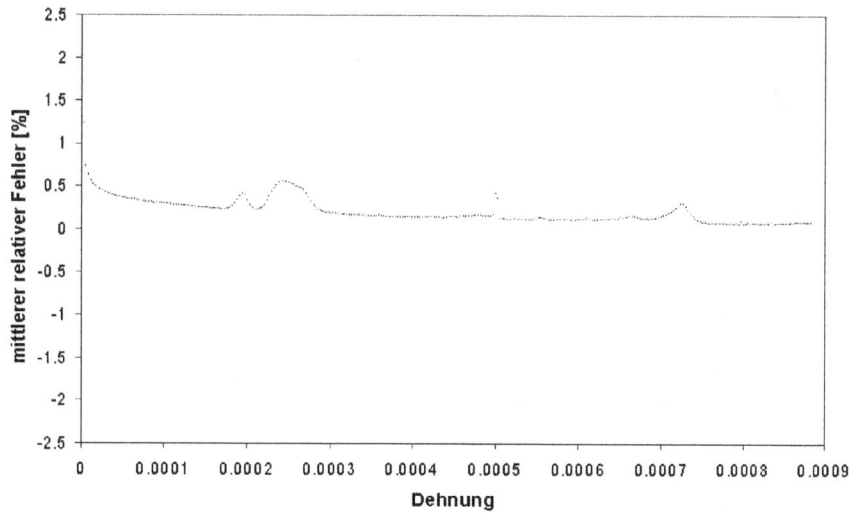

Bild 6.6: mittlerer relativer Fehler aus der Summe der Verhältnisse vom vorausgesagten Elastizitätsmodul zum tatsächlichen Elastizitätsmodul in Abhängigkeit von der Gitterverformung.

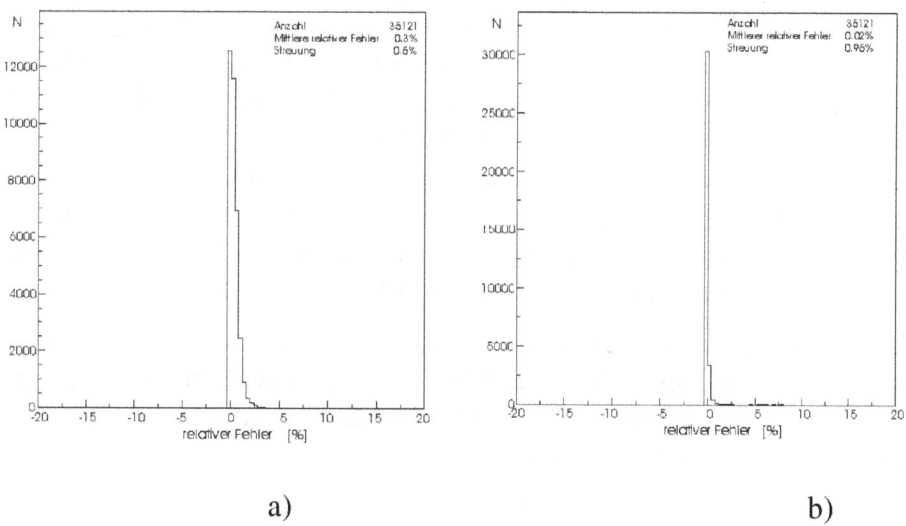

a)   b)

Bild 6.7: Verteilungen der relativen Fehler zwischen vorausgesagtem Elastizitätsmodul und tatsächlichem Elastizitätsmodul a) nach 25 Verformungsschritten im ansteigenden Ast der Spannungs-Dehnungs-Linie, b) nach 125 Verformungsschritten im Nachbruchbereich.

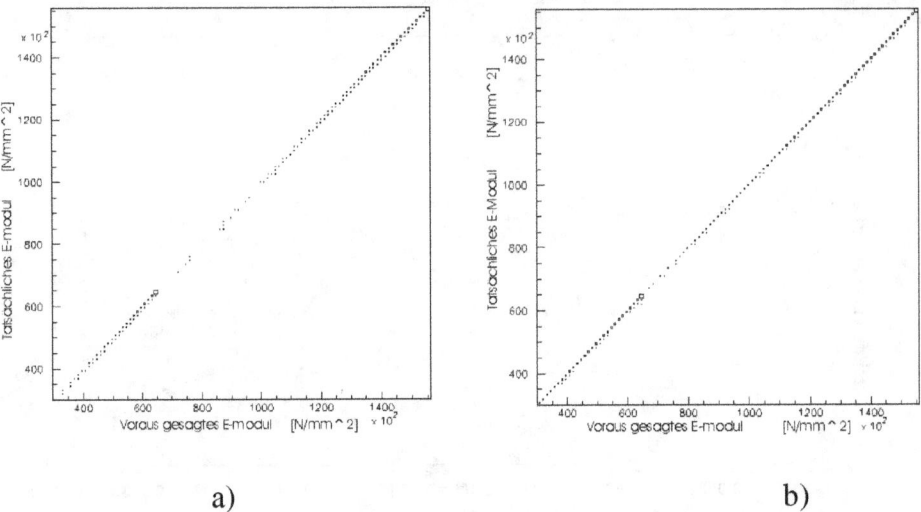

Bild 6.8: Korrelation zwischen vorausgesagtem Elastizitätsmodul und tatsächlichem Elastizitätsmodul a) nach 25 Verformungsschritten im ansteigenden Ast der Spannungs-Dehnungs-Linie, b) nach 125 Verformungsschritten im Nachbruchbereich.

Die Verteilungen des relativen Fehlers zeigen die Stichproben im ansteigenden Ast und im Nachbruchbereich der Spannungs-Dehnungs-Linie (siehe Bild 6.7). Dabei liegen die Mittelwerte bei 0.3% bzw. 0.02% und die Streuung bei 0.5% bzw. 0.95%. Der größte zu erwartende relative Fehler kann mit der Addition von Mittelwert und Streuung auf der sicheren Seite abgeschätzt werden. Für beide Stichproben liegen die prozentualen Abweichungen der Elastizitätsmodule der Elemente unter 1%. Eine gute Korrelation zwischen vorausgesagtem Elastizitätsmodul und tatsächlichem Eleastizitätsmodul zeigt auch Bild 6.8. Dabei sind die vorausgesagten Elastizitätsmodule gegen die tatsächlichen Elastizitätsmodule für den ansteigenden Ast und für den Nachbruchbereich aufgetragen.

Die Abschätzung des mittleren relativen Fehlers zeigt, daß die Genauigkeitseinbußen von ca. 1-2%, durch den Verzicht auf eine kritischen Tangentialsteifigkeitsmatrix und die Verwendung einer Sekantensteifigkeitsmatrix für eine qualitative Berechnung nicht ins Gewicht fallen.

6.6 Lösung der Systemgleichung

6.6.2.3 Programmablauf

Bild 6.9 zeigt den vollständigen Programmablauf zur Simulation der Bruchvorgänge in Beton im wesentlichen dargestellt.

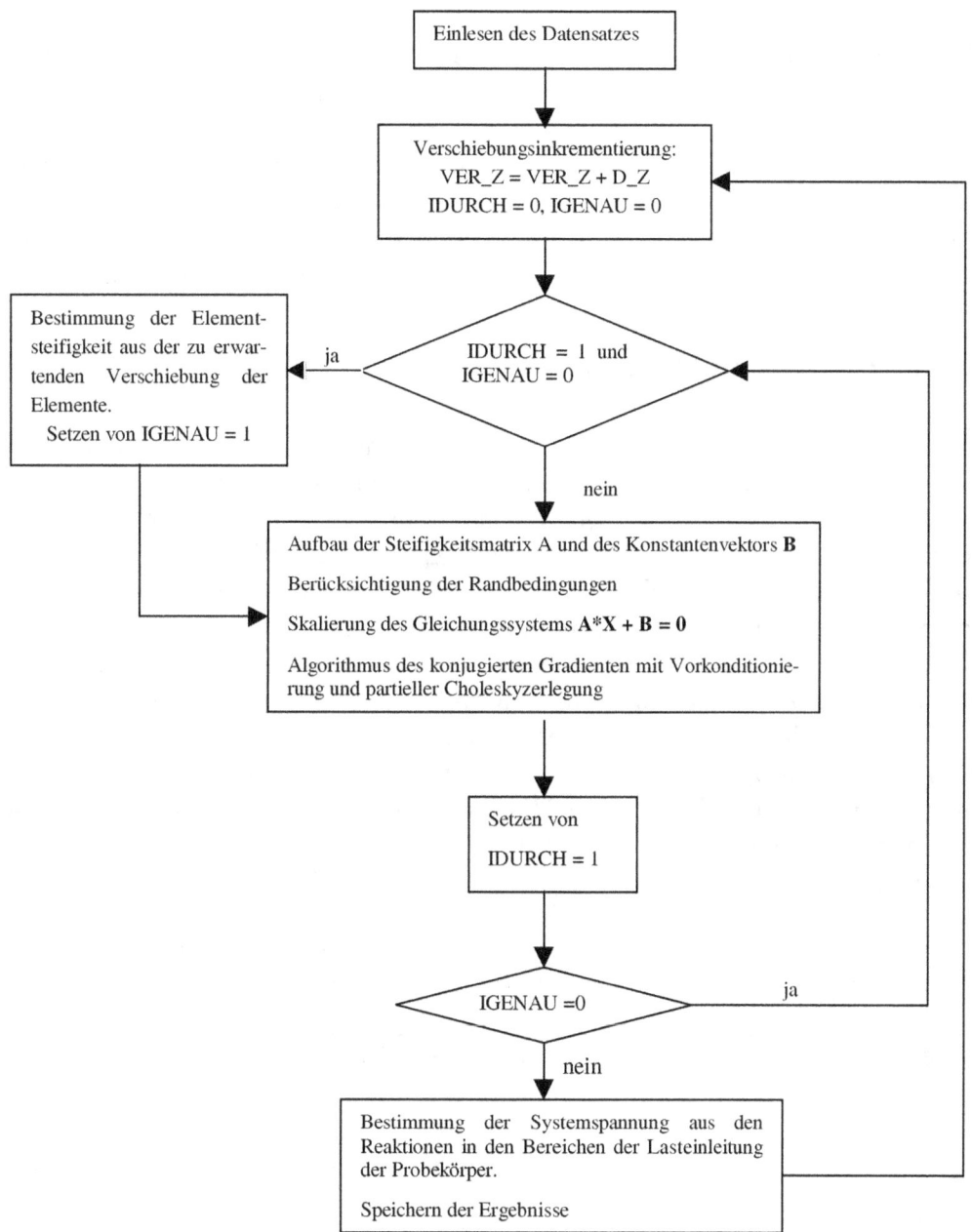

Bild 6.9: Ablaufdiagramm des Lösungsprogramms

7 Simulation zentrischer weggesteuerter Zugversuche

Mit den drei vorhergehenden Kapiteln 4,5 und 6 sind die Grundlagen zur Simulation von Bruchprozessen in Beton vermittelt worden. In dem nun folgenden Kapitel werden zwei Simulationsbeispiele gerechnet. Dabei wird zwischen einem numerisch hochfesten Beton und einem numerische normalfesten Beton unterschieden. Für die beiden unterschiedlichen Betone werden die jeweiligen Spannungs- Dehnungs- Linien, die Rißbilder und die Spannungs- Dehnungsprofile erstellt und mit den Ergebnissen aus den Experimenten qualitativ verglichen.

7.1 Simulationsaufbau

Die Geometrie des Simulationsaufbaus ist für den Normalbeton wie für den hochfesten Beton identisch und wird durch ein zweidimensionales Stabwerksgitter mit der Darstellung von Zuschlag, Matrix und Kontaktzone verwirklicht. Das Gitter wurde entsprechend den Algorithmen nach Kapitel 5 generiert. Dabei ist die Gitterkonfiguration für die beiden numerischen Betone dieselbe. Die Anzahl der Knoten von 3000 und deren Anordnung, sowie die Verknüpfungen der Knoten mit 35354 Stäben stimmen für beide Betone überein. Weiterhin gleichen sich die Sieblinien und die Anordnungen der Zuschläge (siehe Tabelle 7.1 und Bild 7.1). In Bild 7.1 ist die Gitterstruktur abgebildet, darin sind die Zuschläge (grün), die Matrix (schwarz) und die Kontaktzone (gelb) dargestellt. Die unregelmäßig verteilten weißen Stellen haben ihre Ursache in der zufälligen Gitterstruktur und können als Fehlstellen in Form von Luftporen, Schwundrissen oder schon vorhandene Fehlstellen in den Zuschlägen interpretiert werden.

Tabelle 7.1: Sieblinie der numerischen Betone, für den hochfesten und für den Normalbeton

Korndurchmesser [mm]	8	4	2	1
Anzahl	3	8	15	10

7.1 Simulationsaufbau

Bild 7.1: Modellanordnung zur Simulation von weggesteuerten Zugversuchen.

Das verwendete Materialverhalten der Stabelemente entspricht dem aus Kapitel 4 und ist sowohl für das Gitter mit den Eigenschaften des hochfesten Betons als auch für das Gitter mit den Eigenschaften für den Normalbeton qualitativ gleich. Der Unterschied zwischen den beiden numerischen Betonen liegt in der Wahl der Parameter für das verwendete Materialverhalten. Die gewählten Materialparameter für den hochfesten Beton und für den Normalbeton entsprechen denen in Tabelle 5.4 aus Kapitel 5.

Die Verschiebung wird von der oberen Seite des Gitters in vertikaler Richtung durch eine starre Platte übertragen. Die Schrittweite des Verschiebungszuwachses beträgt für die Simulationen der beiden Betontypen 2.9e-06 (nach Kapitel 6).

Um den störenden Einfluß im Bereich der Lasteinleitung auszuschließen, sind die Freiheitsgrade der Knoten in diesen Zonen für beide Fälle orthogonal zur Verformungsrichtung frei beweglich gehalten worden [Fri98]. Die Gitter sind in den Lasteinleitungsflächen gleitend gelagert.

7.2 Spannungs- Dehnungs- Verhalten der numerischen Betone im Vergleich zu den Experimenten

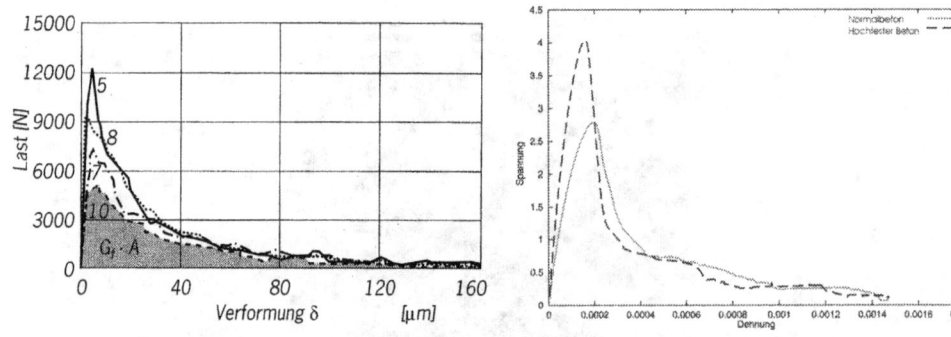

Mischung	fc [MPa]	fct [MPa]
5	125	5,40
8	63	4,75
7	49	3,29
10	27	2,99

a)   b)

Bild 7.2: a) Einaxiale Zugversuche an Versuchskörpern aus normal- und hochfestem Beton nach [KöG96], b) Spannungs- Dehnungs- Linien zur Modellanordnung aus Bild 7.1 für hochfesten Beton und für Normalbeton.

Die Ermittlung der Kraft zur Erstellung von Last- Verformungskurven erfolgt bei einer weggesteuerten Simulation durch die Bestimmung der Reaktionskräfte in den Bereichen der Lasteinleitung. In Bild 7.2b sind die Ergebnisse als Spannungs-Dehnungs- Linien für den hochfesten Beton und den Normalbeton dargestellt. Das Verhältnis des qualitativen Kurvenverlaufes der beiden Spannungs-Dehnungs-Linien in Bild 7.2b entspricht im wesentlichen den Kurvenformen für Normalbeton und hochfesten Beton aus den Experimenten in Bild 7.2a nach [KöG96]. Dabei zeichnet sich der numerisch hochfeste Beton gegenüber dem numerisch normalfesten Beton durch eine größere Festigkeit, eine größere Steifigkeit und einen steileren Abfall im absteigenden Ast aus (siehe Bild 7.2b). Die charakteristischen Unterschiede zwischen den Betonklassen in der Simulation entsprechen somit denen in den Experimenten, wie in den Bildern 7.2a und 7.2b zu sehen ist.

7.3 Rißbilder und Spannungs- Dehnungsprofile

Durch den schrittweise gesteuerten Dehnungszuwachs ist es im Prinzip möglich, jedem Wertepaar der Spannungs- Dehnungs- Linie ein Riß- bzw. ein Gefügebild zuzuordnen. Mit diesen Rißbildern kann ein Zusammenhang zwischen der Zerstörung des Gefüges und der fortschreitenden Verschiebung gegeben werden. Zusätzlich zu den Rißbildern geben die lokalen Spannungs- und Dehnungsprofile einen weiteren qualitativen Aufschluß über die Wechselwirkungen in dem heterogenen Stoffgefüge. In diesem Abschnitt werden daher für die beiden Betontypen an elf verschiedenen Verformungsstufen die Rißbilder und die Spannungs- Dehnungsprofile aufgenommen. Dabei wird zu sehen sein, wie mit zunehmender Verformung eine Gefügeveränderung z.B. durch die Rißentwicklung einher geht. Die Verformungsrichtung ist entsprechend dem Versuchsaufbau (siehe Bild 7.1) in vertikaler Richtung so, daß sich eine horizontale Rißentwicklung in den Gittern ergibt (siehe Bild 7.5 und 7.8).

Zur Erstellung der Rißbilder wird die Breite und die Länge des Risses aus dem Schädigungsgrad der Stabelemente bestimmt. Dieser Riß wird dann orthogonal zur Stabachse und symmetrisch zum Stabschwerpunkt des geschädigten Stabes in das Gitter eingetragen. Mit dem so erzeugten Rißbild kann dann eine Beziehung zwischen der Spannungs- Dehnungs- Linie und der Gefügeänderung für jeden Verformungsschritt hergestellt werden. Bei der Erzeugung der Rißbilder für den Normalbeton und den hochfesten Beton sind nur die Zuschlagsstäbe (grün) und die geschädigten Stäbe als Riß (rot) dargestellt (siehe Bilde 7.5 und 7.8). Die Matrix- und die Kontaktzonenstäbe sind bei dieser Darstellung nicht direkt abgebildet, sie sind indirekt durch die weißen Zonen zwischen den Zuschlägen repräsentiert.

Das Dehnungsprofil sowie auch das Spannungsprofil sind entsprechend den Rißbildern für die gleichen Verformungsstufen erstellt worden. Bei der Erzeugung der Profile wird das Stabwerksgitter in ein Raster, bestehend aus 100 mal 100 Quadraten, aufgeteilt. Mit einer Kantenlänge des Gitters von 17 mm ergibt sich eine Kantenlänge für die Rasterquadrate von 0.17 mm, das entspricht einer Fläche von 0.0289 mm^2. Zum Aufbau der Profile werden die Spannungen und die Dehnungen der Stäbe dem jeweiligen Stabschwerpunkt zugeordnet. Danach werden die Summen über alle Spannungen und die Dehnungen der Stäbe gebildet, deren Schwerpunkte in einem Rasterquadrat liegen. Aus diesen lokalen Summen wird jeweils für die Spannung und die Dehnung der Maximalwert ermittelt. Die lokalen Summen der Rasterquadrate werden dann auf diesen Maximalwert normiert, so daß nicht die Absolutwerte, sondern die Relativwerte farblich dargestellt sind (siehe Bild 7.5 und 7.8). Die Farbskalen am Rande der Diagramme bilden für die momentane Verformung die relativen Zustände zwischen den Werten von 0 bis 1 ab. Dabei werden stark belasteten Bereiche des Gitters gelb bis rot und die schwach belasteten Bereiche bläulich eingefärbt. Die Stellen, an denen die größte lokale Spannung oder Dehnung auftritt, sind in den jeweiligen Spannungs- und Dehnungsprofilen schwarz eingefärbt.

7.3.1 Normalbeton

Der Bezug zwischen der aktuellen Rißentwicklung und dem Spannungs-Dehnungs-Verhalten von Normalbeton lassen sich nach Schorn im wesentlichen in vier Zonen einteilen (siehe Kapitel 2). In ähnlicher Weise kann die verformungsbedingte Veränderung des Gefüges für den numerischen Normalbeton unterteilt werden.

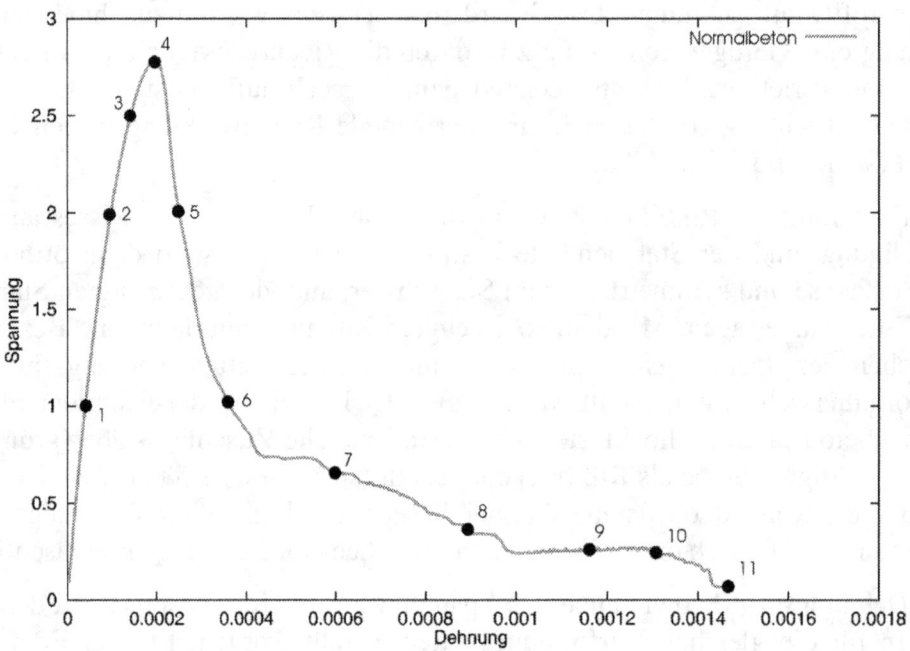

Bild 7.3: Simulation einer Spannungs- Dehnungs- Linie eines Gitters für den Normalbeton

Die Rissbilder sowie die Spannungs- und Dehnungsprofile entlang der Spannungs- Dehnungs- Linie aus Bild 7.3, sind an den Stellen 1 bis 11 aufgenommen worden und in Bild 7.5 abgebildet. Die fortschreitende Rißbildung im Stabwerksgitter im Vergleich zum Spannungs- Dehnungsverhalten zeigt sich dann wie folgt:

Im unteren Drittel des ansteigenden Spannungs- Dehnungsastes, bei ca. 30% der Festigkeit im Punkt 1, zeigt das Rißbild bis auf eine kleine Mikrorißbildung im Bereich der Kontaktzone keine wesentlichen Gefügeänderungen. Im Dehnungsprofil hingegen ist zu erkennen, daß der Hauptteil der von außen aufgebrachten Dehnung von der weicheren Kontaktzone aufgenommen wird, so daß deutlich ein Unterschied zwischen Matrix, Zuschlag und Kontaktzone zu erkennen ist. Das Spannungsprofil läßt eine Hauptspannungsachse im mittleren Bereich des Gitters vom Größtkorn aus zu den darunter liegenden Zuschlägen erkennen, ist aber ansonsten recht homogen. Die schwache Ausprägung der Spannungskonzentrationen im Bereich der Zuschläge ist auf den großen Anteil an Zuschlägen zurückzuführen. Dennoch liegen die Spannungsspitzen erwartungsgemäß in den Zuschlägen.

Die Rißentwicklung im zweiten und dritten Drittel des ansteigenden Astes, ersichtlich in den Punkten 2 und 3 in Bild 7.3, ist durch eine verstärkte Bildung von Mikrorissen gekennzeichnet. Dabei findet die Neubildung von Mikrorissen nicht nur in der Kontaktzone, sondern auch in der Matrix statt. Der Hauptteil der Dehnung wird weiterhin von der Kontaktzone aufgenommen. Die Spannungssituation in den Spannungsprofilen gleicht der aus dem unteren Drittel des ansteigenden Astes.

Im Bereich der Spannungsmaxima hat die Mikrorißbildung ihr Maximum erreicht. Zusätzlich zeichnet sich in den Kontaktzonen ein verstärktes Rißwachstum ab, das im Dehnungsprofil deutlich hervortritt. Im übrigen Gitter sind dagegen die Dehnungen im Dehnungsprofil nicht mehr so stark ausgeprägt, so daß eine Lokalisierung des zu erwartenden Makrorisses deutlich wird.

Der Bereich des absteigenden Spannungs- Dehnungsastes im Punkt 5 ist durch die Entstehung eines Makrorisses gekennzeichnet (Rißwachstum von links nach rechts). Im Rißbild ist oberhalb und unterhalb der Rißöffnung das Schließen der Mikrorisse zu erkennen. Die lokalen Dehnungen im Dehnungsprofil konzentrieren sind auf den Makroriß und sind im restlichen Gitter rückläufig, so daß der Anfang eines aufgehenden Risses deutlich wird. Analog zu dem Rißbild zeigt auch das Spannungsprofil ober- und unterhalb des Makrorisses eine Entspannung, über den offenen Riß kann keine Spannung mehr übertragen werden.

Das weitere Nachbruchverhalten (von Punkt 6 bis Punkt 8) wird durch das Wachstum der Makrorisse und die daraus folgende Schließung der Mikrorisse bestimmt. Die positiven Dehnraten sind hauptsächlich in den aufgehenden Rissen lokalisiert, wobei die Dehnung in den übrigen Teilen des Gitters im wesentlichen rückläufig ist. Das Spannungsprofil zeigt, daß die größten Spannungsspitzen vor dem wachsendem Riß liegen, wo erfahrungsgemäß nach der klassischen Bruchmechanik die höchsten Spannungskonzentrationen anzutreffen sind [Gri21].

Die Unschlüssigkeit des Rißverlaufes in den Rißbildern 7.5.9 und 7.5.10 spiegelt sich in dem Plateau in der Spannungs- Dehnungs- Linie in den Punkten 9 und 10 in Bild 7.3 wider. Das verzögerte Entfestigungsverhalten hat seine Ursache in den konkurrierenden Rißverläufen, die in den Bildern 7.5.9 und 7.5.10 auf der rechten Seite dargestellt sind. Der endgültige Rißverlauf gemäß Rißbild 7.5.11 wird in dem abrupten Abfall bei Punkt 11 in Bild 7.3 deutlich. Die Spannung fällt dabei fast auf Null ab, so daß das Gitter vollständig durchtrennt ist.

Das Verhalten des numerischen Normalbetons stimmt mit dem realen Materialverhalten von Normalbeton gut überein. Die Rißbilder aus der Simulation und die aus den Experimenten, zeigen einen starken Einfluß der Kontaktzone auf das Rißwachstum. Gefügeuntersuchungen mittels Durchlicht-Hellfeld-Mikroskopie nach Lenkenhoff [Len98] zeigen eine verstärkte Rißentwicklung zwischen Matrix und den Zuschlägen. Bild 7.4 zeigt die Aufnahme eines Dünnschliffes für einen Normalbeton, der in einem zentrischen Zugversuch bis über seine Festigkeit hinaus belastet wurde. Dabei ist zu sehen, daß die Risse hauptsächlich um die Zuschläge herum verlaufen.

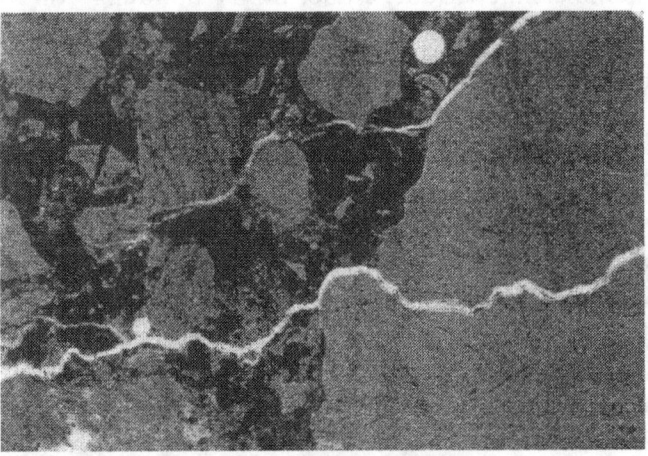

Bild 7.4: Rißverlauf in Normalbeton nach Lenkenhoff [Len98]

7.3 Rißbilder und Spannungs- Dehnungsprofile

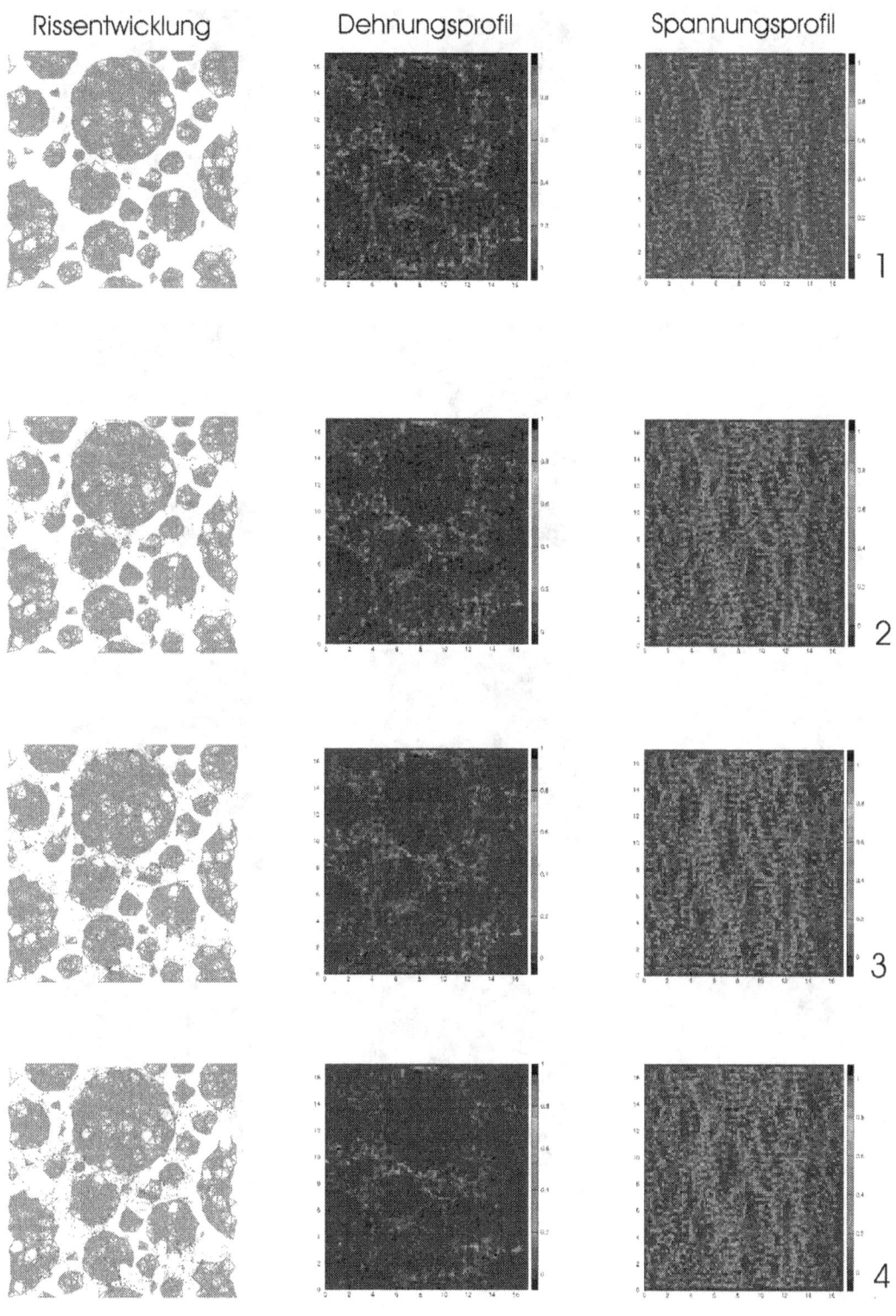

zu Bild 7.5:

100　　　　　　　　　　　7 Simulation zentrischer weggesteuerter Zugversuche

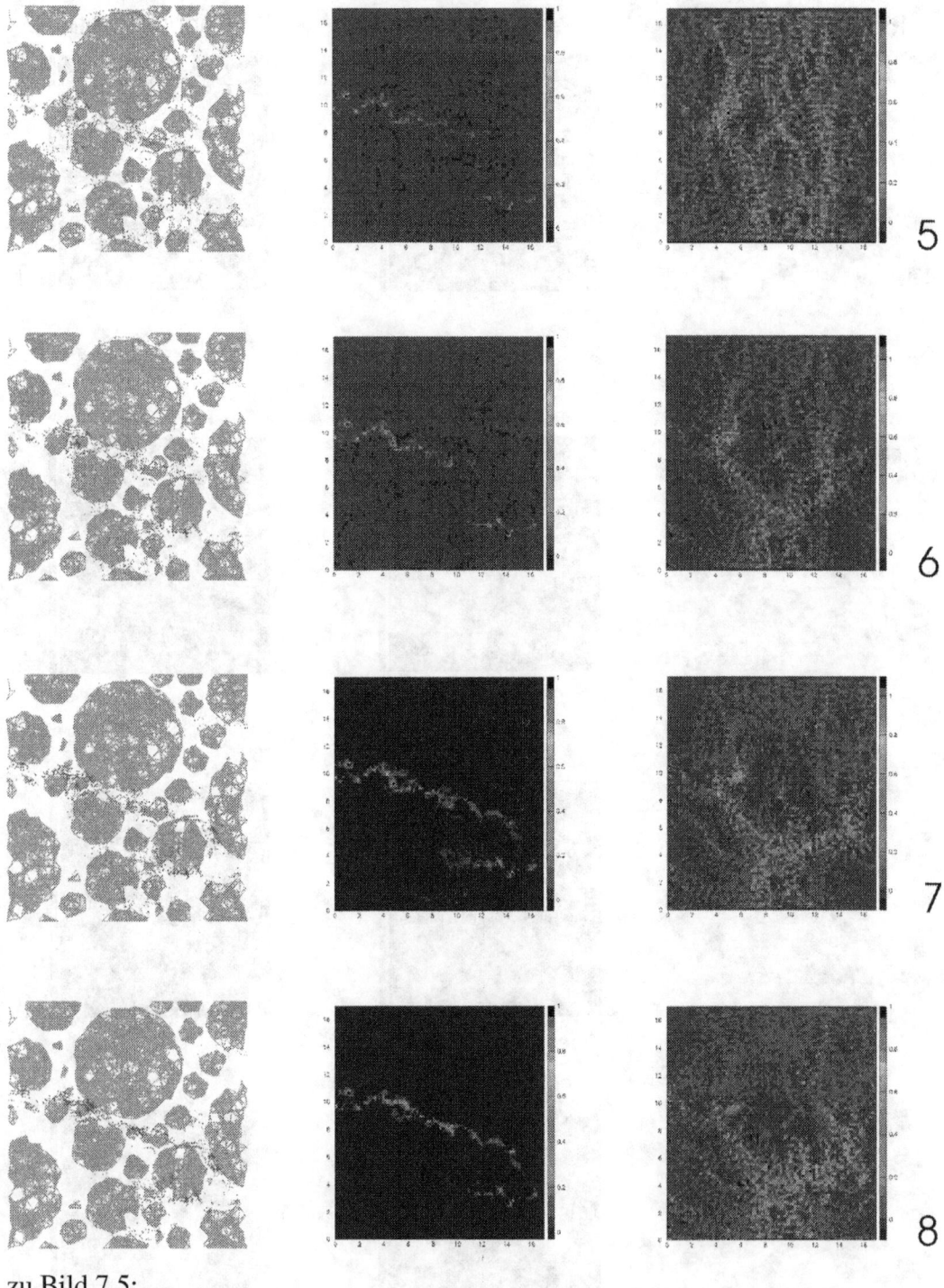

zu Bild 7.5:

7.3 Rißbilder und Spannungs- Dehnungsprofile 101

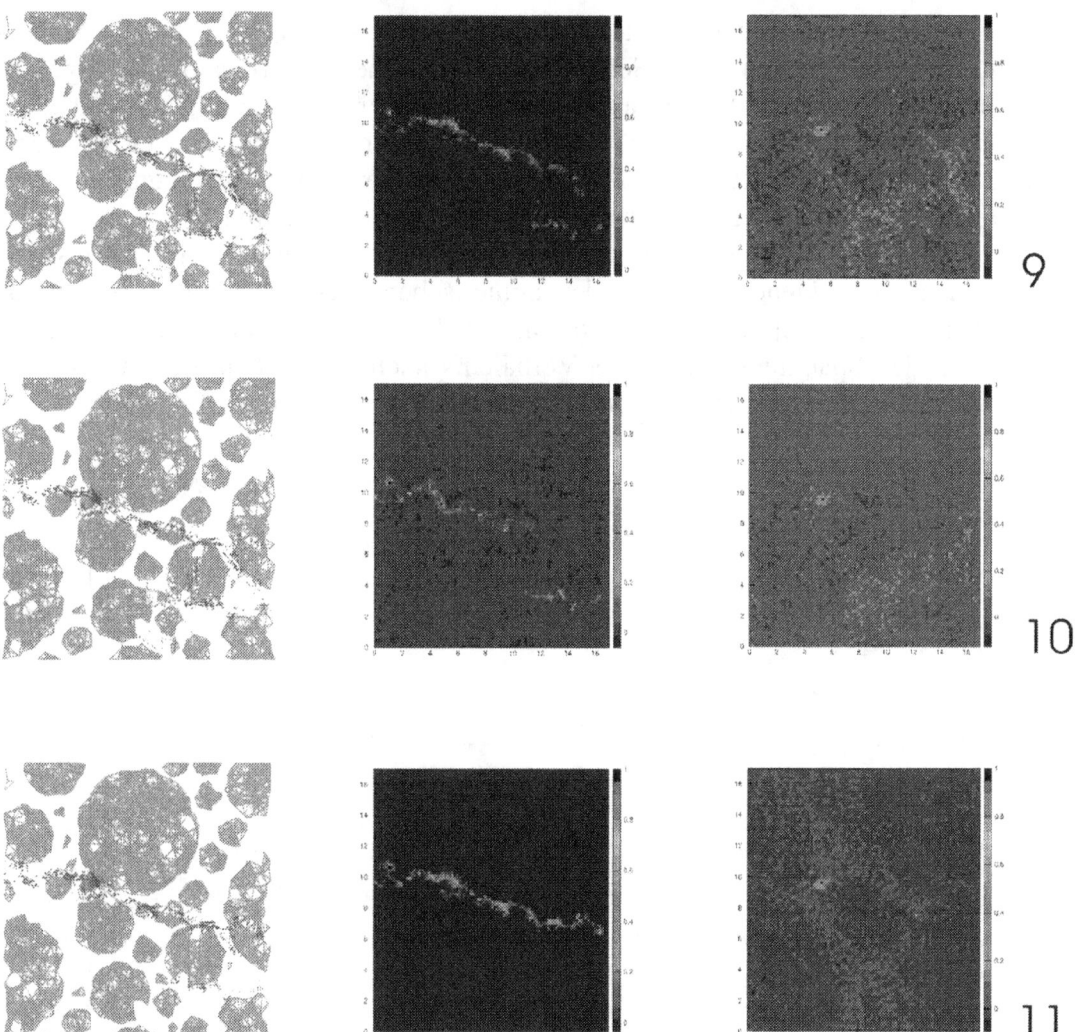

Bild 7.5: Rißentwicklung mit den zugehörigen lokalen Dehnraten und Spannungssituationen (qualitativ dargestellt), entsprechend den Positionen der Spannungs- Dehnungs- Linie in Bild 7.3 von Normalbeton. In den Rißbildern sind aus Gründen der Übersicht nur die Zuschläge (grün) und die Rißentwicklung (rot) dargestellt. Die Dehnungs- und Spannungsprofile sind jeweils auf den Maximalwert normiert, mit relativer farblicher Darstellung.

7.3.2 Hochfester Beton

Der hochfeste Beton ist im Gegensatz zum Normalbeton in der Zusammensetzung der Materialparameter ein sehr homogener Baustoff. Eine kleinere Differenz zwischen den Elastizitätsmodulen und der Festigkeit von Zuschlag und Matrix, sowie eine wesentlich festere Kontaktzone unterscheiden den hochfesten Beton deutlich vom Normalbeton. Der hochfeste Beton kann daher als ein Zwei- Komponenten-System beschrieben werden. Seine charakteristische Änderung des Gefüges in Abhängigkeit von der Verformung, wird sich daher von der des Normalbetons unterscheiden. Der Verlauf der Spannungs- Dehnungs- Linie für weggesteuerte Druckversuche zeigt z.B. bei hochfesten Beton einen sehr ausgeprägten linearen Bereich, der sich bis ca. 85% der Festigkeit ausdehnt, (Neville [Nev97]). Dieser lange lineare Ast läßt auf eine Unterdrückung einer frühen Mikrorißentwicklung hindeuten. Im folgenden soll für den numerischen hochfesten Beton, wie zuvor für den Normalbeton, die Gefügeänderung des Stabwerksgitters an elf verschieden Punkten des Spannungs-Dehnungs-Verhaltens nach Bild 7.6 in den Rißbildern, Spannungs- und Dehnungsprofilen aufgenommen werden (siehe Bild 7.8).

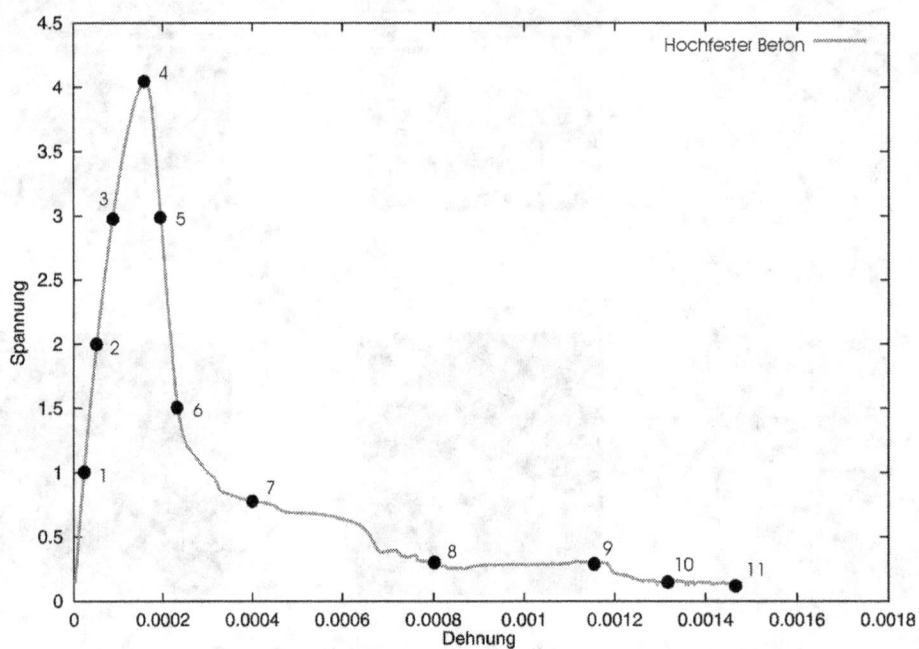

Bild 7.6: Simulation einer Spannungs- Dehnungs- Linie eines Gitters für hochfesten Beton

Die fortschreitende Rißbildung im Stabwerksgitter des numerischen hochfesten Betons im Vergleich zum Spannungs- Dehnungsverhalten zeigt sich dann wie folgt:

Im Bereich der Punkte 2 und 3 des ansteigenden Spannunga-Dehnungsastes, bei 50% bis 75% der Festigkeit, zeigt sich n den Rißbildern die Entstehung von Mikrorissen. Dabei sind die Risse nahezu zufällig über das Gitter verteilt angeordnet. Es findet keine verstärkte Mikrorißbildung in der Kontaktzone statt. Das Dehnungs- und Spannungsprofil ist, wie für den hochfesten Beton nicht anders zu erwarten, im ganzen sehr homogen, so daß aus diesem nicht auf die Anordnung der Zuschläge geschlossen werden kann.

Bei Erreichen der Festigkeit ist die Mikrorißbildung am weitesten fortgeschritten. Im Dehnungsprofil deutet sich die Lokalisierung der zu erwartenden Makrorisse an. Das Spannungsprofil ist weiterhin noch recht homogen.

In den Punkten 5 und 6 des absteigenden Spannungs-Dehnungsastes zeichnen sich klar erkennbare Makrorisse ab, wobei die Risse hauptsächlich durch die Zuschläge verlaufen. Oberhalb und unterhalb der Rißansätze schließen sich die Mikrorisse. Analog dazu konzentrieren sich die Spannungen im Bereich des Rißwachstums.

Im vorderen Nachbruchbereich der Spannungs-Dehnungs-Linie (im Bereich der Punkte 7 und 8) konkretisieren sich die Rißverläufe. In den Rißbildern sind zwei konkurrierende Rißbänder zu erkennen, wobei der eine Rißansatz von oben rechts nach unten links und der zweite Rißansatz in der unteren Zone von links nach rechts verläuft. Die Spannungsprofile in den Bildern 7.8.7 und 7.8.8 zeigen sehr schön die verstärkte Spannungskonzentration in den wachsenden Rißspitzen.

Im hinteren Nachbruchbereich zwischen den Punkten 9 und 11 zeichnet sich ein stärkeres Wachstum des von oben kommenden Risses ab, der sich dann später mit dem unteren Riß verbindet (siehe Bild 7.8.11). Der Riß im unteren Gitterbereich hingegen verebbt und ist sogar noch leicht rückläufig. Dennoch bleibt eine Restschädigung zurück, so daß im Rißbild der Eindruck eines von links unten nach rechts oben verlaufenden Risses mit Verzweigung entsteht.

Die qualitative Betrachtung der Simulation des hochfesten Betons zeigt eine gute Übereinstimmung mit dem realen Beton. Die charakteristischen Merkmale in der Rißentwicklung durch eine fortschreitende Verformung werden gut wiedergegeben. Durch die verstärkte Kontaktzone und die kleine Differenz zwischen der Festigkeit und dem Elastizitätsmodul von Matrix und Zuschlag verlaufen die Risse häufiger direkt durch die Zuschläge und weniger um sie herum. Mikroskopische Untersuchungen an Dünnschliffen von teil- und bis über ihre Festigkeit hinaus belasteten Probekörpern aus hochfesten Beton zeigen einen verstärkten Rißverlauf durch die Zuschläge hindurch [Sic99] (siehe Bild 7.7). Der Dünnschliff des Probekörpers, der bis zu 40% seiner Festigkeit belastet wurde, zeigt neben dem Versagen der Zuschläge auch eine Rißentwicklung im Bereich der Kontaktzone und eine vermehrte Bildung von Doppelrissen. Auch bei hochfestem Beton ist die Kontaktzone immer noch das schwächste Glied in der Versagenskette.

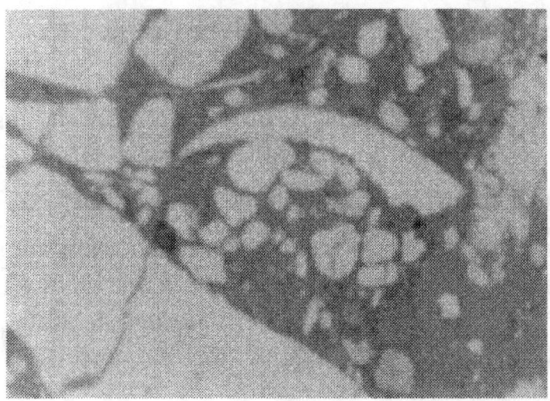

Bild 7.7: Rißverlauf im hochfesten Beton nach Sicker [Sic99]

7.3 Rißbilder und Spannungs- Dehnungsprofile

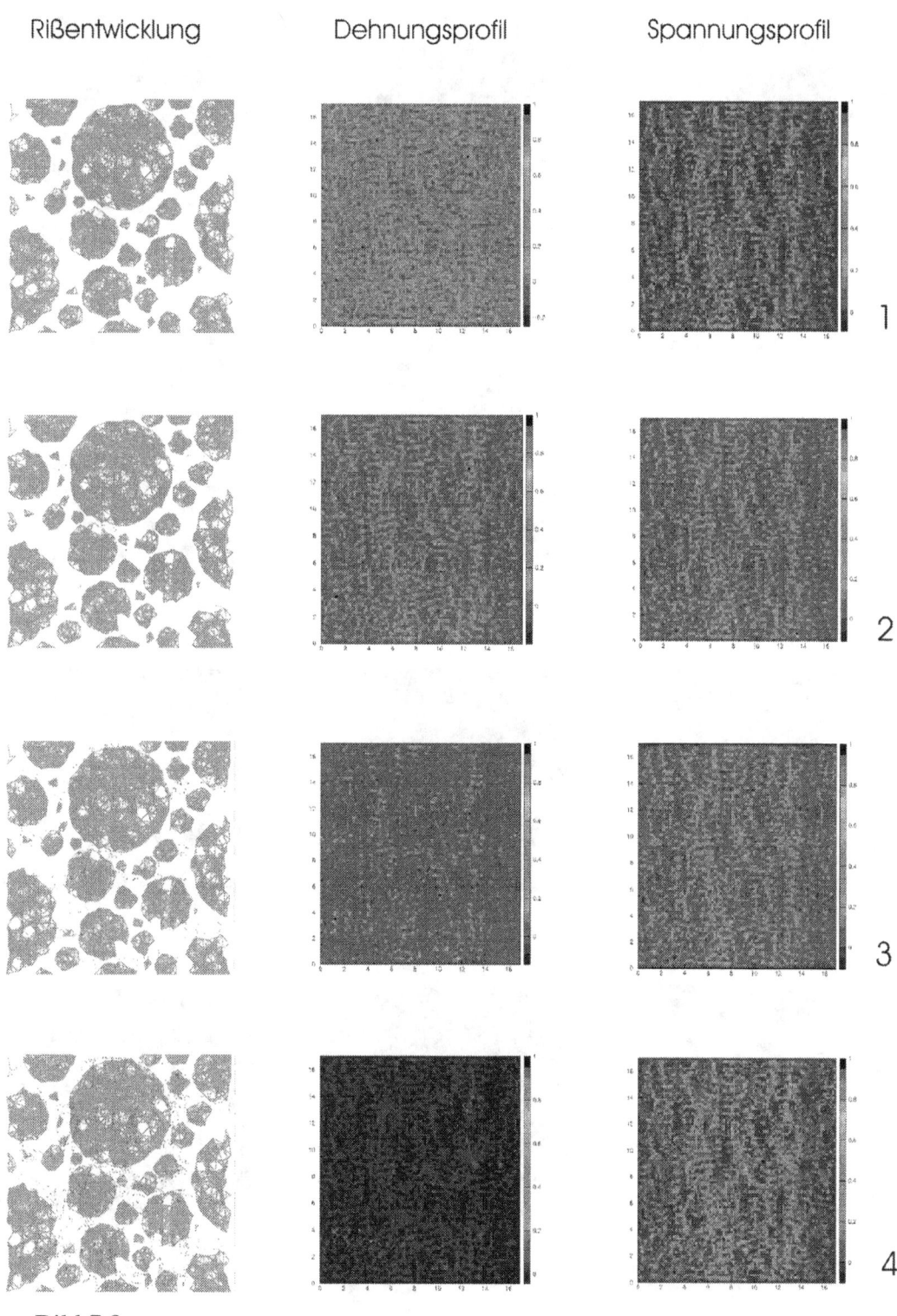

zu Bild 7.8:

106 7 Simulation zentrischer weggesteuerter Zugversuche

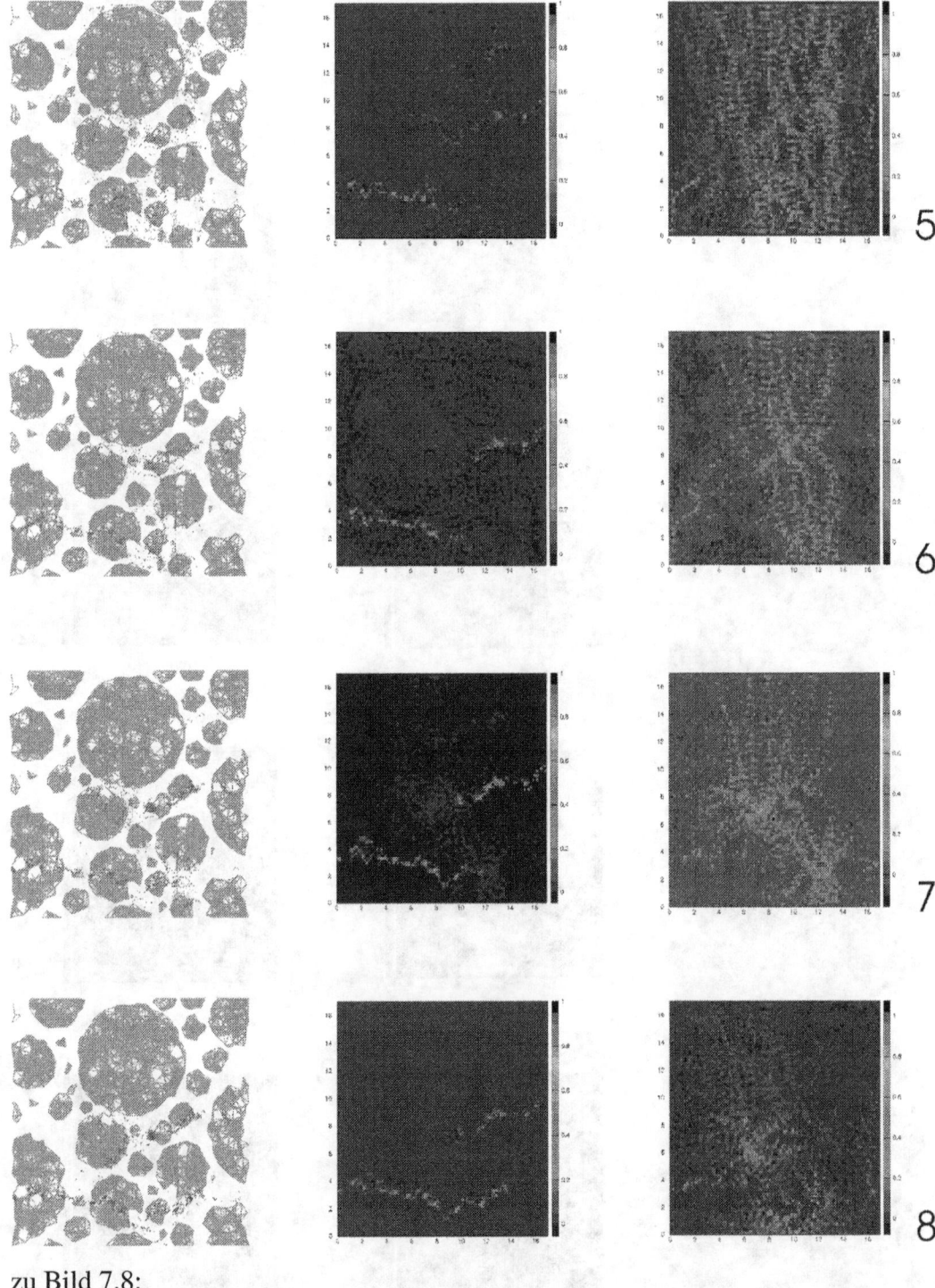

zu Bild 7.8:

7.3 Rißbilder und Spannungs- Dehnungsprofile

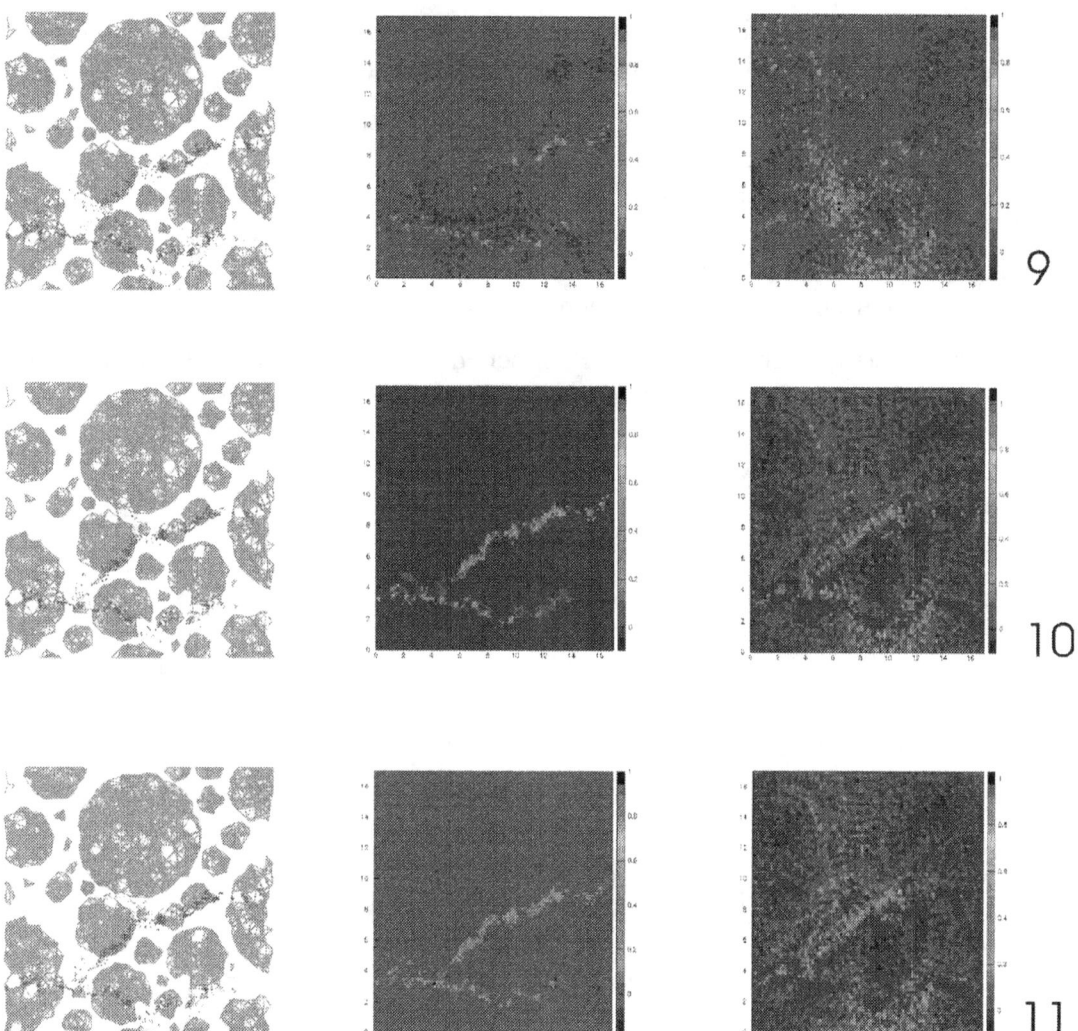

Bild 7.8: die Rißentwicklung mit den dazugehörigen lokalen Dehnraten und Spannungssituationen (qualitativ dargestellt), entsprechend den Positionen der Spannungs- Dehnungs- Linie in Bild 7.6 für hochfesten Beton. In den Rißbildern sind aus Gründen der Übersicht nur die Zuschläge (grün) und die Rißentwicklung (rot) dargestellt. Die Dehnungs- und Spannungsprofile sind jeweils auf den Maximalwert normiert, mit relativer farblicher Darstellung.

7.3.3 Vergleich zwischen den beiden numerischen Betonen

Die Simulation des Normalbetons zeigt im Spannungs- Dehnungs- Verhalten und in den verformungbedingten Gefügeänderungen eine starke Übereinstimmung mit dem realen Verhalten von Normalbeton. Der charakteristische Einfluß der Kontaktzone auf das Materialverhalten durch eine verstärkte Bildung von Mikrorissen wird dabei gut wiedergegeben.

Bei der Simulation des hochfesten Betons sind die speziellen Merkmale wie z.B. großer Elastizitätsmodul, hohe Festigkeit, steiler Abfall im Nachbruchbereich und die unterdrückte Mikrorißbildung im ansteigenden Spannungs-Dehnungsast durch die Wahl der Parameter berücksichtigt worden. Die Ergebnisse der Simulation zeigen somit qualitativ bei diesen speziellen Merkmalen des hochfesten Betons eine gute Übereinstimmung mit denen für den realen Beton.

Die charakteristischen Unterschiede zwischen dem realen Normalbeton und dem realen hochfesten Beton werden in den Ergebnissen der Simulation qualitativ wiedergegeben. Damit ist die Vorausetzung für spezifische Untersuchungen der entsprechenden Betontypen gegeben.

8 Einfluß des Größtkorns auf das Spannungs-Dehnungs- Verhalten

In dem vorhergehenden Kapitel ist gezeigt worden, daß die Rißverläufe für Normalbeton in der Regel um die Zuschläge verlaufen. Dies gilt sowohl für den realen Beton als auch für den numerischen Beton. Die Zuschlagkörner wirken auf den Rißverlauf wie ein Hindernis, um das der Riß mit einem Umweg herumlaufen muß. Aus der Perspektive eines wachsenden Risses gesehen sind die Umwege um so größer, je größer die Zuschläge sind. Bezogen auf eine definierte Rißfläche eines Probekörper-Querschnitts heißt das nichts anderes, als das für größere Zuschläge mehr Energie für das Rißwachstum gebraucht wird. Damit ist zu erwarten, daß die Bruchenergie in gewisser Weise von dem Zuschlagdurchmesser abhängig ist und somit ein Einfluß auf das Spannungs-Dehnungs-Verhalten erkennbar sein muß (siehe auch [Baz83] in Kapitel 2).

In diesem Kapitel werden diesbezüglich die experimentellen Ergebnisse weggesteuerter Zugversuche mit denen der Simulation eines numerischen Normalbetons qualitativ verglichen. Zusätzlich zu dem numerischen Normalbeton wird die Variation des Größtkorns der Zuschläge an einem numerischen hochfesten Beton simuliert. Dabei wird eine Steigerung der Fehlstellen durch eine Vergrößerung der Kontaktzone bzw. Zuschlagoberfläche durch eine Verkleinerung der Zuschlagradien untersucht.

8.1 Experimentelle Untersuchungen

Das oben beschriebene Phänomen ist schon seit längerer Zeit bekannt. So konnte z.B. Hillerborg [Hil85] aus Balkenversuchen eine Steigerung der Bruchenergie G_f bei Verwendung unterschiedlichen Zuschlagdurchmesser d_{max} von 8 mm und 20 mm erkennen. Die Ergebnisse waren jedoch einer großen Streuung unterworfen.

Die späteren Versuche von Wolinski und Hordijk [Hor91] waren spezieller für eine Untersuchung dieses Phänomens ausgelegt. Sie erstellten quaderförmige Probekörper aus mittelfestem Beton, wobei nur das Größtkorn der verwendeten Zuschläge variiert wurde, alle anderen spezifischen Betonparameter wie z.B. der W/Z- Wert wurden konstant gehalten. Die Variation des Durchmessers des Größtkorns deckte dabei den Bereich für d_{max} von 2, 4, 8, 16 bis 32 mm ab. Bei den Betonmischungen mit den größeren Zuschlägen ließ sich jedoch eine Erhöhung des prozentualen Zuschlaganteils nicht vermeiden [Hor91].

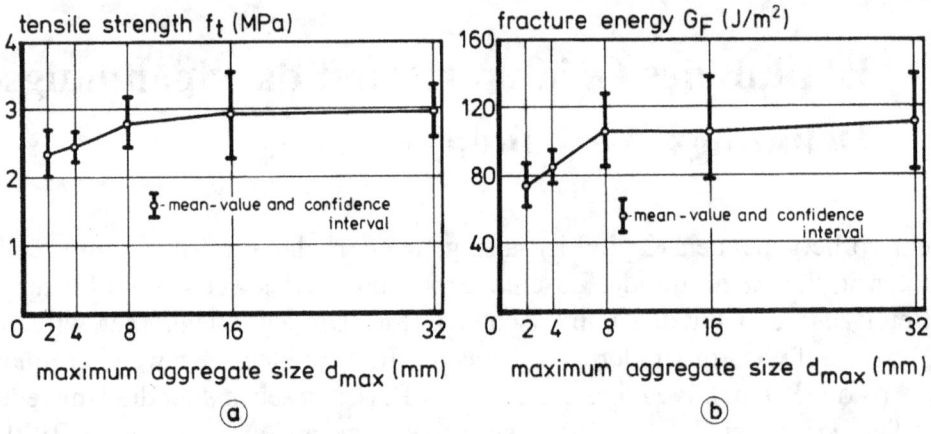

Bild 8.1: Abhängigkeit der Zugfestigkeit a) und der Bruchenergie b) vom Durchmesser des Größtkorns nach Wolinski et al. [WHR87]

Mit den Ergebnissen aus den Zugversuchen konnten Horndijk und Wolinski den Einfluß des Größtkorns auf das Materialverhalten und die bruchmechanischen Kenngrößen des Normalbetons belegen (siehe Bild 8.1 und 8.2). Dabei zeigen Bild 8.1 und Bild 8.2 eine klare Abhängigkeit der Festigkeit, der Bruchenergie und des Spannungs-Dehnungs-Verhaltens vom Größtkorn der Zuschläge.

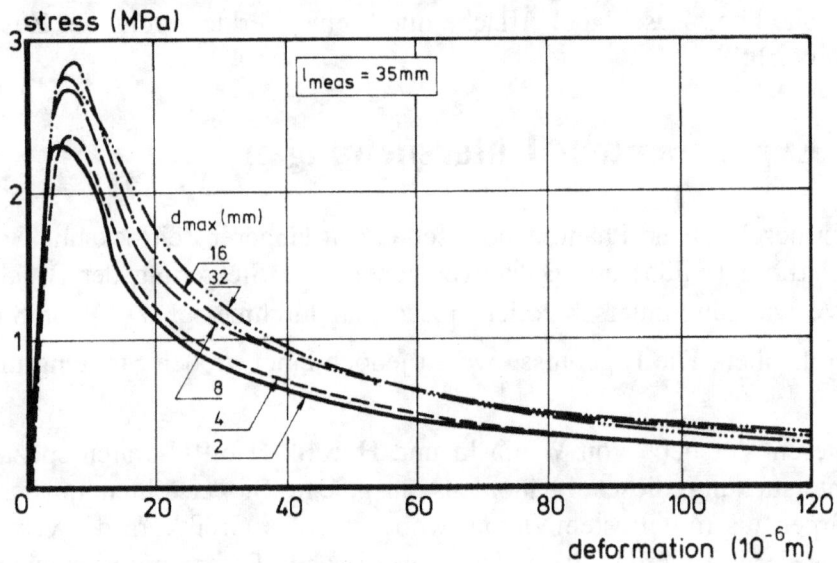

Bild 8.2: Abhängigkeit des Spannungs-Dehnungs-Verhaltens vom Größtkorn nach [Hor91]

8.2 Simulation

Die experimentellen Ergebnisse von Hordijk werden im folgenden Abschnitt mit einem zweidimensionalen Stabwerksgitter qualitativ nachgebildet. Dabei geht es weniger darum, den exakten Kurvenverlauf der Spannungs-Dehnungs-Linien aus den Experimenten nachzurechnen, sondern darum, die charakteristischen Merkmale, wie Elastizitätsmodul, Festigkeit und Nachbruchverhalten qualitativ wiederzugeben. Bei der Erstellung des numerischen Betons wird, analog den Ausführungen in Kapitel 7, ein numerischer Normalbeton und ein numerischer hochfester Beton in Form eines Stabwerkgitters entworfen. Die Wahl der Parameter der Stabelemente entsprechen den Betontypen. Die Gitterstruktur sowie der Simulationsbau zur Simulation weggesteuerter Zugversuche stimmt mit denen aus Kapitel 7 überein.

Aufgrund der verwendeten Gitterabmessungen von 17 x 17 mm ist die Abbildung der Zuschlagdurchmesser begrenzt. In der Simulation sind daher nur numerische Betone mit 2, 4, und 8 mm Durchmesser der Größtkörner generiert worden. In Bild 8.3 sind als Beispiel drei typische Stabwerkgitter für die unterschiedlichen Zuschlaggrößen eines versagten numerischen Betons abgebildet. Dabei sind der Übersicht halber nur die Zuschläge (grün) und die versagten Stabelemente als Riß (rot) dargestellt. Die Matrix und die Kontaktzone werden dabei indirekt abgebildet.

Unabhängig von dem numerischen Betontyp ist -wie in den Mischungsentwürfen von Hordijk- ein prozentualer Anstieg des Zuschlagsanteils in Abhängigkeit vom Größtkorn zu beobachten. Der prozentuale Anteil an Stabelementen mit Zuschlagseigenschaften ergibt sich für die numerischen Betone mit 2 mm Größtkorn zu ca. 48%, für 4 mm Größtkorn mit ca. 55% und für die Gitter mit 8 mm Größtkorn zu ca. 58%.

Insgesamt sind bei der Simulation 18 numerische Betone in der Form von Stabwerkgittern generiert und in der Simulation von Zugversuchen zum Versagen gebracht worden. Der Unterschied zwischen dem numerischen Normalbeton und dem hochfesten Beton liegt in der Wahl der Stabparameter, entsprechend den Kapiteln 5 und 7. Die Gitterstruktur und die Anordnung der Zuschläge ist für beide Betone gleich. Es wurden neun Normalbetone und neun hochfeste Betone generiert, so daß entsprechend für jede Korngröße und Betontyp drei unterschiedliche Stabwerkgitter erzeugt worden sind. Demnach liegen für jede Korngröße und jedem Betontyp, nach Ablauf der Zugsimulation drei unterschiedliche Spannungs-Dehnungs-Linien vor, deren Mittelwertkurven in den Bilder 8.4 und 8.5 verglichen werden.

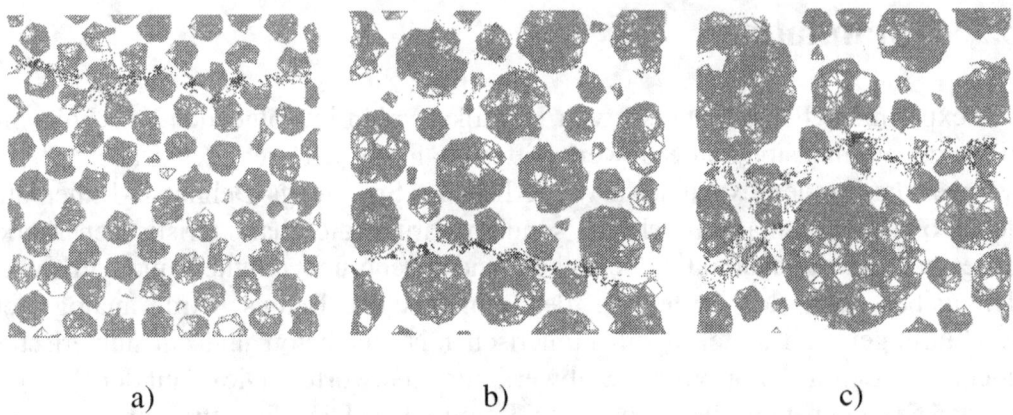

a) b) c)

Bild 8.3: Versagte Stabwerksgitter des numerischen Normalbeton mit Abbildung der Zuschläge (grün) und der Rißentwicklung (rot) nach Beendigung der Zugsimulation a) mit 2 mm Größtkorn, b) mit 4 mm Größtkorn und c) mit 8 mm Größtkorn.

8.2.1 Der numerische Normalbeton

Der Einfluß der Variation des Größtkorns auf das Verhalten des numerischen Normalbetons ist in Bild 8.4 gezeigt. Die Spannungs-Dehnungs-Linien für die einzelnen Korngrößen sind jeweils die Mittelwerte der Ergebnisse aus drei Zugsimulationen unterschiedlicher Gitterstrukturen. Dabei zeigen die charakteristischen Merkmale der Spannungs-Dehnungs-Linien in der Simulation eine gute Übereinstimmung zu den experimentell gewonnenen Kurven gemäß Bild 8.2.

Wie oben schon erwähnt, ist mit wachsendem Durchmesser der Zuschlagskörner eine Zunahme des Zuschlaganteils verbunden. Für den numerischen Normalbeton mit ca. 2.5 fachen Elastizitätsmodul für die Zuschlagsstäbe gegenüber den Matrixstäben bedeutet dies einen Anstieg des Elastizitätsmoduls in Abhängigkeit vom Größtkorn. Diese Abhängigkeit des Elastizitätsmoduls ist in Bild 8.4 für die Simulation gut erkennbar.

Die gemessene Abhängigkeit der Festigkeit der Betonproben vom Größtkorn der Zuschläge in Bild 8.2 wird mit der Simulation gut wiedergegeben. So zeigt der Vergleich der Festigkeiten der numerischen Normalbetone in Bild 8.4 eine klare Abhängigkeit vom Größtkorn der Zuschläge.

Die Nachbruchbereiche der Spannungs-Dehnungs-Linien der numerischen Normalbetone (siehe Bild 8.4) zeigen im Vergleich zu dem Nachbruchverhalten des realen Betons in Bild 8.2 die gleichen Tendenzen. Dabei zeigt sich sowohl für den numerischen, als auch für den realen Beton 2 und 4 mm Größtkorn, nur ein geringer Unterschied. Wobei die Betone mit 4 mm Größtkorn gegenüber den Betonen mit 2 mm Größtkorn ein leicht verbessertes Nachbruchverhalten aufweisen. Die Betone mit 8 mm Größtkorn heben sich im Nachbruchverhalten deutlich von den

8.2 Simulation

mit 2 und 4 mm Größtkorn ab. Die Simulation gibt auch hier die Trends der Experimente gut wieder (siehe Bild 8.2 und Bild 8.4).

Der deutliche Unterschied im Nachbruchverhalten für das Größtkorn 8 mm geht auf die oben beschriebene Wegverlängerung der Rißverläufe infolge der großen Zuschlagskörner zurück, was auch die Rißverläufe in Bild 8.3 zeigen. Bei dem Vergleich der Rißverläufe in Bild 8.3a und 8.3b ist kein gravierender Unterschied zwischen dem numerischen Normalbeton für 2 und 4 mm Größtkorn zu erkennen. Im Gegensatz dazu zeigt der Rißverlauf in Bild 3c mit dem Größtkorn 8 mm einen deutlich verschlungeneren Pfad. Die verlängerte Rißstrecke für den numerischen Normalbeton mit 8 mm Größtkorn spiegelt sich somit in einem "duktileren" Nachbruchverhalten wider. Das Verhalten im Nachbruchbereich der Spannungs-Dehnungs- Linien korreliert demnach mit der Rißlänge in den Rißbildern.

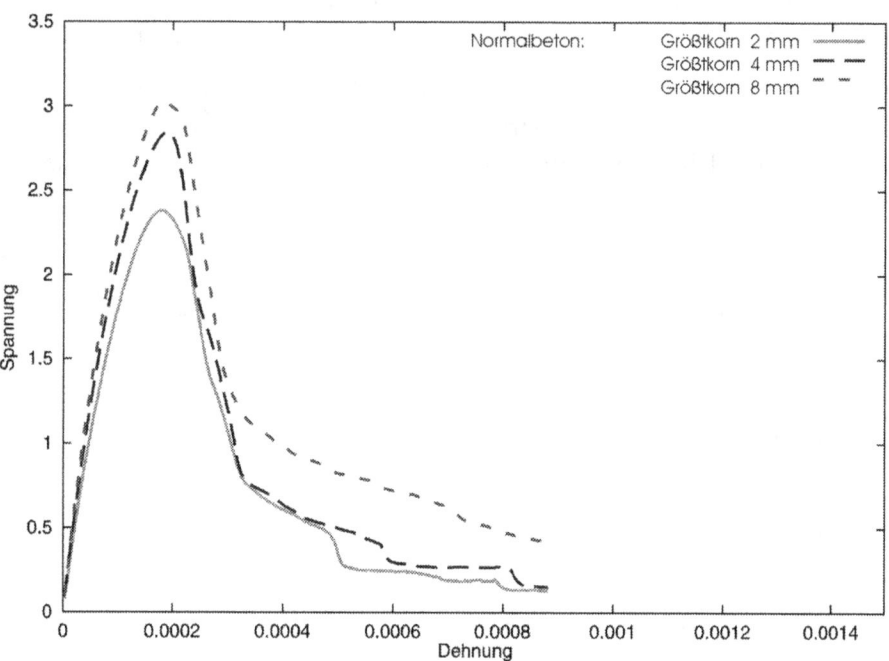

Bild 8.4: Spannungs-Dehnungs-Verhalten der numerischen Normalbetone für die Größtkörner 2, 4 und 8 mm.

Die hier beschriebenen Ergebnisse zeigen, daß die Stärken des Stabwerksgitters in der Möglichkeit einer Variation der Parameter in der Abbildungsebene, in diesem Fall im mesoskopischen Bereich, liegen. So zeigt der qualitative Vergleich der Ergebnisse aus den Experimenten und denen der Simulation eine gute Übereinstimmung.

8.2.2 Der numerische hochfeste Beton

Ein besonderes Merkmal des hochfesten Betons ist der Verlauf der Risse. Anders als beim Normalbeton bildet ein Zuschlagkorn, das auf dem Weg eines sich entwickelten Risses liegt, aufgrund der geringen Festigkeitsunterschiede zwischen Matrix und Zuschlag in der Regel kein Hindernis. Die Risse laufen meist durch die Zuschläge hindurch. Demzufolge ist zu erwarten, daß der Einfluß des Größtkorns auf das Spannungs-Dehnungs-Verhalten nicht allzu stark ins Gewicht fällt.

In diesem Abschnitt soll untersucht werden, ob die Variation des Größtkorns sich in der Simulation im Spannungs-Dehnungs-Verhalten zentrischer weggesteuerter Zugversuche widerspiegelt. Dazu sind die zuvor generierten Gitter für den Normalbeton mit den Stabparametern des numerischen hochfesten Beton belegt worden (siehe Kapitel 5 und 7). Die Gitterstruktur und die Anordnung der Zuschläge sind identisch mit denen des numerischen Normalbetons (siehe oben).

Die Ergebnisse der Simulation sind in Bild 8.5 abgebildet. Für jede Korngröße sind drei unterschiedliche Gitterstrukturen gerechnet worden, so daß die Spannungs-Dehnungs-Linien in Bild 8.5 die Mittelwerte dieser Ergebnissen darstellen.

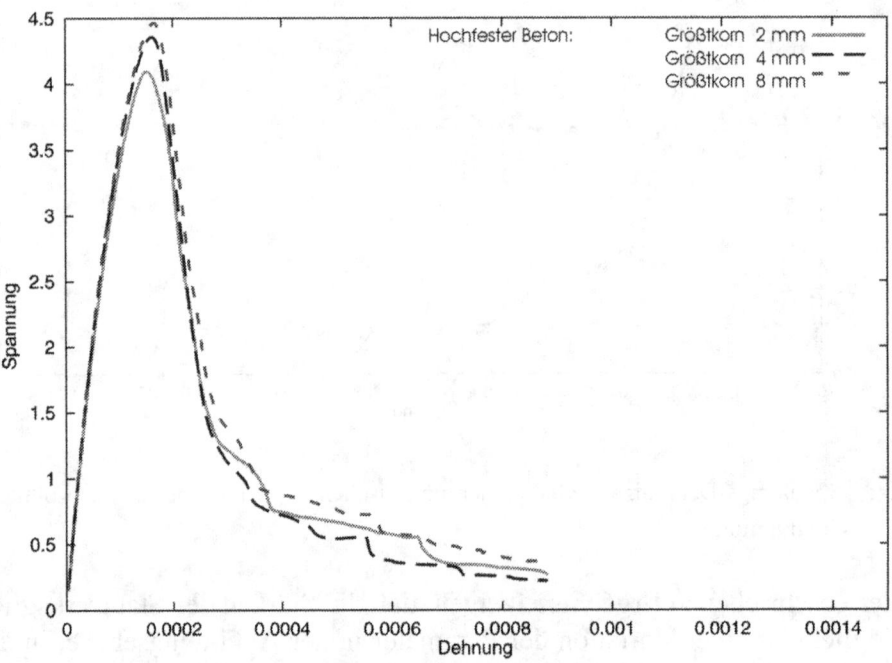

Bild 8.5: Spannungs-Dehnungs-Verhalten der numerischen hochfesten Betone für die Größtkörner 2, 4 und 8 mm.

Aufgrund der gleichen Elementsteifigkeiten für die Matrix- und Zuschlagsstäbe zeigen die Kurven im ansteigenden Ast (siehe Bild 8.5) keinen signifikanten Einfluß durch die Variation der Zuschlaggrößen. Anders als bei dem numerischen Normalbeton zeigt der Elastizitätsmudol des numerischen hochfesten Betons keine Abhängigkeit vom Größtkorn.

Kurz vor Erreichen der Festigkeit ist jedoch eine gewisse, wenn auch schwache Abhängigkeit von der Zuschlaggröße zu erkennen. So ist für die Spannungs-Dehnungs-Linie des Betons mit dem Größtkorn von 2 mm im oberen Bereich, gegenüber den Beton mit 4 und 8 mm Größtkorn, ein frühzeitiges Abflachen zu erkennen. Die Ursache für dieses frühzeitige Abflachen bei dem numerischen hochfesten Beton mit kleiner Korngröße liegt in der Oberflächenvergrößerung bei nahezu konstantem Volumenanteil des Zuschlags. Mit einer Vergrößerung der Zuschlagoberfläche geht die prozentuale Steigerung der Kontaktzone einher. Wie auch bei einem Normalbeton bildet die Kontaktzone beim hochfesten Beton das schwächste Glied in der Versagenskette. Bei der Parameterwahl für den numerischen hochfesten Beton wurde die Festigkeit der Kontaktzonenstäbe auf 0.5 der Matrixfestigkeit angesetzt (siehe Kapitel 5).

Weiterhin zeigen die Kurvenverläufe in Bild 8.5, daß die Festigkeit für die kleineren Größtkörner verbunden ist mit der Vergrößerung der Kontaktzone und dem vorzeitigen Abfallen der Spannungs-Dehnungs-Linien, in Abhängigkeit vom Größtkorn.

Im absteigenden Spannungs-Dehnungs-Ast ist der Einfluß des Größtkorns nicht wesentlich. In den hinteren Nachbruchbereichen der Kurven aus Bild 8.5 kann eine leichte Abhängigkeit vom Größtkorn erkannt werden, die aber im Vergleich zu dem Verhalten der Kurven des numerischen Normalbetons aus Bild 8.4 nicht im gleichen Maße ausgeprägt ist.

8.3 Mögliche Anwendung des Oberflächeneffekts

Der Einfluß des Größtkorns auf das Verhalten der numerischen Betone ist von unterschiedlicher Wirkung. Für den Normalbeton liegt das stärkere Gewicht auf dem Rißverlauf durch die Wegverlängerung bei großen Zuschlägen, und für den hochfesten Beton ist die vorzeitige Mikrorißentstehung durch eine Vergrößerung der Kontaktzone bei kleinen Zuschlägen von Bedeutung. Für den numerischen hochfesten Beton ist die Eigenschaft der Kontaktzone auf das Materialverhalten sehr entscheidend, um eine vorzeitige Rißentstehung einzuleiten. Dieser Oberflächeneffekt könnte dazu beitragen, den realen hochfesten Beton zumindest im ansteigenden Ast duktiler zu gestalten.

Für die Erstellung eines Mischungsentwurfs eines realen hochfesten Betons ist es zunächst wichtig, den zu erwartenden Zuwachs an Zuschlagoberfläche abzuschätzen. Mit idealen Zuschlägen in der Form von Kugeln kann eine untere Grenze für den Oberflächengewinn angegeben werden. So gilt für kreisrunde Zuschläge mit:

$$O_v = O_g \cdot n \quad \text{oder mit} \quad O_v = O_k \cdot N \quad \text{für} \quad n, N > 1 \qquad \text{Gl. (8.1)}$$

Wobei O_v die vergrößerte Oberfläche, O_g die Oberfläche des großen Zuschlagskorns mit dem Radius R und O_k die Oberfläche des kleinen Zuschlagskorns mit den Radius r darstellen, mit $n = R/r$. Für zweidimensionale Zuschläge eines numerischen Betons gilt somit $N = n^2$ und O_g, O_k als Kreisumfang. Dreidimensionale Zuschläge bei numerischen oder realen Betonen können durch $N = n^3$ mit O_g, O_k als Kugeloberfläche beschrieben werden.

Mit Gleichung (8.1) kann dann für die jeweils auszutauschende Kornfraktion der Zugewinn an Zuschlagoberfläche bestimmt werden, wobei der prozentuale Zuschlaganteil an der Betonmischung konstant bleibt. Würde bei einem realen Beton die Kornfraktion mit 32 mm Durchmesser durch Körnern mit 16 mm Durchmesser ausgetauscht werden, so bräuchte man für jedes 32er Korn acht 16ner Körner mit insgesamt gleichem Volumen, aber doppelter Oberfläche, vorausgesetzt die Zuschläge sind Kugeln. In der Regel weichen die Zuschläge jedoch mehr oder weniger von der Kugelgestalt ab. Da aber die Kugel der Körper mit der kleinsten Oberfläche im Verhältnis zum Volumen ist, kann mit Gl.(8.1) ein Mindest- oberflächenzuwachs angegeben werden.

Für die Erstellung einer Testserie können die Oberflächen der Mischungsentwürfe mit Gl. (8.1), ausgehend von der Mischung mit dem größten Korndurchmesser, sukzessiv für jede Kornfraktion abgeschätzt werden.

Vor Beginn der Testserie muß jedoch sichergestellt sein, ob ein Zusammenhang zwischen der Ausdehnung der Kontaktzone und der Zuschlagsgröße besteht. Für den Fall, daß eine Abhängigkeit der Kontaktzonestärke vom Durchmesser der Zuschläge besteht, würde diese dem Oberflächeneffekt entgegenwirken und das Materialverhalten bliebe unverändert. Andernfalls könnte eine Halbierung der Zuschlagdurchmesser zu einer Verdoppelung der Kontaktzone und somit zu einer Verdoppelung der Fehlstellen führen. Der Oberflächeneffekt hätte somit einen ähnlichen Einfluß auf das Spannungs-Dehnungs-Verhalten wie der Einsatz inerter Füller, die im nachfolgenden Kapitel behandelt werden.

9 Variation der Festigkeit der Kontaktzone

Das vorhergehende Kapitel hat gezeigt, daß die Art der Kontaktzone entscheidend das Materialverhalten von hochfestem Beton beeinflußt. Dabei wird das Verhalten zum Einen durch die große Festigkeit der Kontaktzone und zum Anderen durch die kleine Differenz der Elastizitätsmodule von Zementstein und Zuschlag bestimmt.

Eine Einstellung der Festigkeits- und Steifigkeitsverhältnisse der einzelnen Komponenten für den hochfesten Beton derart, wie sie in einem Normalbeton vorliegen, kann zu einer Steigerung der Duktilität des hochfesten Beton führen. Dabei kann z.B. durch den Einsatz inerter Füller gezielt die Festigkeit der Kontaktzone herabgesetzt werden, so daß zumindest die Kontaktzone wieder deutlich schwächer ist. Diese inerten Füller bilden dann eine Austauschsubstanz für das übliche Mikrosilika. In gleicher Weise wie das Mikrosilika schließen diese Mikrofüller zwar die Poren in der Matrix, reagieren aber nicht puzzolanisch. Die Zementsteinmatrix behält ihre Festigkeit bei, aber die Kontaktzone ist geschwächt, so daß im Bereich der Kontaktzone unter Belastung eine ähnliche Situation wie bei Normalbeton entstehen kann. Die Rißentwicklung kann wieder in der Kontaktzone entstehen, die Risse verlaufen teilweise um die Zuschläge herum [Deu97][Nev97]. Eine auf diese Weise eingeleitete vorzeitige Mikrorißentwicklung kann dann zu einer Steigerung der Duktilität im ansteigenden Ast der Spannungs- Dehnungs- Kurve führen.

Mit dem zweidimensionalen Stabwerksgitter soll nun untersucht werden, welchen Einfluß die Festigkeit der Kontaktzone auf das Verhalten eines numerischen hochfesten Betons hat. Dazu sind in Anlehnung an die vorhergehenden Kapitel analoge Gittergeometrien generiert worden, wobei gezielt die Festigkeit der Kontaktzonenstäbe variiert wurde. Um einen qualitativen Vergleich zu den parallel verlaufenden Experimenten von Deutschmann [Deu97] herzustellen, wurden in diesem Kapitel weggesteuerte Druckversuche simuliert. Zum Verständnis der Bedingungen zur Mikrorißentwicklung sind zuvor die Spannungssituationen für verschiedene Betontypen in Abhängigkeit von der Steifigkeit der Zuschläge und den daraus folgenden Betoneigenschaften untersucht worden.

9.1 Das Spannungsfeld im numerischen Modellbeton

Das Verhältnis von Elastizitätsmodul des Zuschlages zum Elastizitätsmodul der Matrix sowie die Festigkeit der Kontaktzone haben einen starken Einfluß auf das Verhalten eines Probekörpers aus Beton. Spannungsoptische Untersuchungen nach Lusche [Lus71] haben gezeigt, daß in Normalbeton unter Druckbelastung durch den größeren Elastizitätsmodul der Zuschläge im Bereich der Zuschläge größere Spannungskonzentrationen als in der homogenen Matrix auftreten (siehe Bild 9.1).

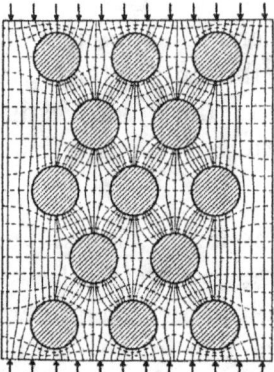

Bild 9.1: Spannungsoptische Erfassung der Hauptspannungen an einem normalfesten Modellbeton nach [WiL72]

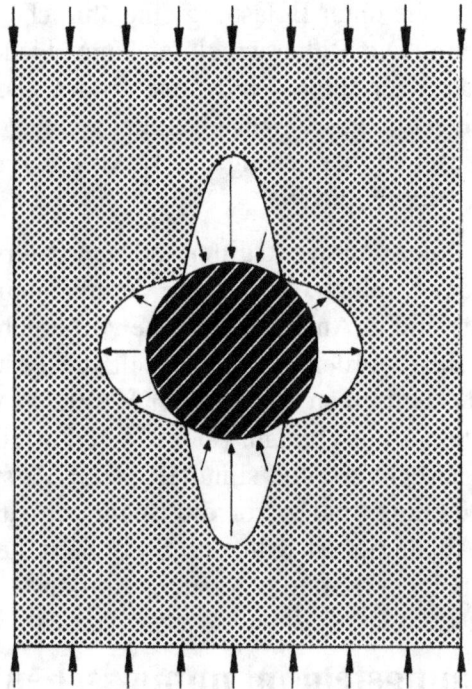

Bild 9.2: Spannungsverteilung an einem Zuschlagskorn in einer homogenen Matrix nach [ReZ77]

Im Bereich der Zuschläge kann demnach eine Spannungsverteilung gemäß Bild 9.2 angenommen werden, wobei senkrecht zur Druckrichtung an den Zuschlägen

9.1 Das Spannungsfeld im numerischen Modellbeton

Zugspannungen auftreten. Nach Lusche [Lus71] ist die Größe der an den Zuschlägen angreifenden Spannung abhängig vom Zuschlagsdurchmesser und vom Verhältnis der E-Module von Matrix und Zuschlag, wobei das Verhältnis der E-Module sicherlich am stärksten ins Gewicht fällt.

Die an den Zuschlägen herrschenden Spannungsspitzen leiten dann in der relativ schwachen Kontaktzone eine frühe Mikrorißbildung ein. Diese Mikrorisse verästeln sich weiter in der nicht allzu festen Matrix und führen so zu einem duktilen Materialverhalten [Sci80]. Im Gegensatz zu Normalbeton ist hochfester Beton unter Betrachtung der Streuung der Elastizitätsmodule und der Festigkeiten der einzelnen Komponenten nahezu homogen. Unter Druckbelastung tritt bei hochfestem Beton eine Mikrorißbildung erst bei ca. 80% der Festigkeit auf. Bis zu diesem Punkt verhält sich der Beton fast linear [Nev97]. Hohe Spannungskonzentrationen können durch die geringe Differenz der Elastizitätsmodule von Zuschlag und Matrix nicht in dem Maße aufgebaut werden wie in Normalbeton, so daß in der relativ starken Kontaktzone eine frühe Mikrorißbildung verhindert wird. Unter Belastung entsteht ein nahezu homogenes Spannungsfeld, in dem viele lokale Bereiche gleichzeitig an ihre Grenzfestigkeit gelangen und so ein sprödes Versagen einleiten. Ein analoges Materialverhalten auf höherem Festigkeitsniveau wie bei Normalbeton ist somit nicht gegeben.

Im folgenden wird in Anlehnung an die Versuche von Lusche [Lus71] eine qualitative Betrachtung der Spannungszustände in Abhängigkeit von dem Verhältnis der Elastizitätsmodule von Zuschlag zu Matrix vorgenommen. Dazu ist ein Modellprobekörper auf Mesoebene mit einem zweidimensionalen Stabwerksgitter und einem Zuschlagskorn in der Mitte generiert worden (siehe Bild 9.3). Die Gitterabmessungen wurden zu 17 mm x 17 mm gewählt. Der Durchmesser des Zuschlages beträgt 8 mm. Das Gitter wird aus 10000 Knotenpunkten und ca. 121363 Stäben gebildet. Die Gittergeometrie ist ein zufällig generiertes Netz mit 34.6 Knoten/mm^2 analog zu Kapitel 5. Die Randbedingungen in den Lasteinleitungsflächen sind in den horizontalen Richtungen reibungsfrei (unbehindert) gehalten worden, um störende Randeffekte zu vermeiden [Fri97].

Dieser numerische Modellbeton wird dann zur Erzeugung einer Spannungssituation einer Druckbelastung unterworfen ohne das dabei eine Gefügeveränderung eintritt. Zur Vergleichbarkeit der Ergebnisse ist die Druckbelastung für alle untersuchten Elastizitätsmodul- Verhältnisse mit demselben Verformungsschritt realisiert worden.

In dieser Untersuchung sind vier verschiedene Elastizitätsmodulverhältnisse mit den Verhältnissen Elastizitätsmodul Zuschlag (E_z) zu Elastizitätsmodul Matrix (E_m) berechnet worden d.h. mit $E_z : E_m$ von 0.4, 1.0, 2.0 und 6.0.

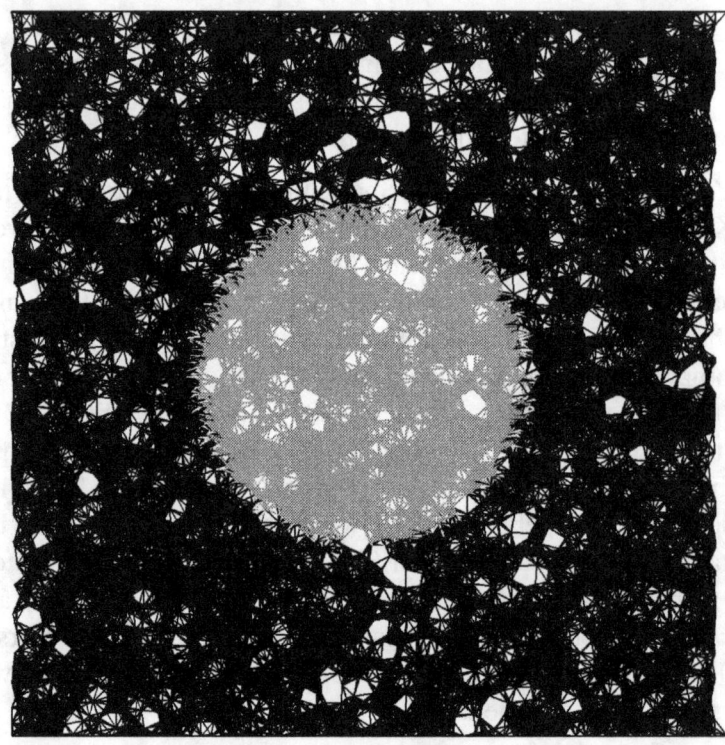

Bild 9.3: Zweidimensionales Stabwerksgitter mit einem Zuschlagskorn zur Untersuchung der Spannungszustände in Abhängigkeit vom Verhältnis Ez : Em.

Die Ergebnisse sind analog zu Kapitel 7 als zweidimensionale Histogramme im Dehnungs- und Spannungsprofil dargestellt. Bei der Erzeugung der Profile wird das Stabwerksgitter in ein Raster bestehend aus 100 mal 100 Quadraten aufgeteilt. Zum Aufbau der Profile werden die Absolutbeträge der Spannungen und Dehnungen der Stäbe dem jeweiligen Stabschwerpunkt zugeordnet. Danach werden die Summen über alle Spannungen und die Dehnungen der Stäbe gebildet, deren Schwerpunkte in einem Rasterquadrat liegen. Aus diesen lokalen Summen wird jeweils für die Spannung und die Dehnung der Maximalwert ermittelt. Die lokalen Summen der Rasterquadrate werden dann auf diesen Maximalwert normiert, so daß nicht die Absolutwerte, sondern die Relativwerte farblich dargestellt sind (siehe Bild 9.4). Die Farbskalen am Rande der Diagramme bilden die relativen lokalen Zustände zwischen den Werten von 0 bis 1 ab.

In Bild 9.4a ist das Ergebnis für das Verhältnis von Ez : Em = 0.4 abgebildet. Übertragen auf einen realen Beton könnte das Verhälnis von Ez : Em = 0.4 einem Leichtbeton entsprechen. Die Anwesenheit des weniger steifen Zuschlagkorns ist in dem Dehnungs- sowie in dem Spannungsprofil entsprechend Bild 9.3 gut zu erkennen. Im Dehnungsprofil ist im Bereich des weicheren Kornes die lokale Verformung, angedeutet durch die grüne bis gelbe Einfärbung, am größten. Für das

9.1 Das Spannungsfeld im numerischen Modellbeton

Spannungsprofil ergibt sich ein entgegengesetztes Bild. Durch den kleineren Elastizitätsmodul des Zuschlagkorns sind die lokalen Spannungen in diesem Bereich unterdrückt, so daß auch hier die Inhomogenität des numerischen Modellbetons deutlich wird. Der Hauptteil der Last wird von der Matrix übernommen.

Das Dehnungs- und das Spannungsprofil für das Verhältnis von $E_z : E_m = 1.0$ in Bild 9.4b repräsentiert einen hochfesten Beton. In beiden Profilen bildet sich keine deutliche Struktur ab, die auf das Zuschlagskorn schließen läßt. Ein klarer Kräfteverlauf ist nicht zu erkennen. Die dennoch auftretenden lokalen Spannungsspitzen korrelieren nicht mit der Anordnung des Zuschlagskorns, sie haben ihren Ursprung in der inhomogenen Gitterstruktur des zufällig generierten Gitters, in dem die Knotendichte über das Gitter nicht konstant und so auf dichtere Bereiche mit größeren Festigkeiten zurückzuführen ist (siehe Bild 9.3). Obwohl im Spannungsfeld Spannungsspitzen auftreten, sind die Spannungsdifferenzen im Vergleich zu den Repräsentanten von Leicht- und Normalbeton geringer, das Spannungsfeld erscheint homogener.

Die Verhältnisse von $E_z : E_m = 3.0$ in Bild 9.4c und $E_z : E_m = 6.0$ in 9.4d, mit dreimal so steifen Zuschlägen wie die Matrix, spiegeln die Spannungs- und Dehnungssituation eines Normalbetons wider. In den Dehnungsprofilen ist das Zuschlagkorn in der Mitte durch die unterdrückte Verformung gut zu erkennen. Die Spannungen laufen verstärkt über den Zuschlag, wobei in Bild 9.4d für den sechsmal so steifen Zuschlag die Konturen klarer zu erkennen sind

Die in Bild 9.4 dargestellten Spannungs- und Dehnungsprofile geben ein gutes Verständnis des unterschiedlichen Materialverhaltens von Leicht-, Normal- und hochfesten Beton. Die Spannungsfelder für Normalbeton, mit dreifachem und sechsfachem Elastizitätsmodul der Zuschläge, zeigen klare Spannungsspitzen im Bereich der Zuschläge. Diese Spannungsspitzen bilden die Ursache für das Einsetzen der frühen Mikrorißbildung in der relativ schwachen Kontaktzone. Im Gegensatz dazu bildet das homogene Spannungsprofil ohne erkennbare Anordnung des Zuschlagkorns die Grundlage für das lang anhaltende lineare Verhalten im ansteigenden Spannungsdehnungsast und dem spröden Abfall im absteigenden Ast. Das Spannungsfeld des numerischen Leichtbeton deutet durch das inhomogene Erscheinungsbild auf ein duktiles Materialverhalten wie bei Normalbeton hin. Da aber die Zuschläge fast keine Last aufnehmen und der Kraftfluß hauptsächlich über die homogene Matrix läuft, verhält sich der Leichtbeton wie der hochfeste Beton auch spröde.

Die Spannungsanalyse hat gezeigt, daß die Verhältnisse der Elastizitätsmodule der einzelnen Fraktionen eines Mehrkomponenten-Werkstoffes wie Beton einen starken Einfluß auf das Materialverhalten haben. Die Erzeugung eines duktilen hochfesten Betons mit einem analogen Materialverhalten wie ein Normalbeton, allerdings auf höherem Festigkeitsniveau, erfordert daher einen großen Unterschied der Elastizitätsmodule von Zuschlag und Matrix.

Entsprechend dem Spannungsprofil in Bild 9.4d kann eine Spannungssituation in einem hochfesten Beton, ähnlich der in Normalbeton, durch den Einsatz sehr steifer Zuschläge wie z.B. Stahl (mit einem Verhältnis von ca. $E_z : E_m = 6$) erreicht werden [KöM97].

Da die Vielfalt an Zuschlägen in der Natur begrenzt ist und der Einsatz von Stahlzuschlägen nur von akademischem Interesse ist, müssen andere Wege zur Steigerung der Duktilität von hochfestem Beton beschritten werden. Einer davon ist der Einsatz inerter Füller.

9.1 Das Spannungsfeld im numerischen Modellbeton

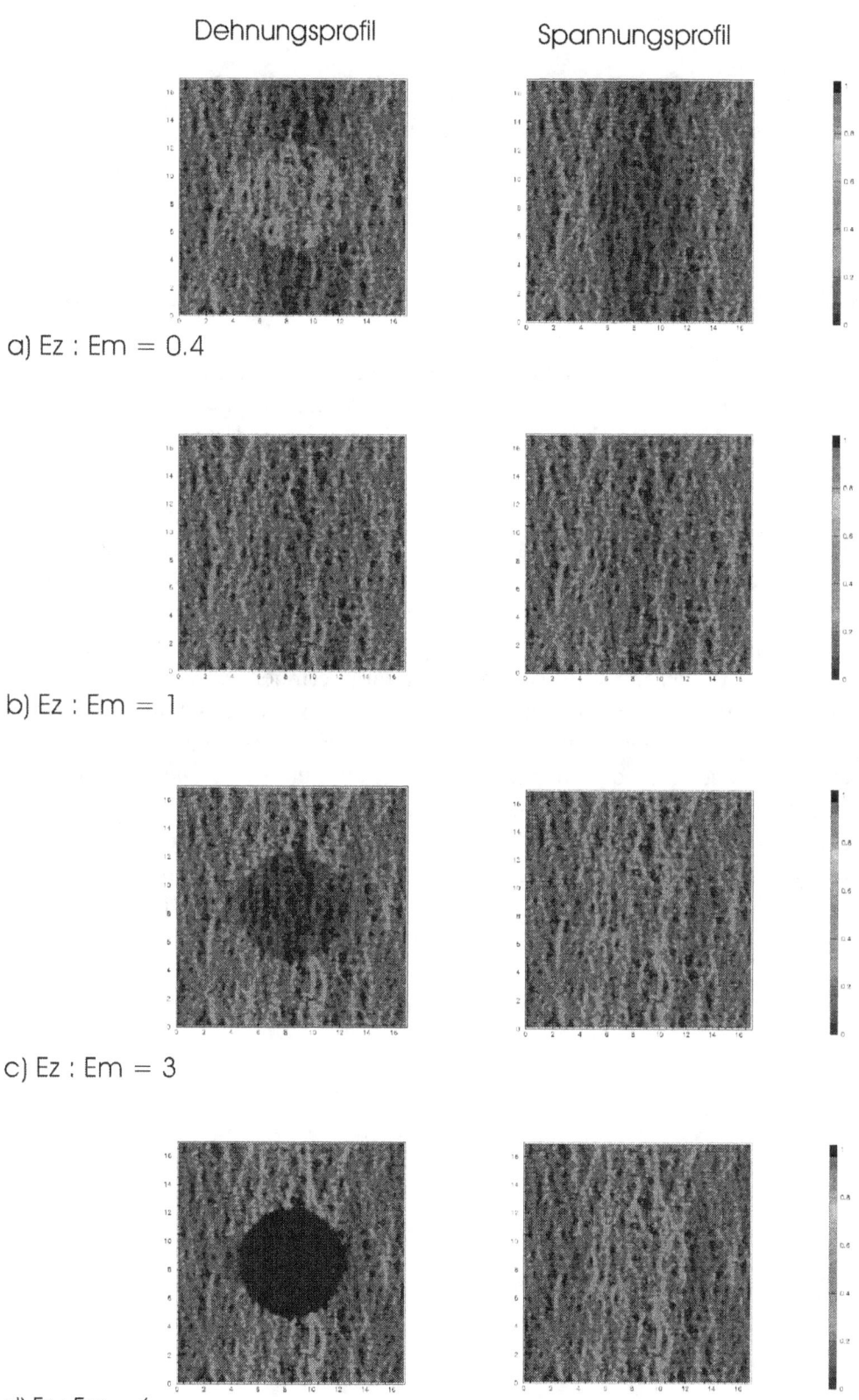

a) Ez : Em = 0.4

b) Ez : Em = 1

c) Ez : Em = 3

d) Ez : Em = 6

Bild 9.4: Spannungs- und Dehnungsprofile für verschiedene Verhältnisse der Elastizitätsmodule von Zuschlag und Matrix entsprechend dem Aufbau aus Bild 9.3. Die Profile sind jeweils auf dem Maximalwert normiert. a) Elastizitätsmodulverhältnis $Ez : Em = 0.4$, b) $Ez : Em = 1.0$, c) $Ez : Em = 2.0$, d) $Ez : Em = 6.0$.

9.2 Simulation der Schwächung der Kontaktzone

Zur Simulation der Schwächung der Kontaktzone wird der Beton entsprechend Kapitel 5 mit einem zweidimensionalen Stabwerksgitter mit zufälliger Gitterstruktur und der Unterscheidung von Matrix, Zuschlag und Kontaktzone dargestellt (siehe Bild 9.5).

Der in Bild 9.5 abgebildete Probekörperausschnitt besteht aus 1000 Knoten und 14920 Stabelementen. Die Abmessungen betragen 10 mm Breite und 17 mm Höhe. Die Verteilung der Zuschläge wird aus sechs Körnern mit 4 mm Durchmesser, 20 Körnern mit 2 mm und 14 Körnern mit 1.25 mm Durchmesser gebildet. Die Stabeigenschaften werden nach der Lage der Stäbe im Fachwerk festgelegt (siehe Kapitel 5). An dieser Stelle soll noch mal daran erinnert werden, daß die Kontaktzone nicht nur aus Kontaktzonen- Stäben, sondern auch aus Stäben mit Matrixeigenschaften gebildet wird, um so den prozentualen Anteil der Kontaktzonenelemente nicht allzu groß werden zu lassen. Die Wahl der Stabparameter entspricht einem numerischen hochfesten Beton, wie in Kapitel 5 beschrieben. Zur Vermeidung störender Randeffekte, die eine scheinbare Duktilität erzeugen können, werden die Randbedingungen in den Lasteinleitungsflächen in horizontaler Richtung querdehnungsunbehindert gesetzt [Fri97].

9.2 Simulation der Schwächung der Kontaktzone

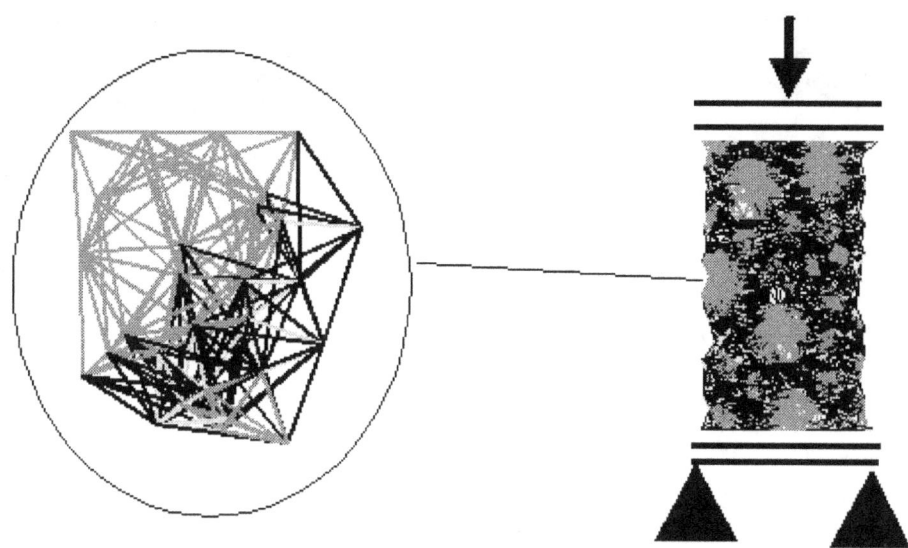

Bild 9.5: Ausschnitt aus einem numerischen Probekörper auf Mesoebene, gebildet durch ein zweidimensional zufällig generiertes Stabwerksgitter. Die Zuschläge sind als grüne, die Matrix als schwarze und die Kontaktzone als gelbe Stäbe dargestellt [Fri98].

Mit dem so generierten Probekörperausschnitt werden dann weggesteuerte Druckversuche simuliert und die Ergebnisse als Spannungs- Dehnungs- Linien dargestellt (Bild 9.6).

Zur Simulation der inerten Füller werden gezielt die Stäbe mit Kontaktzoneneigenschaften abgeschwächt. Die Abschwächung dieser Stäbe führt zu sechs unterschiedlichen Festigkeiten der Kontaktzone in bezug auf die mittlere Matrixfestigkeit mit 90%, 75.2%, 60.3%, 55.3%, 52.8% und 50.8% (siehe Bild 9.6), wobei die Prozentangabe auf alle Stäbe in der Kontaktzone bezogen ist. Bei der Berechnung ist für alle Werte die Netzgeometrie mit der gleichen Anordnung von Zuschlags-, Matrix- und Kontaktzonenelementen wie in Bild 9.5 zugrunde gelegt worden. Die Schrittweite der weggesteuerten Drucksimulation wurde für alle Werte konstant gehalten.

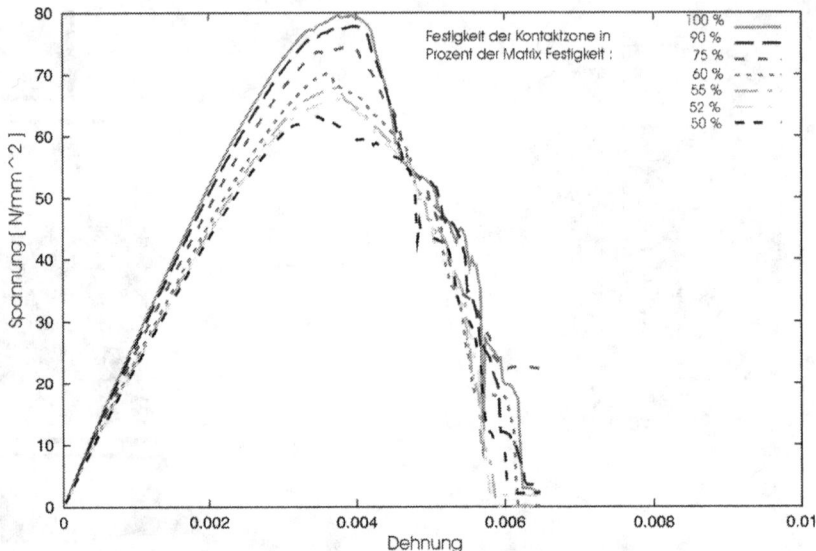

Bild 9.6: Einfluß der Kontaktzonenfestigkeit auf die Spannungsdehnungslinie der simulierten Druckversuche [Fri98].

Der gezielte Einbau von Fehlstellen im Bereich der Kontaktzone zeigt seinen Einfluß im ansteigenden Ast der Spannungs- Dehnungs- Linien. Mit zunehmender Schwächung der Kontaktzone ist ein kleiner werdender Elastizitätsmodul und ein vorzeitiges Abknicken der Spannungs- Dehnungs- Linien zu beobachten. Die Mikrorißbildung in der Nähe der Zuschläge ist für die stark vorgeschwächte Kontaktzone mit 55.3% und 50.8% der mittleren Matrixfestigkeit, gegenüber dem Probekörper mit ungeschwächter Kontaktzone, stärker ausgebildet (siehe Tabelle 9.1).

Im Bereich des Maximums ist durch den jeweiligen Grad der Vorschädigung eine Minderung der Festigkeit erkennbar. Die Rißentwicklung ist fortgeschritten, Mikrorisse sind gewachsen und haben sich zu Rissen verbunden. Die unterschiedliche Vorgeschichte je nach Schwächung der Kontaktzone ist an den Rißbildern aus Tabelle 9.1 zu erkennen. Für die Spannungs- Dehnungs- Linie mit 50.8% Festigkeit der Stäbe mit Kontaktzoneneigenschaften ist die Ausbildung eines Plateaus zu erkennen.

Im Nachbruchbereich laufen alle Kurven mit steilem Abfall wieder zusammen, hier ist das Materialverhalten spröde. Ein großer Unterschied in der Rißentwicklung ist für die verschiedenen Vorschwächungen der Kontaktzone nicht zu erkennen.

Durch die Schwächung der Kontaktzone kann eine frühzeitige Mikrorißbildung um die Zuschlagkörner auch bei einem ungünstigen Elastizitätsmodul-Verhältnis von Zuschlag zu Matrix eingeleitet werden. Diese vorzeitige Entstehung von Mik-

9.2 Simulation der Schwächung der Kontaktzone   127

rorissen führt zu einer Duktilitätssteigerung im ansteigenden Ast der Spannungs-Dehnungs- Linien und kann sogar zur Ausbildung eines Plateaus führen. Der Nachbruchbereich zeigt für alle Schwächungsgrade ein sprödes Verhalten. Für hochfesten Beton verhält sich die Matrix in bezug auf Schwachstellen sehr homogen, so daß ein sprödes Versagen im Nachbruchbereich allein durch den Einsatz von inerten Füllern nicht vermieden werden kann.

Tabelle 9.1: Rißbilder des Probekörperausschnittes aus Bild 9.5, oben mit ungeschwächter Kontaktzone, in der Mitte mit 55.3% der Matrixfestigkeit und unten mit 50.8% der Matrixfestigkeit für den oberen ansteigenden Ast, im Bereich des Maximums und Nachbruchbereich der Spannungs-Dehnungs-Linien.

	Rissbilder im ansteigenden Ast	Rissbilder im Bereich des Maximums	Rissbilder im Nachbruchbereich
Festigkeit der Stäbe In der Kontaktzone 100 % der Matrixfestigkeit			
Festigkeit der Stäbe In der Kontaktzone 55.3 % der Matrixfestikeit			
Festigkeit der Stäbe In der Kontaktzone 50.8 % der Matrixfestigkeit			

9.3 Vergleich mit den Meßergebnissen

In den Experimenten sind verschiedene inerte Füller zum Einsatz gekommen, so z.B. Quarzmehl, Kalksteinmehl und Pyrophyllit. In Bild 9.7 sind die Spannungs-Dehnungs-Linien der Betone für die verschiedenen inerten Füller im Vergleich zu einem hochfesten Referenzbeton abgebildet [Deu97].

Die Spannungs-Dehnungs-Linien der Betone mit den verwendeten inerten Füllern zeigen alle im ansteigenden Ast, in Übereinstimmung mit den Simulationsrechnungen, ein vorzeitiges Verlassen des linearen Bereiches. Das frühzeitige Abknicken der Spannungs- Dehnungs- Linien durch die Zugabe von inerten Füllern kann als verstärkte Mikrorißentwicklung im ansteigenden Ast gedeutet werden. So zeigen auch die Rißbilder der Simulationsrechnung in Tabelle 9.1 eine deutliche Zunahme der Mikrorißbildung für die Rechnungen mit geschwächter Kontaktzone. Der Beton unter Verwendung des sehr weichen Pyrophyllit (Mohs Härte von 1.5) zeigt zudem noch ein verringerter Elastizitätsmodul, analog zur Simulationsrechnung (siehe Bild 9.6). Die Zugabe von Quarzmehl mit einer Mohs Härte von 7.0 zeigt eine größere Festigkeit gegenüber der Zugabe von Pyrophyllit mit einer Mohs Härte von 1.5. Experiment und Simulation stimmen darin überein, daß mit zunehmender Schwächung der Kontaktzone die Festigkeit abnimmt.

Das Materialverhalten im Nachbruchbereich verhält sich im Experiment wie in der Simulationrechnung, für alle Schwächungsgrade und Mischungsentwürfe, spröde. Die Verschiebung der Maxima der Spannungs-Dehnungs-Linien der modifizierten Betone hin zu großen Dehnungen werden mit der Simulationsrechnung nicht erfaßt. In der Simulation ist durch die Schwächung der Kontaktzone nur die Mikrorißbildung und das dadurch frühzeitige Abknicken der Spannung-Dehnungs-Linien im ansteigenden Ast berücksichtigt. Mit der verstärkten Mikrorißbildung im ansteigenden Ast allein lassen sich die Verschiebungen der Maxima im Experiment nicht erklären. Gegenüber der Simulation müssen im Experiment außer der verstärkten Mikrorißbildung noch andere Einflüsse zur Wirkung kommen, welche die Verschiebung der Maxima erklären. Eine Diskrepanz zwischen Simulation und Experiment ist, daß der Simulation gegenüber dem Experiment ein Freiheitsgrad zur besseren Spannungsumlagerung fehlt. Ein weiterer Grund kann die von Penttala und Komonen [PeK97] postulierte selbst induzierte Rißstoppung durch das Aufgehen von Fehlstellen im Umkreis der wachsenden Rißspitze und durch eine Rißverästelung in den eingebauten Fehlstellen selbst sein. Zusammenfassend kann die Verschiebung der Maxima auf eine komplexe Wechselwirkung zwischen Spannungsumlagerung und Rißverästelung zurück geführt werden. Weiterhin kann eine Veränderung der Matrix durch die Verwendung von inerten Füllern nicht ausgeschlossen werden. Bei der Simulation ist dieser eventuelle Einfluß auf die Matrix nicht berücksichtigt worden.

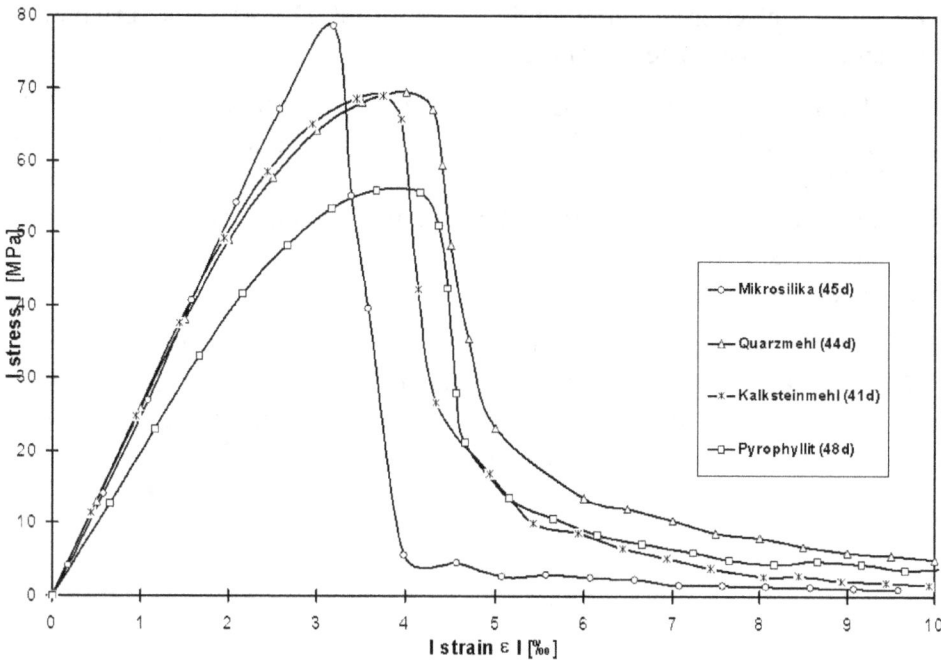

Bild 9.7: Spannungs- Dehnungs- Verhalten hochfester Betone mit verschiedenen Füllstoffen im Vergleich zum Referenzbeton (mit Mikrosilika) nach [Deu97]

9.4 Schlußfolgerung

Die Abbildung von Beton auf der Mesoebene ist mit einem zweidimensionalen Stabwerk mit zufälliger Gitterstruktur gut dargestellt worden. Mit der so erzeugten Gittergeometrie sind Modellprobekörper und Ausschnitte aus Probekörpern generiert worden.

Die Untersuchung des Einflusses der Elastizitätsmodulenverhältnisse von Zuschlag und Matrix auf die Spannungsverteilung im Betongefüge, erklären die Kraftflüsse in Leicht-, Normal- und hochfestem Beton. Diese Elastizitätsmodulenverhältnisse sind für die Einleitung der Mikrißentwicklung in der Kontaktzone zwischen Matrix und Zuschlag von großer Bedeutung und beeinflussen somit im großen Maße das Materialverhalten von Beton.

Die Simulation der Kontaktzonenschwächung zeigt ihren große Einfluß auf dem ansteigenden Ast der Spannungs-Dehnungs-Linien. Mit Zunahme des Schwächungsgrades ist eine Verringerung des Elastizitätsmoduls, ein vorzeitiges Abknicken im ansteigenden Ast, eine Verringerung der Maximalfestigkeit und eine ausgeprägtere Mikrißentwicklung zu erkennen. Die Schwächung der Kontaktzone hat auf das Nachbruchverhalten keinen Einfluß. Das Materialverhalten ist im Nachbruchbereich nach wie vor spröde.

Die Simulation stimmt mit dem Experiment im ansteigenden Ast und im Nachbruchverhalten gut überein. Die Verschiebung der Maxima der modifizierten Betone in Richtung großer Dehnung kann mit einer verstärkten Mikrorißbildung in der Kontaktzone im ansteigenden Ast allein nicht erklärt werden. Vielmehr ist diese Charakteristik durch ein Zusammenwirken von Spannungsumlagerungen und Rißverästelung begründet.

Die Erstellung eines hochfesten Betons mit Stahlzuschlägen nach [KöM97] und einer Matrix mit inerten Füllern nach [Deu97] könnte eine Spannungs- und Festigkeits- Situation wie in Normalbeton erzeugen. Jedoch hätte ein solcher Mischungsentwurf keine praktische Relevanz.

10 Simulation von stahlfaserverstärktem Beton

In diesem Kapitel wird über den Versuch mit einem Stabwerksgitter die Eigenschaften eines Stahlfaserbeton abzubilden berichtet. Dazu werden zunächst die Verbundeigenschaften zwischen Faser und Matrix dargestellt.

Weiterhin wird das Ausziehverhalten einer Faser in Pull- Out- Versuchen beschrieben, so daß daraus mit der Bestimmung der Verbundkräfte die kritische Länge einer Faser hergeleitet werden kann. Zusätzlich wird gezeigt, daß der unter Laborbedingungen hergeleitete Formalismus aus den Pull- Out- Versuchen auf rißüberbrückende Stahlfasern übertragbar ist. Dadurch ist die Simulation mit einem Stabwerk von im Beton eingebetteten Stahlfasern im Prinzip möglich.

Bei der Modellierung eines stahlfaserverstärkten Betons, werden zunächst die Modellansätze der Vergangenheit zur Beschreibung von Stahlfaserbeton dargestellt. Die Erkenntnisse aus diesen Modellansätzen und die Ergebnisse aus den Pull-Out-Versuchen bilden dann die Grundlage für das Beschreiben des Elementverhaltens der Stahlfaser im Gitter. Wobei bei der Entwicklung des Elementverhaltens die programmtechnische Realisierung wesentlich ist.

Ein weiterer Punkt behandelt die Implementierung eines Stabes mit Stahlfasereigenschaften im Stabwerksgitter. Dazu ist eine Programmroutine entwickelt worden, die mit der vorherrschenden Gitterstruktur unter Berücksichtigung der Zuschläge im Einklang steht. In einem weiteren Schritt werden mit Bezug auf den zuvor entwickelten Stahlfaserformalismus die Parameter für den einzelnen Stab mit Fasereigenschaften festgelegt.

Im Anschluß wird die Winkelverteilung und Ortsverteilung der Fasern in Abhängigkeit von der Sieblinie und der Faserlänge an verschiedenen Gitterstrukturen untersucht.

Anschließend werden in dem Abschnitt „Simulation", die zuvor generierten Gitterstrukturen hinsichtlich ihres Zugverhaltens untersucht. Weiter wird an speziell generierten Gittern die Aussagekraft von weggesteuerten Zug- und Druckversuchen, bezüglich der Korrelation zwischen Duktilität und Fasergehalt, gegenübergestellt.

Um die Entstehung von mehrfachen Rißbändern zu unterdrücken, werden im letzten Abschnitt Zugversuche an gekerbten Stabwerksgittern durchgeführt. Dabei wird besonders der Einfluß der Faserlänge auf das Spannungs-Dehnungs-Verhalten untersucht.

10.1 Verbund zwischen Matrix und Faser

Die Beschaffenheit der umgebenden Matrix in der Nähe einer Stahlfaser ist der Kontaktzone zwischen Zuschlag und Matrix sehr ähnlich [Ben91a]. So kann der umgebende Bereich einer Stahlfaser im Normalfall in drei Zonen eingeteilt werden (siehe Bild 10.1).

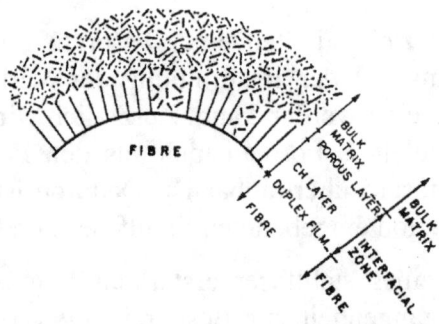

Bild 10.1: Umgebung einer im Zementstein eingebundenen Stahlfaser nach Bentur [Ben91a]

In unmittelbarer Umgebung der Stahlfaser, in einem Abstand von ca. 1 – 20 µm, führt das überschüssige Wasser zu einer verstärkten Calciumhydroxidproduktion. Dabei kann es besonders unterhalb der Stahlfaser zu großen Ausblutungen kommen, die sich sichelförmig um die Faser legen [BIM96] (siehe Bild 10.2). Im Anschluß an diese Zone folgt im Abstand von 40 – 70 µm eine Übergangsschicht mit verstärkter Porenbildung. Im Anschluß an diese poröse Zone beginnt der feste Zementstein.

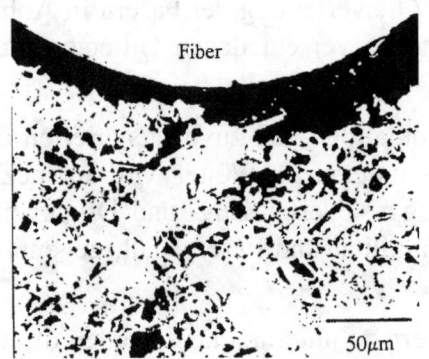 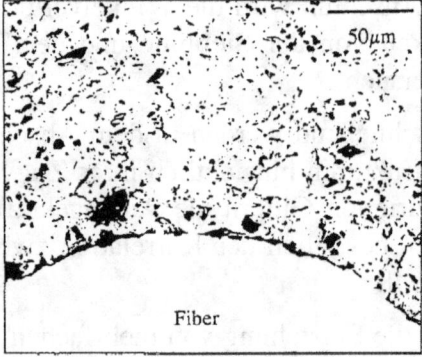

Bild 10.2: Struktur der Zementsteinmatrix um eine Stahlfaser. Links unterhalb der Faser, rechts oberhalb der Faser [BIM96].

10.2 Ausziehverhalten

Die Verbundkraft einer Stahlfaser ist somit stark von der Beschaffenheit der Kontaktzone zwischen Faseroberfläche und Zementmatrix abhängig. Faserausziehversuche nach [BIM96] haben gezeigt, daß bei verschiedenen Probekörpern mit variierenden Verhältnissen von Zement zu Sand, aber mit jeweils gleichem w/z-Wert, die Verbundkraft im wesentlichen vom Sandanteil in der Matrix abhängig ist. Dieser Effekt hat seine Ursache darin, daß bei konstant gehaltenem w/z- Wert, aber wachsendem Sandanteil, eine größere Oberfläche für das überschüssige Wasser angeboten wird und somit die großen sichelförmigen Schwachstellen unterhalb der Faser unterdrückt werden (siehe Bild 10.3). Der Verbund kann somit nach [BIM96] um das Doppelte verbessert werden.

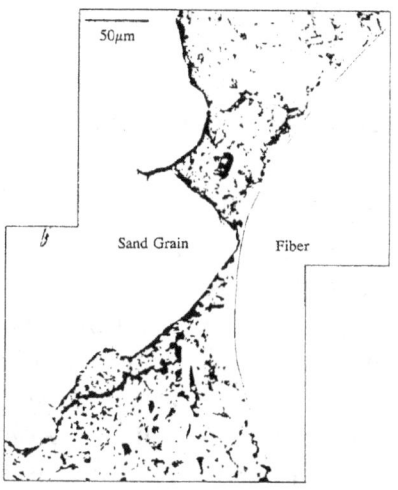

Bild 10.3: Beschaffenheit der Übergangszone zwischen Sandkorn und Faser [BIM96].

Weiterhin kann das Verbundverhalten einer Stahlfaser durch die Oberflächenbeschaffenheit und durch die Geometrie der Faser, sowie durch die Veränderung der Matrixeigenschaften unter Verwendung von Mikrosilika beeinflußt werden. Die Verbundkraft ist somit eine Überlagerung von Adhäsions- und Reibungskräften.

10.2 Ausziehverhalten

Die Kraft in einer Stahlfaser wird über die Kontaktzone auf die Matrix und somit auf das Betongefüge übertragen. Da die Kontaktzone das schwächste Glied in dieser Kette ist, werden sich die Zerstörungsprozesse hauptsächlich in dieser Zone abspielen. Nach [SLS93] ist die Zerstörung nicht nur in der unmittelbaren Nähe der Faser zu erkennen, sondern durchzieht die ganze Kontaktzone. So kann nach [WBa88] die Kraftübertragung für gerade glatte Fasern durch Reibung, im fortgeschrittenen Versagensprozeß zwischen Faser und Matrix, durch die sich abreibende Kontaktzone realisiert werden. Mit zunehmender Auslösung der Faser wird die an der Reibung beteiligte Fläche immer kleiner, so daß der Betrag der Reibkraft leicht abfällt.

Fasern mit gebogener oder gekrümmter Form sind in der Matrix ähnlich wie ein Dübel eingebunden. Bei Ausziehversuchen der verformten Fasern wird über die Kontaktzone hinaus auch die Matrix geschädigt.

10.2.1 Pull- Out- Versuche

Der Verbund einer Faser im Zementstein wird durch Pull-Out-Versuche bestimmt. Idealisierend wird bei diesen Versuchen die Faser entlang ihrer Achse bis zur kompletten Auslösung aus der Matrix herausgezogen. Durch eine weggesteuerte Vorgehensweise können die Ergebnisse aus den Pull-Out-Versuchen zur Charakterisierung der Auszieheigenschaften zwischen Fasern und Matrix verwendet werden.

Der Auslösemechanismus einer Faser kann nach Naaman [FMI96] in drei Teilbereiche unterteilt werden. In der Anfangsphase ist die Scherspannung der Faser kleiner als die Scherfestigkeit in der Kontaktzone. In diesem Fall wird sich die Faser sowohl global, als auch lokal linear-elastisch verhalten (siehe Bild 10.4). Mit fortschreitender Dehnung übersteigt in kleinen lokalen Bereichen die Scherspannung die Verbundspannung. An diesen Stellen kommt es dann zu einem abrupten Phasensprung. Die Kraftübertragung mittels Adhäsionkraft zwischen Faser und Kontaktzone geht über in eine Reibungskraft zwischen Faser und Matrix (siehe Bild 10.4 links). Auf die gesamte Einbindungslänge der Faser übertragen, werden zerstörte und intakte Bereiche der Kontaktzone nebeneinander wirken. Dennoch wird das Gesamtverhalten der Faser bei Erreichen der kritischen Kraft bei Δ_{crit} und den damit einsetzenden Adhäsionsablösungen den linear- elastischen Bereich der Spannungs-Verschiebungs-Linie verlassen. Bis zu einem weiteren Faserauszug bis zu Δ_0 wird die Kraftübertragung aus einer Überlagerung von Adhäsions- und Reibungskraft zusammengesetzt sein. Nach Überschreiten von Δ_0 ist die Adhäsion der Faser aufgebraucht, die Kraftübertragung geschieht ausschließlich über Reibungskräfte.

10.2 Ausziehverhalten

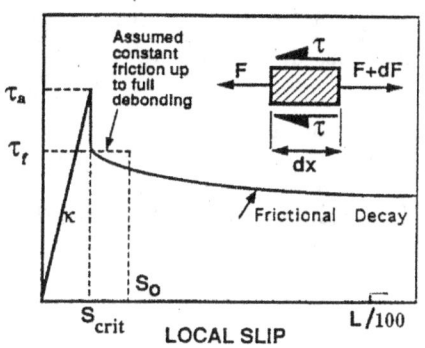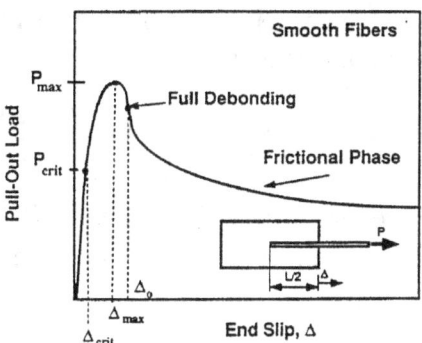

Bild 10.4: Modellierung von Pull-Out-Versuchen einer glatten Stahlfaser nach [FMI96]

10.2.2 Bestimmung der Verbundkräfte

Die Idealisierung eines Pull- Out- Versuches an einer geraden glatten Einzelfaser senkrecht zum Riß ist in [Mül92] beschrieben worden. Der Verbund für eine ideal glatte Faser kann dann über die mittlere Verbundspannung τ_m ausgedrückt werden:

$$\tau_m = \frac{P_{max}}{\pi \cdot d \cdot l_E} \tag{10.1}$$

mit P_{max} als maximale Ausziehkraft an der Faser, d Faserquerschnitt und l_E der eingebundenen Faserlänge.

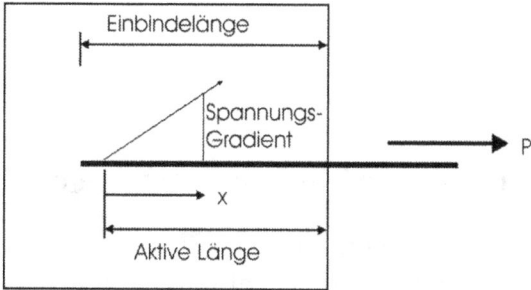

Bild 10.5: Schematische Darstellung der Spannungsübertragung zwischen Faser und Matrix

Unter Krafteinwirkung auf die Faser in Richtung der Faserachse bildet sich im Bereich der Einbindelänge der Faser ein Spannungsgradient aus. Dieser Spannungsgradient zeigt in Richtung der wirkenden Kraft P, wobei sich das Spannungsmaximum an der Austrittsfläche und das Spannungsminimum je nach

Einbindelänge am eingebundenen Faserende oder auf der Faser im Bereich der Einbindung liegt (siehe Bild 10.5). Für den Fall, daß das Spannungsminimum im Bereich der Einbindelänge liegt, ist die Spannung in der Faser für die restliche Einbindelänge Null. Die Faser ist dann ab diesem Punkt frei von Spannungen, so daß der mit Spannungen belegte eingebundene Bereich als aktive Faserlänge x_0 interpretiert werden kann (siehe Bild 10.5). Die lokale Spannung kann dann in dem Intervall von $[0; x_0]$, allerdings von innen nach außen betrachtet, gegeben werden als:

$$\sigma(x) = \frac{P}{A \cdot x_0} \cdot x \tag{10.2}$$

A ist die Querschnittsfläche der Faser. Wird Gleichung (10.2) durch dem Elastizitätsmodul E_F der Faser dividiert, so geht diese in eine Beziehung für die lokalen Dehnungen über. Mit nachfolgender Integration über die aktive Faserlänge ergibt sich die Kraft- Rißöffnungsbeziehung:

$$w = \frac{P \cdot x_0}{A \cdot E_F} \tag{10.3}$$

Mit dem Austausch von P_{max} und l_E durch P und x_0 in Gleichung (10.1) kann im Gleichgewicht eine Beziehung für die aktive Länge x_0 gegeben werden. Wird dieser Ausdruck für den unbekannten Term x_0 in Gleichung (10.3) eingesetzt, ergibt sich folgendes Kraft- Rißöffnungsgesetz:

$$P = \frac{\pi \cdot d}{2} \cdot \sqrt{d \cdot \tau_m \cdot E_F \cdot w} \tag{10.4}$$

10.2.3 Bestimmung der kritischen Faserlänge

Es wird zwischen Fasern unterschieden, die bei einer bestimmten Belastung herausgezogen werden können und solchen mit sehr großer Einbindelänge, die unter Belastung zerreißen. Die Einbindelänge, bei der die Faser gerade noch vor dem Herausziehen reißt, wird als kritische Länge l_k bezeichnet.

Die Ermittlung der kritischen Länge erfolgt analog der Herleitung von Gleichung (10.4). Mit der Einführung einer Faserfestigkeit σ_F und der Gleichgewichtsbedingung mit:

10.2 Ausziehverhalten

$$A \cdot \sigma_F = \pi \cdot \tau_m \cdot l_k \cdot d \qquad (10.5)$$

folgt die kritische Länge l_k mit:

$$l_k = \frac{d \cdot \sigma_F}{4 \cdot \tau_m} \qquad (10.6)$$

Eine Faser mit $l_E \geq l_k$ wird dann bei einer bestimmten Rißbreite w_R reißen. Aus Gleichung (10.3) kann diese durch Einsetzen von Gleichung (10.6) ermittelt werden.

$$w_R = \frac{d \cdot \sigma_F^2}{4 \cdot \tau_m \cdot E_F} \qquad (10.7)$$

Mit Gleichung (10.4) kann dann auch die Kraft an der Stelle w_R bestimmt werden. Die Kennlinien der Faser für das Überschreiten der kritischen Länge wird durch den ansteigenden Ast der Wurzelfunktion nach Gleichung (10.4) mit einem sprunghaften Abfall an der Stelle w_R repräsentiert.

Eine Faser mit $l_E < l_k$ wird sich bei einer Rißöffnung w_A aus der Matrix herauslösen. Durch Einsetzen der Einbindungslänge in Gleichung (10.3) und Elimination von P ergibt sich:

$$w_A = \frac{4 \cdot \tau_m \cdot l_E^2}{d \cdot E_F} \qquad (10.8)$$

Entsprechend kann die Kraft an der Stelle w_A angegeben werden mit:

$$P(w_A) = \pi \cdot \tau_m \cdot d \cdot l_E \qquad (10.9)$$

Bis zu der Stelle w_A wird die Kennlinie der Faser dem Verlauf von Gleichung (10.4) folgen. Ab der Stelle w_A beginnt die Auslösung der Faser, so daß die Kraftübertragung der Faser durch Reibung realisiert wird. Für $w > w_A$ wird die Kennlinie der Faser durch Gleichung (10.10), einer abfallenden Gerade, beschrieben (siehe Bild 10.14a).

$$P(w > w_A) = \pi \cdot \tau_m \cdot d \left(l_E + \frac{4 \cdot \tau_m \cdot l_E^2}{d \cdot E_F} - w \right) \qquad (10.10)$$

Anmerkend soll noch erwähnt sein, daß der hier dargestellte Übergang eine Vereinfachung eines komplexen Versagens- und Spannung-Umlagerungs-Prozesses darstellt.

10.2.4 Faserorientierung zur Rißfläche

Anders als in Pull-Out-Versuchen sind die Fasern in Betonbauteilen oder in Probekörpern in der Regel nicht ausgerichtet. So kann die Orientierung der Faser zur Rißfläche einen starken Einfluß auf deren Ausziehverhalten haben. Eine schräg über einen Riß laufende Faser, deren Achse nicht mit der Spannungsnormalen der Rißfläche übereinstimmt, wird die wirkende Zugspannung um einen Faktor $1/\cos\Theta$ verstärkt wahrnehmen (siehe Bild 10.6a). Der Widerstand der Faser gegen das Herausziehen wird mit wachsendem Winkel Θ abfallen [Kre64]. Zusätzlich wird die Faser durch die Umlenkung in den Rißflächen einen geometrischen Zwang erfahren, dem sie sich durch Verbiegung entziehen wird, was zu komplexen Spannungszuständen in der Faser und der Matrix führen wird. Der Umlenkungsmechanismus an den Faserenden wird eine dübelnde Wirkung haben (siehe Bild 10.6b). Je nachdem, ob die Faser spröde oder duktile Eigenschaften besitzt, wird die Eindübelung den $1/\cos\Theta$ - Effekt verstärken oder kompensieren. In Bild 10.7 sind die relativen Maximallasten von Pull- Out- Versuchen von duktilen und spröden Fasern in Abhängigkeit vom Orientierungswinkel aufgetragen. Dabei zeigt die Stahlfaser nur eine schwache Abhängigkeit vom Orientierungswinkel. Diese Tatsache kommt der Simulation von stahlfaserverstärktem Beton sehr entgegen, so daß diese verschiedenen Moden nicht speziell simulationstechnisch erfaßt werden müssen.

10.3 Modellierung von Faserbeton

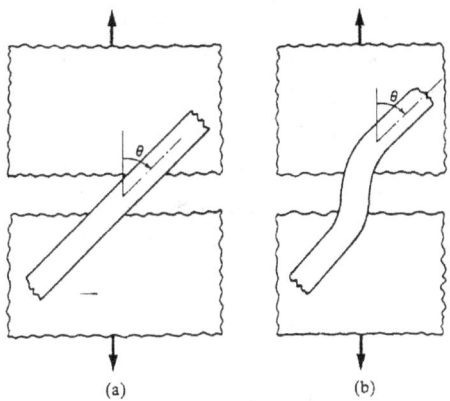

Bild 10.6: Rißüberbrückende Faser schräg zur Rißfläche a) im Grundzustand, b) Umlenkung der Faser an den Rißflächen mit zunehmender Rißöffnung nach [BeM90].

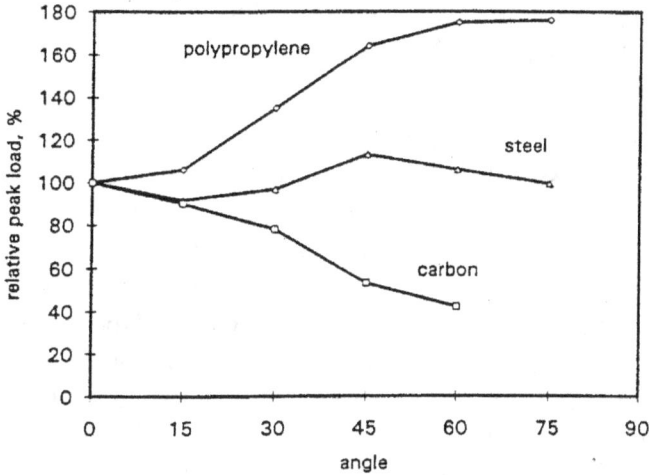

Bild 10.7: Maximale Ausziehkraft in Abhängigkeit vom Orientierungswinkel nach [NaS76]

10.3 Modellierung von Faserbeton

Die Modellierung des Tragverhaltens einzelner Stahlfasern sowie von Stahlfaserbetonen ist in der Vergangenheit schon mehrfach vorgenommen worden. Dabei sind verschiedene Stufen der Gefügeabbildung beschritten worden. Mit den früheren Darstellungsformen sind die Fasern in den Finite-Elemente-Programmen auf das einzelne Element, deren Ausdehnungen bei weitem größer sind als die einer einzelnen Faser, verschmiert in Form eines speziellen Materialgesetzes abgebildet worden. Durch die weitere Entwicklung der Finite-Elemente-Programme und die sich ständig verbessernden Rechnerressourcen sind in der jüngeren Zeit Wege zur Modellierung von Faserverbundwerkstoffen beschritten worden, die eine immer größere Diskretisierung des Elementnetzes ermöglichen. Mit dieser Verfeinerung ist es daher möglich, die einzelne Faser diskret mit einem Element an jede beliebige Stelle in der Vernetzung zu implementieren. Weiterhin können die Fasern selbst und deren unmittelbare Nachbarschaft in der Matrix, durch eine Subelementierung abgebildet werden. Im folgenden soll ein Überblick über die bisher verwendeten Abbildungsformen und deren Materialgesetze von Faserbeton gegeben werden.

10.3.1 Modellvorstellungen

10.3.1.1 Das Modell von Alwan

Bei der Modellierung eines Faserbetons nach Alwan [Alw94] wird von einem Finiten- Element von einem faserverstärkten Verbundelement ausgegangen. Dabei lagen bei der Generierung der Modellprobe folgenden Voraussetzungen zugrunde.

Der generierte Probekörper ist durch quadratische finite Elemente aufgebaut. Das einzelne Element muß dabei die geometrische Anordnung, die Dichteverteilung, die Dimension und das Pull-Out-Verhalten der integrierten Faser berücksichtigen (siehe Bild 10.8). Die Elementparameter wie Elastizitätsmodul und Matrixfestigkeit sind mit den entsprechenden Standardabweichungen zufällig normalverteilt. Das Versagen eines Elementes wird durch einen auf das Element bezogenen verschmierten Riß dargestellt. Die Rißflächen verlaufen dabei senkrecht zur Hauptspannungsrichtung des Elementes. Die Rissüberbrückung der in dem Element zur Wirkung kommenden Fasern ist dann von der Lage des fiktiven Risses und der anisotropen Orientierung der integrierten Fasern abhängig. Sobald sich im Element ein Riß eingestellt hat, wird in diesem ein nichtlineares Materialverhalten wirksam.

10.3 Modellierung von Faserbeton 141

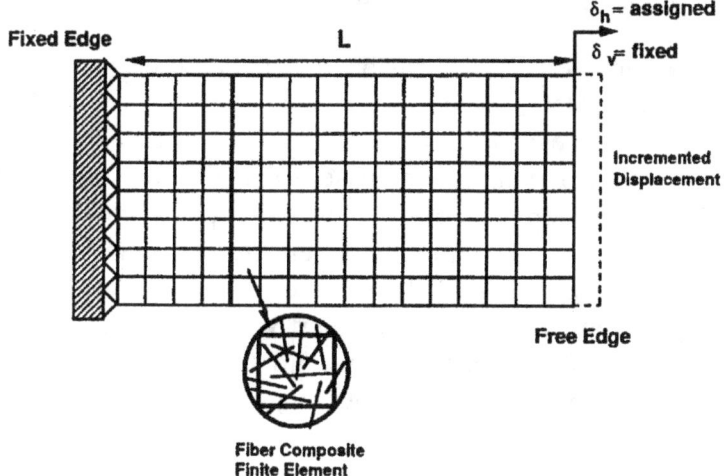

Bild 10.8: Finite- Elemente- Generierung nach Alwan [Alw94]

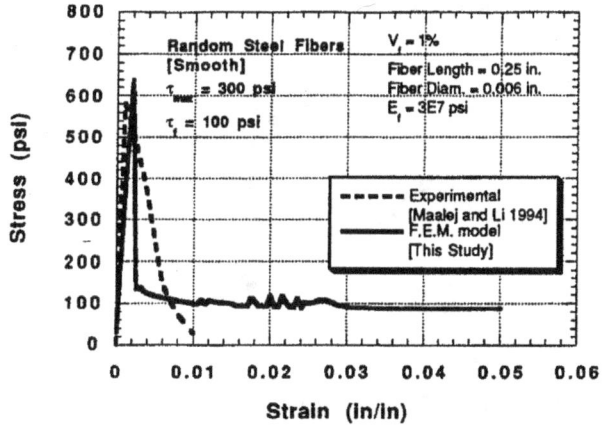

Bild 10.9: Vergleich zwischen Experiment und Modell nach Maaiej und Li [MaL94]

Das hier dargestellte Modell von Alwan zeigt für die Simulationen von weggesteuerten Zugversuchen eine gute Übereinstimmung mit den Experimenten (siehe Bild 10.9). Für die Simulation von weggesteuerten Druckversuchen und den dabei herrschenden mehrachsialen Spannungszuständen, die zu einer stärkeren Rißverästelung als bei Zugversuchen führen, ist die Elementmodellierung zu grob. Eine feinere Diskretisierung mit Berücksichtigung der starken Rißverästelung kann mit einem Stabwerksgitter besser dargestellt werden.

10.3.1.2 Das Modell eines SIFCON nach v. Mier

Ein weiterer Versuch, einen Faserbeton zu modellieren, wurde von v. Mier [vMi95] aufgegriffen. Dabei ist bei der Entwicklung eines SIFCON (**S**lurry **I**nfiltrated **F**ibre **C**oncrete) mit ausgerichteten Fasern ein großer Zuwachs der Zugfestigkeit in Hauptausrichtung der Fasern festgestellt worden. Die durch die Ausrichtung der Fasern herrschende große Anisotropie läßt daher nur einachsiale Belastungen zu, obwohl die Aufnahme zweiachsialer Belastungen oft verlangt wird. Zur Optimierung eines SIFCON ist daher ein zweidimensionales Fachwerk mit gelenkig gelagerten Elementen konstruiert worden. Die Elemente werden dabei als Faserverbundelemente interpretiert und sind mit den entsprechenden Faserbetonparametern, wie z.B. der Vergrößerung des Elastizitätsmoduls, versehen worden.

Entsprechend dem Modell von Alwan ist bei dieser Darstellungsform eines Faserbetons die Existenz der Faser zwar berücksichtigt worden, aber eine direkte Abbildung der einzelnen Faser wurde auch hier nicht realisiert.

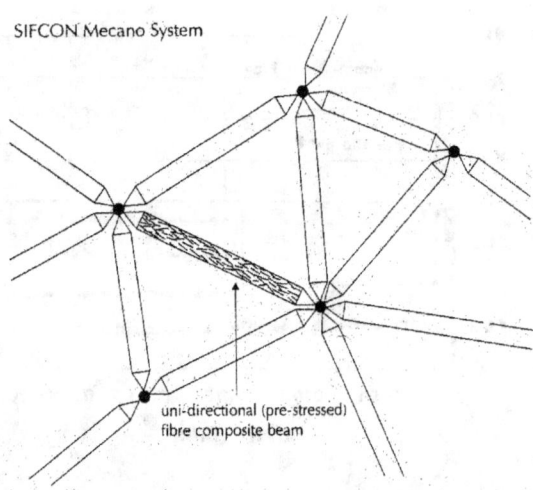

Bild 10.10: SIFCON dargestellt als zweidimensionales Fachwerk mit Faserverbund- Elementen nach [vMi95]

10.3.1.3 Die Modellierung der Kontaktzone zwischen Stahl und Beton nach Vos und Vervuurt

Eine sehr detaillierte Abbildung der Zustände an der Grenzschicht zwischen Stahl und Beton erfolgte 1983 durch Vos [Vos83]. Er bildete zwar keinen Faserbeton ab, sondern simulierte einen Pull-Out-Versuch eines Betonstahls, was aber im Wesentlichen derselbe Sachverhalt ist, nur maßstäblich vergrößert. Vos berücksichtigte bei seiner Darstellung eine sogenannte Gleitschicht zwischen Stahl und

10.3 Modellierung von Faserbeton

Matrix (siehe Bild 10.11a). Er ging davon aus, daß sich die Zerstörung hauptsächlich in dieser Schicht abspielt. Vervuurt [Ver97] wandelte den Simulationsaufbau von Vos soweit um, daß er die Grenzschicht zwischen Stahl und Matrix durch das „lattice model" nach v. Mier ersetzte (siehe Bild 10.11b)). Vervuurt ging bei seiner Darstellung soweit, daß er in dem Bereich um den Betonstahl mit dem „lattice model" Zuschläge bis unter 1 mm im Durchmesser abbildete. Eine Übertragung dieses Abbildungsschemas auf die Modellierung von Faserbeton ist aus heutiger Sicht aufgrund der vorhandenen Rechnerressourcen nur schwer möglich. Obwohl von der Grundvoraussetzung aus der von Vervurrt eingeschlagene Weg eine gute Form der Modellierung von Faserbeton darstellen kann.

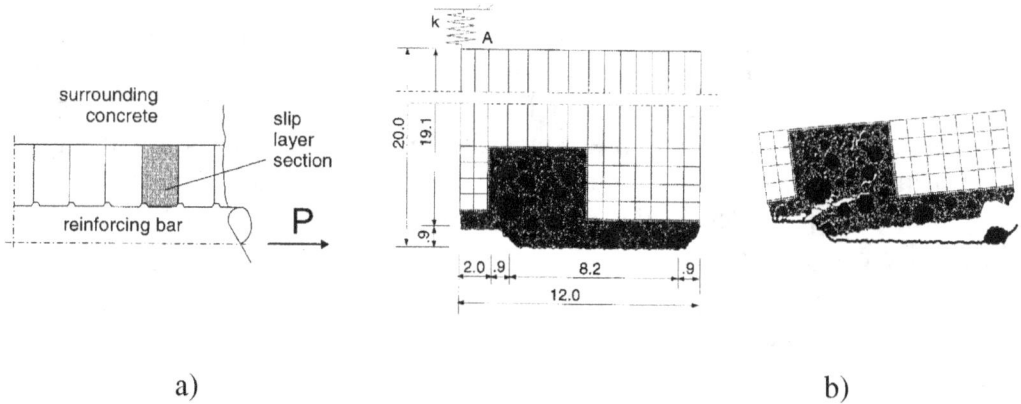

a) b)

Bild 10.11: Darstellung eines Betonstahles mit umgebender Matrix nach Vos [Vos83] und Vervuurt [Ver97]

10.3.1.4 Das Modell eines Faserbetons nach Van Hauwaert und van Mier

Die Modellierung eines Faserbetons mit Berücksichtigung der einzelnen Stahlfasern ist von Van Hauwaert und van Mier realisiert worden. Aufbauend auf dem „lattice model" generierten sie den Aufbau eines Vierpunktbiegeversuches mit eingekerbtem Mittelbereich (siehe Bild 10.12). Dabei wurde im Bereich der Sollbruchstelle des generierten Probekörpers eine zufällige zweidimensionale Netzstruktur aus Balkenelementen integriert. Zusätzlich sind in dieser Mittelzone die Fasern gezielt wie eine Zugbewehrung eingebaut worden (siehe Bild 10.12).

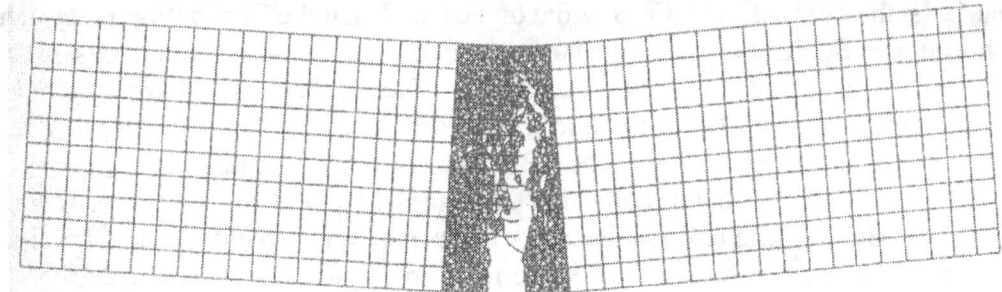

Bild 10.12: Gekerbter Vierpunktbiegeversuch mit Faserverstärkung im Mittelbereich nach [vMvH98].

Die einzelne Faser wird in diesem Modell als ein spezielles Balkenelement, welches zwischen zwei Knoten aufgespannt ist, abgebildet. Diesem Balkenelement wird ein aus Pull-Out-Versuchen für Fasern vereinfachtes Materialverhalten zugeordnet. Die Parameter der Fasern werden durch ihre Länge, Normalfestigkeit, Scherfestigkeit, Normal- Elastizitätsmodul, Scher- Elastizitätsmodul und Endreibung beschrieben. In der vorliegenden Arbeit ist die Fasermodellierung in ähnlicher Weise vorgenommen worden, wie an späterer Stelle noch gezeigt wird.

10.3.2 Das Verhalten einer Faser im Gitter

10.3.2.1 Wahl des Elementverhaltens

Im Folgenden soll das Verhalten der Fasern im Stabwerksgitter für Be- und Entlastung sowie im linear-elastischen und im überelastischen Bereich bestimmt werden. Dabei wurde ein Kompromiß zwischen der wirklichkeitsgetreuen Nachbildung des Ausziehverhaltens und der einfachen programmiertechnischen Realisierung gefunden.

Die Kraft-Verschiebungs-Verläufe aus drei Pull-Out-Versuchen in Bild 10.13 zeigen im ansteigenden Ast ein lineares Verhalten. Im Bereich des abfallenden Astes zeigen die Kurvenverläufe der Dramix ZL 30/0.5 im linken und mittleren Teil von Bild 10.13 ein monoton abfallendes Verhalten. Der Pull-Out-Versuch der Dramix II Faser in Bild 10.13 zeigt bei fortschreitender Rißweite, kurz vor dem endgültigen Abfall, im Gegensatz zu den anderen beiden Versuchen einen leichten Anstieg.

10.3 Modellierung von Faserbeton

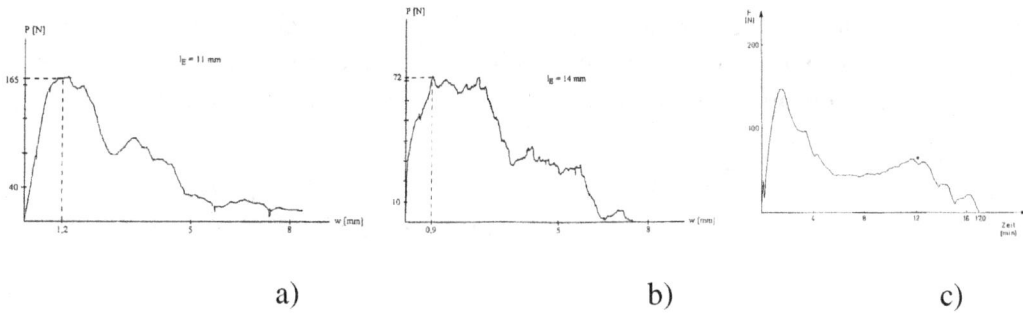

Bild 10.13: Faserausziehversuche, a) und b) (Dramix ZL 30/0.5) nach [Leh96], c) Dramix II 25/0.5 nach [HBK85].

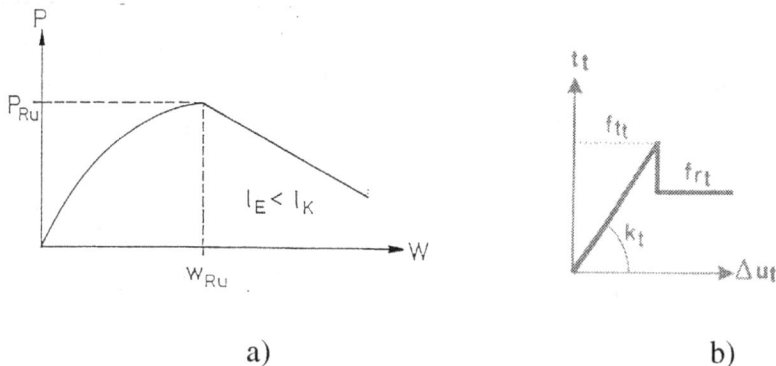

Bild 10.14: a) Faserverhalten nach Müller [Mül92], b) Faserverhalten nach Hauwaert [vMvH98]

Die Unterschiedlichkeit der experimentell bestimmten Kurvenverläufe läßt demzufolge leichte Variationen in der Interpretation der wirkenden Mechanismen zu, die wiederum zu leicht unterschiedlichen schematischen Faserausziehverhalten führen. Im Wesentlichen gleichen sich die verschiedenen Abbildungen alle darin, daß nach aufgebrauchter Adhäsion die Kraftübertragung mittels Reibung realisiert wird (siehe Bild 10.14(15)). So führt der Ansatz aus Abschnitt 10.2.2 durch Zusammensetzung von Gleichung (10.4) und (10.10) zu einem Kurvenverlauf wie in Bild 10.14a nach [Mül92]. Eine Reduzierung des Auslöseprozesses nach Naaman [FMI96] aus Abschnitt 10.2.1 auf die Zusammensetzung aus einem linear ansteigenden Ast, aus einer Sprungstelle, die den Phasenübergang charakterisiert, und aus einem konstanten linearen Ast für die Reibungsphase, ergibt ein Faserverhalten wie in Bild 10.14b. Dieses Faserverhalten wurde bereits von Stang at all [StLS90] 1990 und von Hauwaert und v. Mier in [vMvH98] 1998 vorgeschlagen und angewandt. Ein weiterer Modellierungsvorschlag ist von Kovacs und Ulm [KoU98] vorgenommen worden. Sie konstruierten ein rheologisches System, bestehend aus drei Feder- und zwei Reibungselementen. Der Kurvenverlauf wird im wesentlichen durch einen linear ansteigenden Ast und durch einen konstanten Ast zur Darstellung der Reibungsphase beschrieben. Eine ähnlich einfache Darstellung zur Realisierung eines Faserverhaltens erfolgte durch Bode at all. [BTP97].

Das in dieser Arbeit eingesetzte Faserverhalten ist eine Kombination aus den Vorschlägen von Müller [Mül92], Kovace und Ulm [KoU98] und Bode und co [BTP97]. Wobei die erste Phase auf Bode und die zweite Phase auf Müller [Mül92] zurückgeht.

10.3.2.2 Die Kennlinie eines Stahlfaserelements

Die Faser hat im Beton die Aufgabe, Zugkräfte aufzunehmen. Befindet sich eine Faser in einer Druckzone, so daß in ihrer Längsachse keine Zugkräfte wirken, sondern nur Druckkräfte, dann kommt die Faser fast nicht zur Wirkung. In der Finite-Elemente-Berechnung soll der Faserstab daher auf Druckkräfte nicht reagieren. Das Faserverhalten ist so konstruiert, daß im ansteigenden linearen Ast durch Belastungen und Entlastungen keine Schädigungen am Faserstab entstehen. Dabei erfährt die Faser eine linear-elastische Beanspruchung (siehe Bild 10.15 Bereich 1). Das Faserelement kann auf Basis dieser Überlegungen im ersten Bereich der Kennlinie mit:

$$F_F = E_F \cdot A_F \cdot \left(\frac{l}{l_F} - 1 \right) \tag{10.11}$$

beschrieben. Mit l als die aktuelle, d.h. gedehnte, Faserlänge und l_F als Ausgangsfaserlänge.

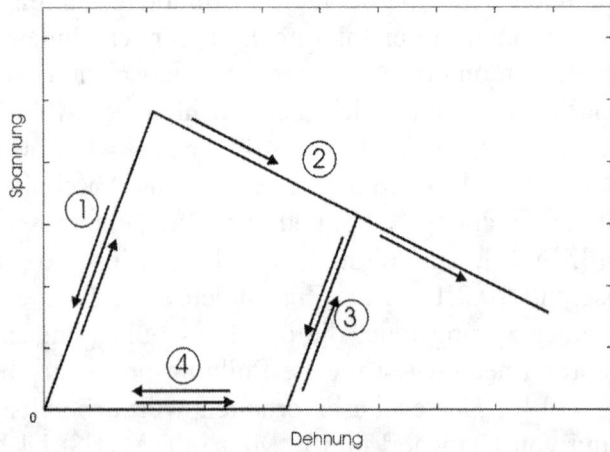

Bild 10.15: Kennlinie eines Stahlfaserelements

10.3 Modellierung von Faserbeton

Hat der Faserstab seine Verbundspannung erreicht, so sollen zwischen Faserstab und Betonstäben Reibungskräfte wirken, analog zu der Reibung zwischen Faseroberfläche und Matrix. Mit fortschreitender Verschiebung der Faser und der sich dadurch vermindernden Faseroberfläche muß die Reibkraft schwächer werden. Die Reibkraft fällt dann linear ab, siehe Bild 10.15 Bereich 2. Um diesen Reibungsabfall zu berücksichtigen, wird der Elastizitätsmodul der Faserstabes mit einer Längenabhängigkeit entsprechend Gleichung 10.12 versehen. Das Verhalten der Faser ergibt sich somit zu:

$$F_F = E_F(l) \cdot A_F \cdot \left(\frac{l}{l_F} - 1 \right) \qquad (10.12)$$

Durch eine geeignete Wahl von $E_F(l)$ entsprechend Gleichung (10.13) ist somit eine programmiertechnisch realisierbare Beziehung für das Faserverhalten gegeben.

$$E_F(l) = \frac{(l_G + l_E - l)}{l_E \cdot A_F} \cdot \frac{F_{max}}{\left(\frac{l}{l_F} - 1 \right)} \qquad \text{für } l \geq l_G \qquad (10.13)$$

Mit l_G als lineare Grenzlänge und F_{max} als maximale Ausziehkraft der Faser. Die Faser wirkt dann rißüberbrückend.

Durch den fortschreitenden Verformungs- und Schädigungsprozeß kann die Verschiebung einer Stahlfaser durch Spannungsumlagerungen rückläufig werden. Im Falle der Spannungsumlagerung und der Verschiebungsumkehr muß die eventuelle Schädigung der Faser berücksichtigt werden. Die Spannung in der rißüberbrückenden Faser wird dabei zunächst linear bis auf die Spannung Null abfallen (siehe Bild 10.15, Bereich 3). Mit weiterer Verschiebungsverminderung ist die Faser kräftefrei, sie verhält sich dann wie ein Seil (siehe Bild 10.15, Bereich 4). Bei wiedereinsetzendem Verschiebungszuwachs wird die Spannung in der Faser erst dann wieder aufgebaut, wenn sie straff gezogen ist. Die Spannung wächst dann linear bis zur noch verbliebenen Verbundspannung an, so daß die Faser mit abfallender Reibung weiter aus der Matrix rausgezogen wird.

10.3.3 Die Implementierung der Faser im Stabwerksgitter

Nach abgeschlossener Gittergenerierung mit zufällig angeordneter Knotenverteilung und Berücksichtigung von Matrix, Zuschlag und Kontaktzone werden in den Lücken zwischen den Zuschlägen die Fasern eingebunden. Die Faser ist wie jedes andere Element im Gitter auch ein Stab. Ihre Lage im Gitter wird durch zwei

Knoten bestimmt. Bei der Auswahl der Knoten, die die Endpunkte der Faser darstellen sollen, müssen bestimmte Kriterien erfüllt werden. Das strengste Kriterium ist, daß die Endpunkte nicht in einem Zuschlagskorn liegen dürfen. Die Faser darf daher nur Knoten miteinander verbinden, die reine Matrix- oder Kontaktzonenknoten sind (siehe Bild 10.16).

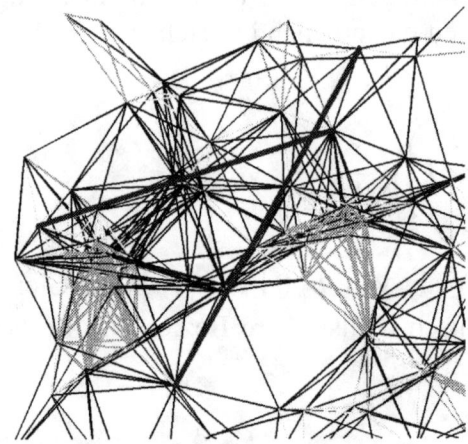

Bild 10.16: Verknüpfung der Fasern im Gitter, grün: Zuschlag, gelb: Kontaktzone, schwarz: Matrix, blau: Faser

Durch die Gitterstruktur wird die Länge der Faser nicht über dem ganzen Gitter konstant sein. Die Faserlängen werden daher um die vorgegebene Faserlänge mit einer mittleren Gitterkonstante schwanken. Bei der Wahl des zulässigen Abstandes zwischen den Fasern und den Zuschlägen wurde zugelassen, daß die Fasern ihren nächsten Zuschlägen bis auf 9/10 des Radiusses des jeweiligen Zuschlags dem Mittelpunkt nahe kommen dürfen. Damit wird berücksichtigt, das sich eine Faser im Beton unter Umständen leicht um den Zuschlag herumbiegen kann. Hauptsächlich kann aber durch diese Großzügigkeit die Anzahl der Fasern im Gitter vergrößert werden (siehe Bild 10.17).

10.3 Modellierung von Faserbeton

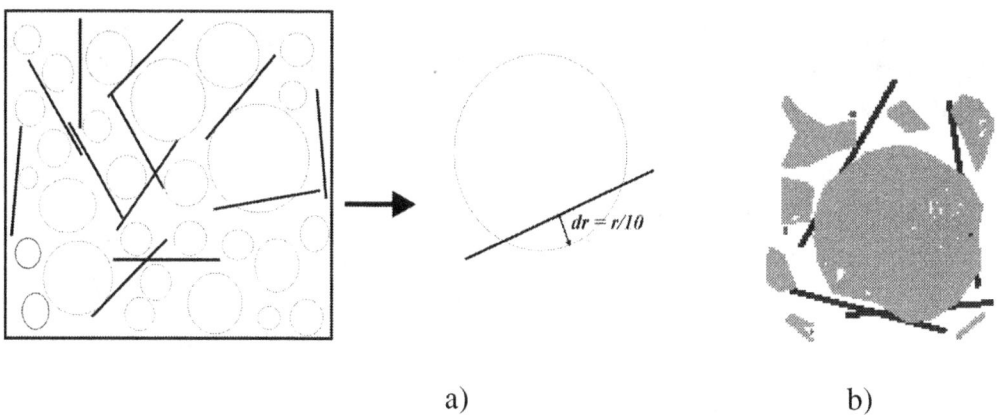

a) b)

Bild 10.17: a) Implementierung der Fasern im Gitter mit kleiner zulässigen Durchschneidung der Zuschläge, b) Ausschnitt aus einem generierten Gitter, die Zuschläge werden von den Fasern geschnitten.

Zusätzlich muß berücksichtigt werden, daß eine Verkettung der Fasern untereinander und eine doppelte Belegung der Knotenpaare nicht zulässig ist. Im realen Beton besteht eine Verbindung unter den Fasern nur über die Matrix. So wird bei der Implementierung der Fasern im Gitter verlangt, daß Knoten, die schon an zuvor eingebundene Fasern vergeben worden sind, den noch zu installierenden Fasern nicht mehr zur Verfügung stehen. Die Fasern sind somit nur über Matrix- und Kontaktzonenstäbe miteinander verbunden. Durch die begrenzte Anzahl an Knoten und die noch geringere Anzahl der Knoten, welche die Kriterien der Fasergenerierung erfüllen, ist eine obere Anzahl der möglichen Fasern in einem Gitter festgelegt. Somit können nicht beliebig große Faseranteile generiert werden. Außerdem kann die Größe der Gitter und damit die Vergrößerung der Knotenanzahl, durch die begrenzten Rechnerressoursen nicht beliebig erweitert werden. Damit ist der abbildbaren Faserlänge bei der hier verwendeten Knotendichte eine untere Grenze gesetzt.

Die prozentuale Bestimmung des Fasergehaltes, wird auf die Gesamtlänge der im Gitter befindlichen Stablängen bezogen.

$$F_{\%} = \frac{\sum l_F}{\sum l_{Stab}} \qquad (10.14)$$

Wobei $F_{\%}$ der prozentuale Fasergehalt und l_{Stab} die jeweilige Stablänge darstellen. Mit dem so bestimmten Fasergehalt, können die Faseranteile der jeweiligen generierten Gitter mit unterschiedlichen Faserlängen und Faseranzahl verglichen werden. Eine vollständige Übertragung auf die Experimente kann mit dem so bestimmten Fasergehalt nicht gewährleistet werden, hier ist eine qualitative Betrachtung sinnvoller.

Die programmtechnische Realisierung der Fasergenerierung nach den oben ausgeführten Kriterien, wird hier kurz in einem Flußdiagramm zusammengefaßt (siehe Bild 10.18).

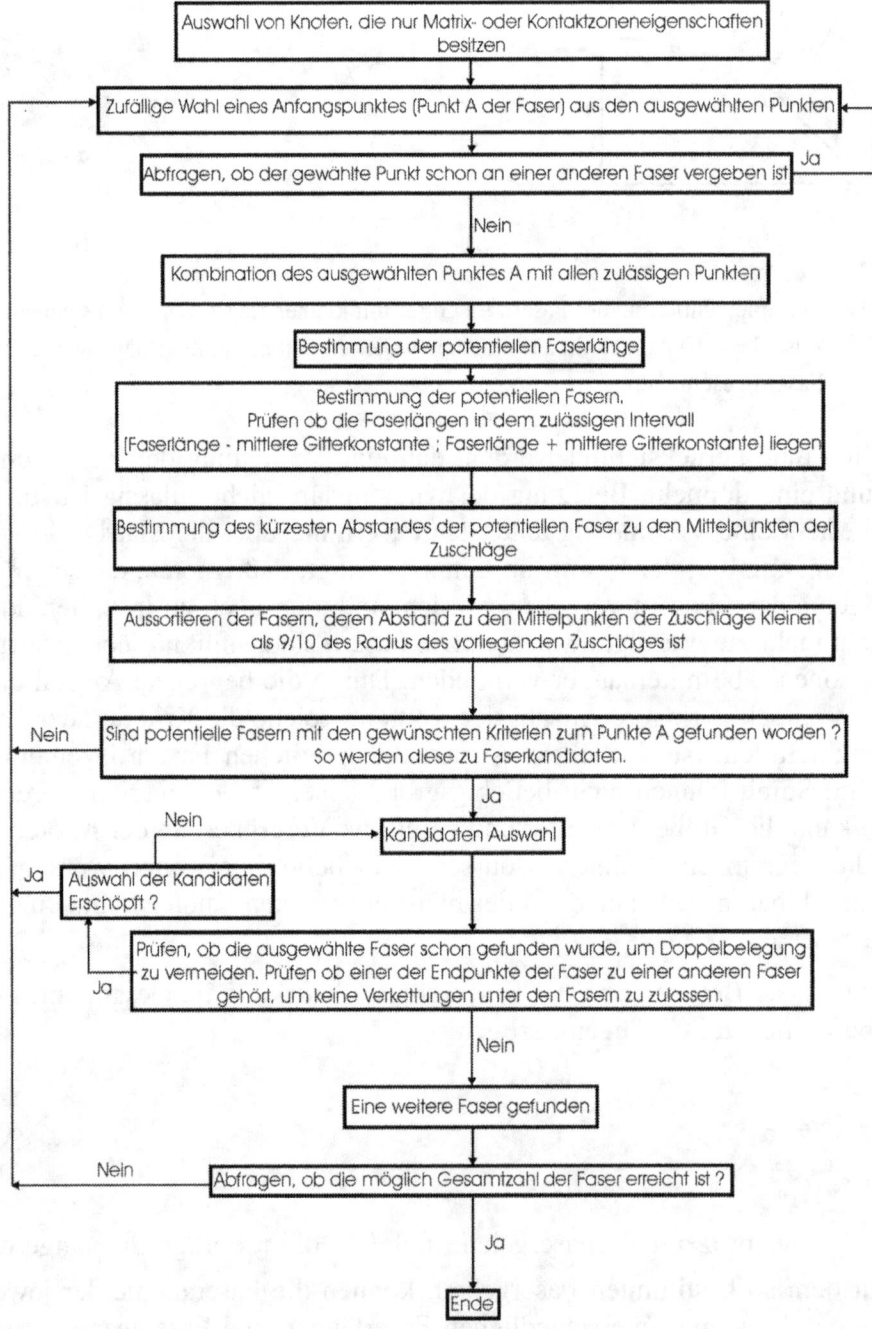

Bild 10.18: Flußdiagramm der Fasergenerierung

10.3 Modellierung von Faserbeton

Mit der hier beschriebenen Vorgehensweise, zur Generierung eines Faserbetons ist in Bild 10.19 links ein Gitter mit 4000 Knoten, ca. 62664 Elementen und 250 Fasern erzeugt worden. Der Fasergehalt beträgt 1.8 Volumenprozent, die Höhe 34mm und die Breite 20mm. Bild 10.19, rechts zeigt eine Röntgenaufnahme eines Faserbetons. Der Vergleich der Strukturen zwischen den generierten und dem realen Faserbeton, zeigen eine zufriedenstellende Übereinstimmung (siehe Bild 10.19).

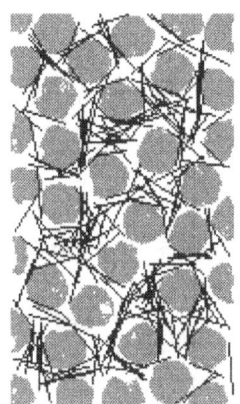
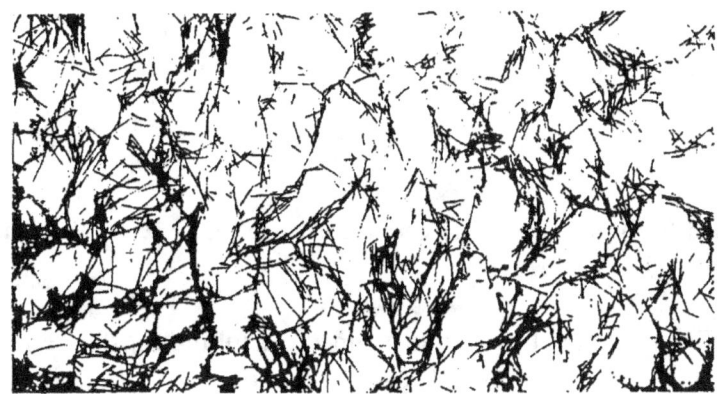

Bild 10.19: links: zweidimensionales generiertes Gitter mit Zuschlägen und Fasern rechts: Röntgenfoto eines Faserbetons nach [StH91]

10.3.4 Bestimmung der Faserparameter

Nach abgeschlossener Gittergenerierung und Platzierung der Fasern im Gitter (siehe Bild 10.19) werden die Parameter der Fasern festgelegt. Bei der Vorgabe der Faserlänge kann nicht davon ausgegangen werden, daß die Fasern über das ganze Gitter hinweg die gleiche Länge besitzen. Da das Gitter eine diskrete Geometrie besitzt und die Anordnung der Knoten zufällig verteilt ist, entspricht die Faserlänge bei der Vorgabe einer konstanten mittleren Faserlänge der Verteilung in Bild 10.20 links.

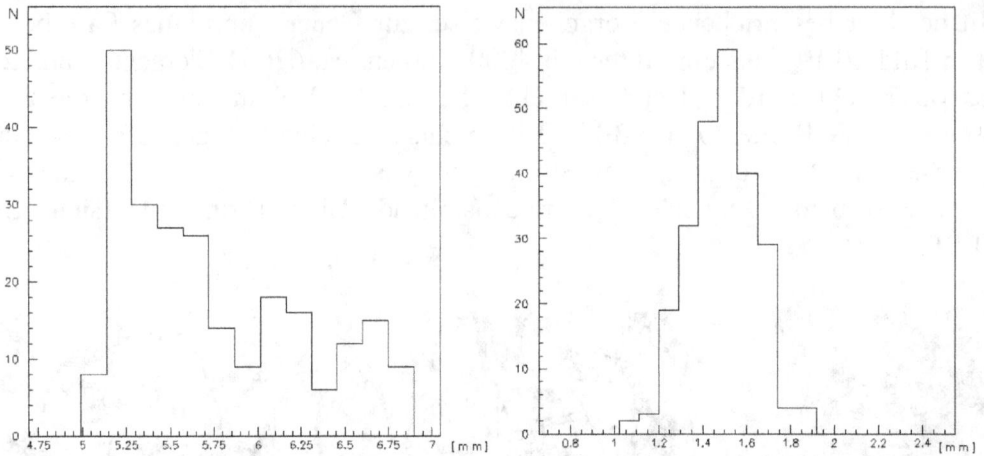

Bild 10.20: links Verteilung der Faserlänge im Gitter, rechts Verteilung der Einbindungslänge der Fasern

Mit bekannter Faserlänge kann die Einbindungslänge der Fasern bestimmt werden. Dabei wird davon ausgegangen, daß der Riß die Faser nicht unbedingt genau auf halber Faserlänge trifft, sondern im Mittel im Bereich bei ein Viertel der Faserlänge auf diese trifft, d.h. die Faser ist dann rißüberbrückend. Die Einbindungslänge wird dann individuell für jede Faser nach Gleichung (10.15) bestimmt.

$$l_E = \frac{l_F}{4} + RN \cdot \frac{l_F}{10} \tag{10.15}$$

Mit RN als normalverteilte Zufallszahl mit den Werten zwischen Null und Eins. Bild 10.20 rechts zeigt die Verteilung der Einbindungslänge nach Gleichung (10.15).

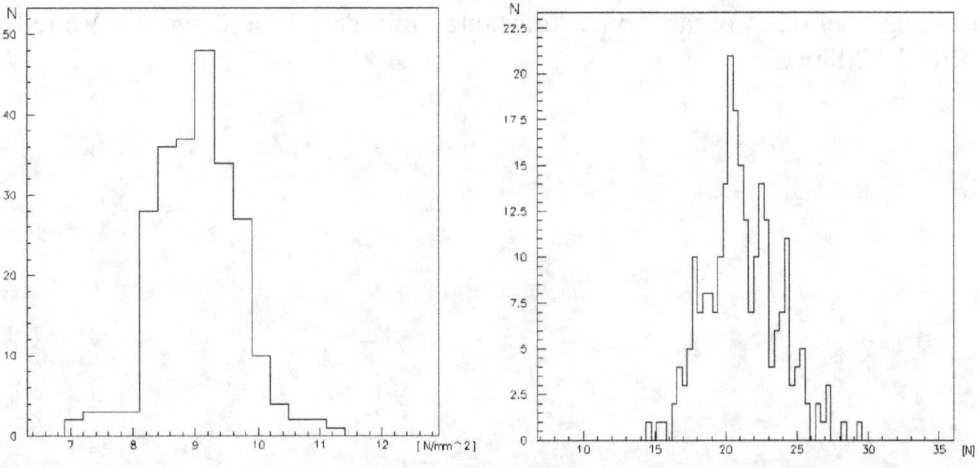

10.3 Modellierung von Faserbeton

Bild 10.21: links Verteilung der mittleren Verbundspannung, rechts: Verteilung der maximalen Ausziehkraft

Die mittlere Verbundspannung τ der Fasern wird aus der Vorgabe einer untersten Verbundspannung τ_0 und aus einem Verbindungsfaktor T_P nach Gleichung (10.16) bestimmt.

$$\tau = \tau_0 \cdot (1 + T_P) \tag{10.16}$$

Der Verbindungsfaktor T_P bestimmt sich aus der Anzahl der Stäbe, welche die Fasern im Gitter einbinden mit:

$$T_P = \frac{(ST(A) + ST(B))}{2 \cdot ST_{max}(P)} \tag{10.17}$$

Dabei ist $ST(A)$ und $ST(B)$ die Anzahl der Stäbe im Punkt A und im Punkt B der Faser. Der Term $ST_{max}(P)$ ist die größte Stabanzahl pro Knoten im Gitter. Der Verbindungsfaktor berücksichtigt, wie stark eine Faser im Gitter eingebunden ist. Er liegt im Intervall von $[0;1]$. Durch den unterschiedlichen Verbindungsfaktor je Faser ist die mittlere Verbundspannung der Fasern nicht konstant, sondern entspricht der Verteilung aus Bild 10.21, links. Nach der Festlegung der Einbindungslänge und der Verbundspannung kann analog zu Gleichung (10.1) die maximale Ausziehkraft bestimmt werden mit:

$$F_{max} = \pi \cdot \tau \cdot d \cdot l_E \tag{10.18}$$

Bild 10.21 rechts, zeigt die Verteilung der maximalen Ausziehkraft nach Gleichung (10.18). Der Elastizitätsmodul und der Durchmesser der Fasern ist über das ganze Gitter konstant. Die Parameter des Gitters aus Bild 10.19 sind in Tabelle 10.1 aufgeführt. Dabei handelt sich es um die Mittelwerte der jeweiligen Verteilungen.

Tabelle 10.1: Mittelwerte der Faserparameter.

l_0	l_F	l_E	τ_0	τ	P_{max}	E_F	d
6 mm	5.747 mm	1.491 mm	6 N/mm^2	9.039 N/mm^2	21.15 N	210 GPa	0.5 mm

10.3.5 Faserorientierung und Randeffekte

Die Ausrichtung der Fasern in einem Faserbeton hängt von verschiedenen Einflüssen ab. Dabei kann die Betonierrichtung, der Verdichtungsprozeß, die Bauteilgeometrie, die Sieblinie der Zuschläge, das Verhältnis von Faserlänge zum mittleren Korndurchmesser und die verwendete Faserlänge eine Wirkung auf die Orientierung der Fasern im Beton haben. So zeigen z.B. zylindrische Probekörper aus Faserbeton besonders in den Randbereichen eine bevorzugte Orientierung, mit der Tendenz parallel zur Zylinderachse hin. In diesem Abschnitt werden besonders die Einflüsse durch Veränderung der Sieblinien und Varianz der Faserlänge auf die Orientierung und die Ortsverteilung untersucht. Die zu untersuchenden Gitter haben eine Höhe von 34 mm, eine Breite von 20 mm, 4000 Knoten (5.88 Knoten/mm^2) und ca. 62600 Elemente.

10.3.5.1 Orientierung der Faser in Abhängigkeit von der Variation der Sieblinie

Die Zusammensetzung der Sieblinie hat auf die Anordnung der Fasern im Beton einen Einfluß. Die unterschiedliche Verteilung der Zuschlagdurchmesser beeinflusst die Größe und die Ausrichtung der Freiräume zwischen den Zuschlägen, in denen die Fasern Platz finden können. In diesem Abschnitt sind zwei verschiedene Mischungen A und B generiert worden, in denen die gleiche Anzahl an Fasern mit der gleichen mittleren Faserlänge integriert sind (siehe Tabelle 10.2 und 10.3). Der Unterschied zwischen der Mischung A und B besteht im mittleren Korndurchmesser, die Vernetzung ist bei beiden gleich. Bei der Mischung A ist die 4 mm Kornfraktion gegenüber der Mischung B um 60% stärker ausgefallen und die nachfolgend kleineren Kornfraktionen sind dementsprechend vermindert. Der prozentuale Anteil an Zuschlagstäben ist bei beiden Mischungen fast konstant geblieben (siehe Tabelle 10.2).

Tabelle 10.2: Kornzusammensetzung der numerischen Faserbetone A und B

Korndurchmesser	8 mm	4 mm	2 mm	1.1 mm	Mittlerer Korndurchmesser in mm	Gesamte Kornanzahl	Anteil der Zuschlagstäbe in %
Mischung A Sieblinie	4	16	50	40	2.2	110	40
Mischung B Sieblinie	4	10	75	78	1.8	167	38

Tabelle 10.3: Faseranteile in den numerischen Faserbetonen A und B

10.3 Modellierung von Faserbeton

	Anzahl der Fasern	Faserlänge in mm	Faseranteil in %
Mischung A	200	6	2.1
Mischung B	200	6	2.06

Die generierten Mischungen A und B sind in Bild 10.22 dargestellt. Die Fasern ordnen sich in den beiden Gittern A und B in den zur Verfügung stehenden Lücken zwischen den Zuschlägen an. Dabei ist in der Faserorientierung der Mischungen A und B, bei grober Betrachtung kein großer Unterschied zu erkennen. Bei genauerem Hinsehen ist jedoch auffällig, daß bei der Mischung B in der Anhäufung der kleineren Zuschläge (siehe z.B. Kreis in Bild 10.22 b) die Fasern eine wabenförmige Struktur bilden. Dabei werden häufig die Winkel 30° und 60° Grad bevorzugt. Der Winkel wird von der Horizontalen im mathematisch positiven Drehsinn zur Faser gemessen. Diese Art von Faserorientierung ist bei dem Gitter A nicht so stark ausgebildet. Im Gegensatz dazu zeigt die Abbildung 10.22 a) häufiger eine tangentiale Anordnung der Fasern um die großen und mittleren Zuschläge, so daß keine speziellen Winkel bevorzugt werden.

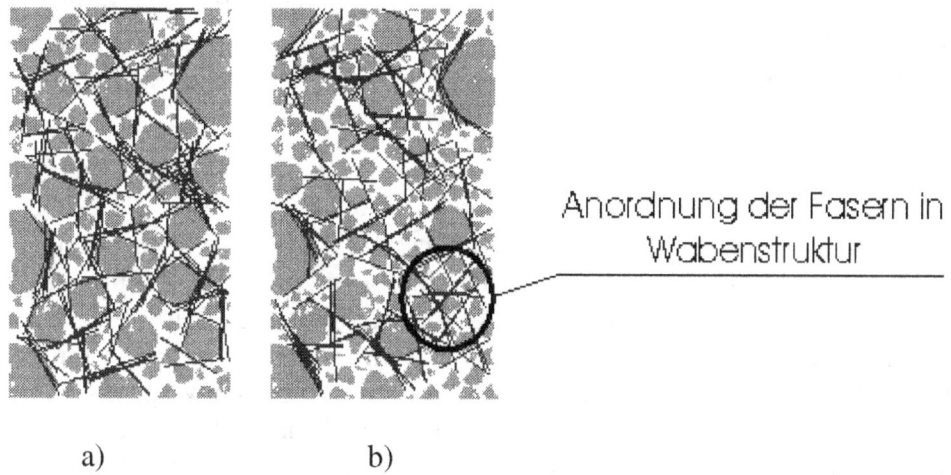

Bild 10.22: Abbildung der Zuschläge und der Fasern. a) Gitter mit der Kornzusammensetzung nach Mischung A, b) Gitter mit der Kornzusammensetzung nach Mischung B.

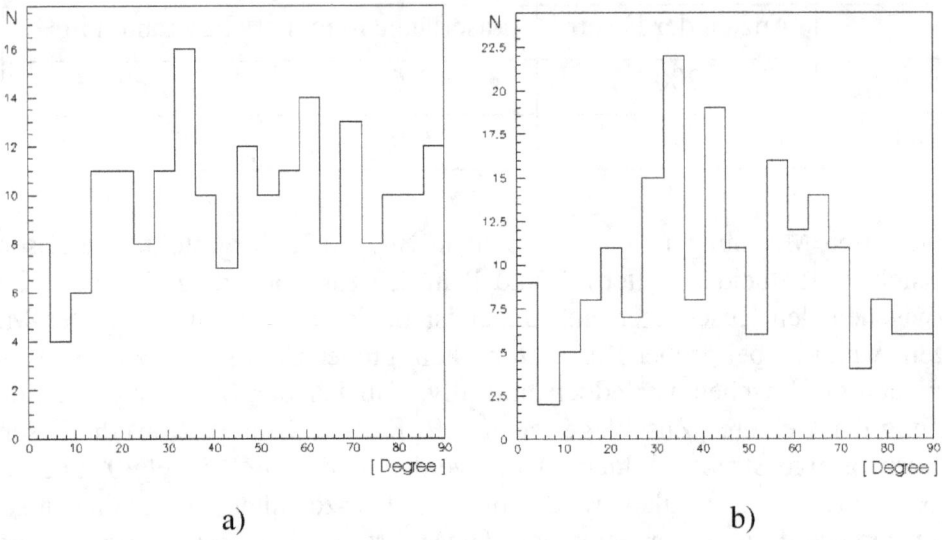

Bild 10.23: a) Winkelverteilung der Fasern des Probekörpers A, b) Winkelverteilung der Fasern des Probekörpers B.

Die Auswirkungen der Anordnung und Ausrichtung der Lücken, zwischen den Zuschlägen für die unterschiedlichen Sieblinien A und B auf die Orientierung der Fasern sind in Bild 10.23 dargestellt. Dabei zeigt die Winkelverteilung in Bild 10.23a aufgrund des häufigeren Auftretens der tangentialen Faseranordnung um die Zuschläge herum, die Tendenz zu einer Gleichverteilung. In der Winkelverteilung in Bild 10.23b spiegelt sich die wabenartige Struktur der Faseranordnung in einer leichten Anhäufung um den Mittelwert von $45°$ wieder.

Bei der Untersuchung von Randeffekten wird der Winkel der Faser gegen die horizontale Komponente ihres Schwerpunktes aufgetragen, d.h. gegen die Probekörperbreite. Wie oben schon erwähnt, ist ein Randeffekt der Fasern im Bereich der Probekörpergrenzen zu erkennen. Dabei ist eine bevorzugte Ausrichtung zu großen Winkeln hin zu beobachten. In der Gittergenerierung ist dieser Effekt auch berücksichtigt worden. Eine Faser mit einem Winkel von nahezu $0°$ kann nicht mit einem Abstand von der Hälfte ihrer Länge mit ihrem Schwerpunkt von der vertikalen Begrenzung des Probekörpers oder Bauteil entfernt sein, da sie sonst mit der Begrenzung in Berührung kommt. In Bild 10.24 ist dieser Randeffekt für beide Gitter A und B im gleichen Maße zu erkennen. Die unterschiedliche Kornzusammensetzung zeigt keine auffälligen Merkmale in Bezug auf die Gitter A und B. Beide Mischungen A und B zeigen wie zu erwarten für kleine Faserwinkel und kurze Abstände der Faserschwerpunkte von der Körperbegrenzung eine schwache Belegung (siehe Bild 10.24).

10.3 Modellierung von Faserbeton

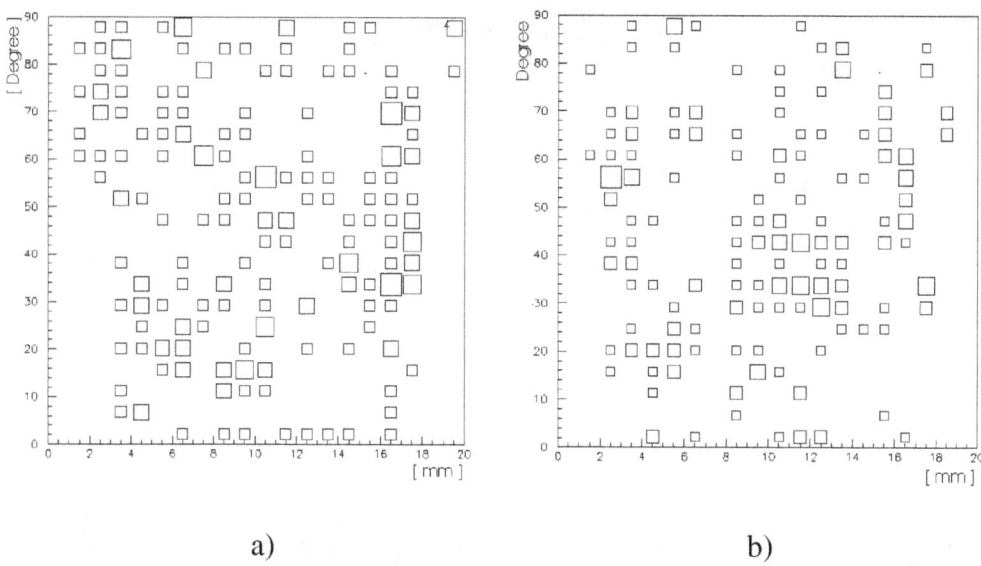

Bild 10.24: Faserwinkel in Abhängigkeit vom Faserschwerpunkt, bezogen auf die Probekörperbreite des Gitters. a) Mischung A, b) Mischung B.

Die Winkelverteilung sowie der Einfluß der Körperbegrenzung in Verbindung mit der Faserlänge können eine Wirkung auf das Materialverhalten der zu untersuchenden Betone haben. Dabei wird z.B. durch den Randeffekt von Anfang an das Tragverhalten unter Zugbeanspruchung verbessert und das unter Druckbeanspruchung der Probekörper verschlechtert. In ähnlicher Weise kann sich die Winkelverteilung und damit die Kornzusammensetzung auf das Zug- und Druckverhalten auswirken. In den nachfolgenden Abschnitten werden diesbezüglich weitere Untersuchungen vorgenommen.

10.3.5.2 Orientierung der Fasern in Abhängigkeit von der Faserlänge bei konstantem Zuschlagdurchmesser

Um den Einfluß der Wechselwirkung zwischen Faserlänge und Zuschlag klarer darzustellen, werden in diesem Abschnitt Gitter mit konstanter Korngröße generiert. Die Anordnung der Körner und der Korndurchmesser ist bei allen Gittern gleich, d.h. alle Gitter haben die gleichen Stabeigenschaften bis auf die Faserstäbe. Dabei werden drei verschiedene Faserlängen und zwei verschiedene Faseranteile untersucht (siehe Tabelle 10.4). Die Faseranteile liegen für die Gitter A und B bei ca. 1.8% und für die Gitter C und D bei ca. 3.6%. Die Schwankungen gehen auf die zufällige Gitterstruktur zurück. Zur Erzeugung einer großen Anzahl an Fasern übersteigt der Fasergehalt der Gitter teilweise den Fasergehalt von den Betonen aus den Experimenten. Die Anordnung der Fasern bei größeren Fasergehalten erscheint dann teilweise sehr ungewöhnlich. Um den Einfluß der Faserlänge auf die Faserorientierung klar darzustellen, muß dieser Kompromiß in Kauf genommen werden.

Tabelle 10.4: Kornzusammensetzung und Faseranteile der Gitter A-D

	Korndurchmesser in mm	Kornanzahl	Anteil der Zuschlagsstäbe in %	Faseranzahl	Faserlänge	Fasergehalt in %
Gitter A	4	37	41	500	2	1.86
Gitter B	4	37	41	250	4	1.78
Gitter C	4	37	41	500	4	3.58
Gitter D	4	37	41	250	8	3.56

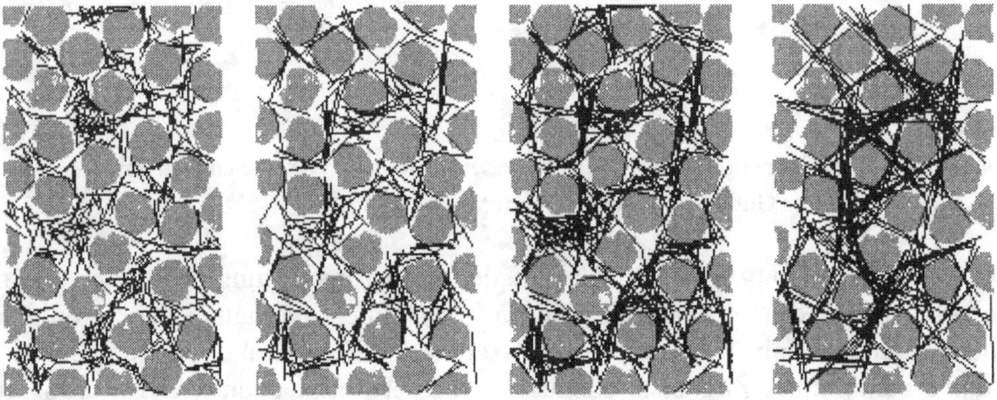

a)   b)   c)   d)

Bild 10.25: Abbildung der Zuschläge und der Fasern der Gitter A-D.

Die Winkelverteilungen der Fasern der Gitter A-D in Bild 10.26 zeigen den Einfluß der Faserlänge auf die Faserorientierung. Die Winkelverteilung in Bild 10.26a für das Gitter A zeigt eine deutlich gleichverteilte Form. Die Fasern mit einer Länge von 2 mm finden in den Lücken zwischen den Zuschlägen durch ihre geringe Länge leicht Platz, so daß sie sich in diesen Bereichen in allen Richtungen fast gleich ausrichten können. Der Trend zu einer gleichverteilten Winkelverteilung wird durch die tangentiale Ausrichtung der Fasern um die Zuschläge herum noch unterstützt. Die Randeinflüsse durch die kurze Faser auf das Gitter A sind in Bild 10.27a gezeigt. Dabei ist der Einfluß der Probekörperbegrenzung auf die Orientierung der Fasern fast unterdrückt.

Die Gitter B und C unterscheiden sich nur durch den Fasergehalt, die Faserlänge ist bei beiden jeweils 4 mm lang. Die Faserlänge in den Gittern B und C ist damit gleich dem Durchmesser der Zuschlagkörner. Eine unbehinderte Richtungswahl in den Lücken zwischen den Zuschlägen ist wie bei dem Gitter A nicht mehr gegeben. Die Fasern werden teilweise gezwungen, sich entlang der Hauptachsen der

10.3 Modellierung von Faserbeton

Lücken zu orientieren. Die tangentiale Ausrichtung der Fasern um die Zuschläge gewinnt so an Bedeutung. Damit findet die Ausrichtung um 45° eine leichte Bevorzugung, das zeigt vor allem Bild 10.26c. Die Winkelverteilung für die mittlere Faserlänge weicht damit von einer Gleichverteilung ab. Für die mittlere Faserlänge kann der Einfluß des Randeffektes auf die Anordnung der Fasern erkannt werden (siehe die Bilder 10.27b und 10.27c). Dabei ist zu sehen, daß die Faserwinkel in den Randbereichen, mit einem Abstand des Faserschwerpunktes von ca. der halben Faserlänge vom Rand, zu großen Winkeln hin verschoben sind. Diese Winkelverschiebung spiegelt sich besonders durch die Ausbildung eines starken Peaks um 88° in Bild 10.26b wider. Die Fasern legen sich in Richtung der Probekörperachse.

Die Winkelverteilung der Fasern für das Gitter D zeigt die Tendenz zu einer Normalverteilung (siehe Bild 10.26d). Die Faserlänge ist hier doppelt so lang wie der Durchmesser der Zuschläge, so daß die Ausbildung einer netzartigen Anordnung der Fasern zu erkennen ist. Der Orientierungsspielraum in den Lücken wird für die Fasern stark eingeschränkt. Die Ausrichtung findet daher verstärkt entlang der Hauptachsen der Lücken statt. Für die lange Faser tritt, wie zu erwarten, der Randeffekt am stärksten auf (siehe Bild 10.27d). Winkel von unter 30° kommen in den Randbereichen nicht vor.

Die Wechselwirkung zwischen Faserlänge und der Zusammensetzung der Zuschläge, und deren Einfluß auf die Orientierung der Fasern, ist mit diesem und dem vorangegangenen Abschnitt 10.3.5.1 herausgestellt worden. Je nach dem Verhältnis von Faserlänge zu mittlerem Korndurchmesser, bei konstant gehaltenem prozentualen Anteil der Zuschläge, wird die eine oder andere Art der Faseranordnung im Faserbeton begünstigt. Dabei sind vier verschiedene Anordnungen der Fasern aufgezeigt worden, eine gleichverteilte Faseranordnung in den Lücken der Zuschläge, eine tangentiale Anordnung um die Zuschläge herum, eine netzartige Anordnung entlang der Hauptachsen der Lücken und eine wabenartige Struktur der Faseranordnung. Die letztere tritt verstärkt auf, wenn die Beziehung in Gleichung (10.19) erfüllt ist.

$$l_F \geq 2 \cdot \sqrt{3} \cdot r_m \tag{10.19}$$

Mit r_m als mittleren Durchmesser der Zuschläge. Im nachfolgendem Abschnitt wird der Einfluß der Faserlänge und der Randeffekte auf die Anordnung der Fasern in einem numerischen Beton ohne Zuschläge untersucht.

160   10 Simulation von stahlfaserverstärktem Beton

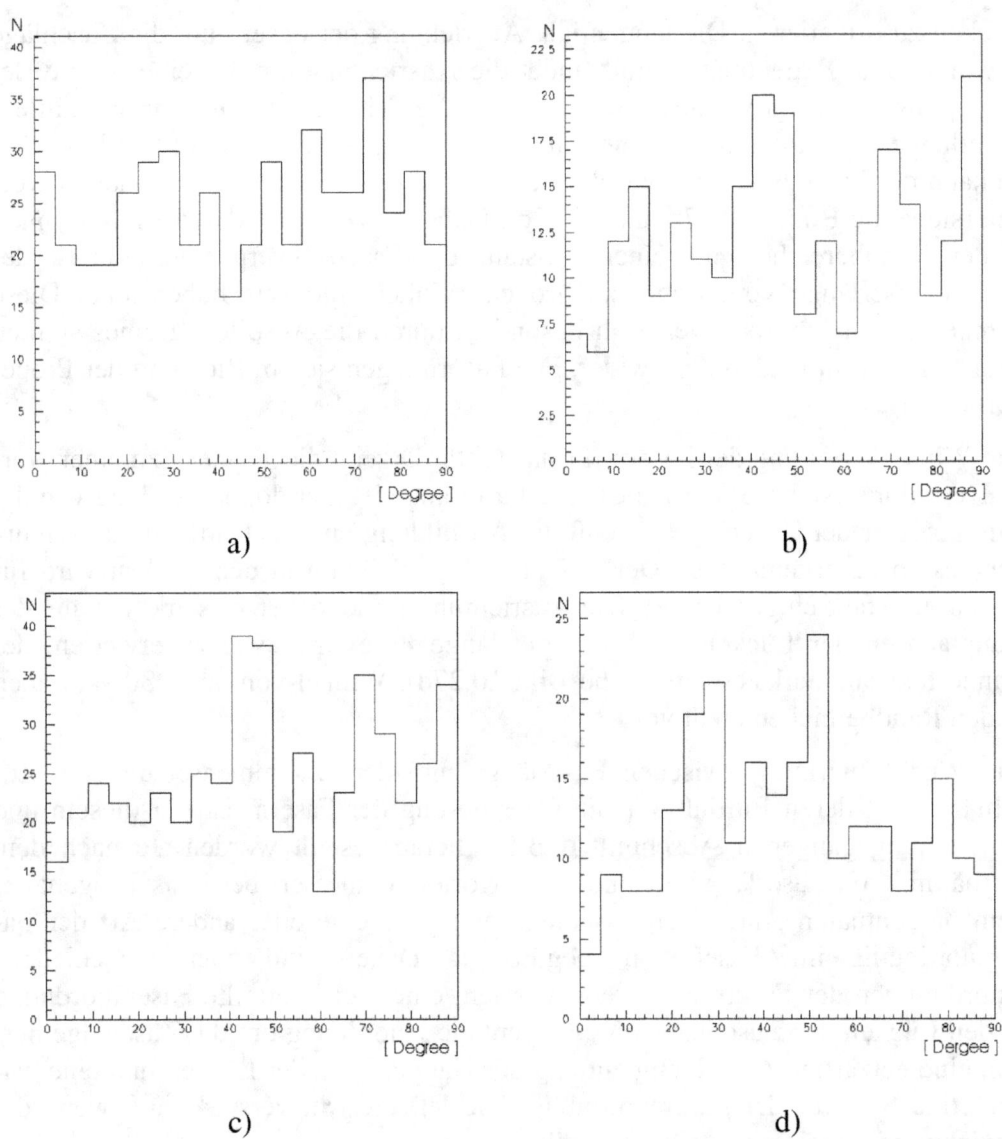

Bild 10.26:   Winkelverteilung der Fasern der Gitter A-D

10.3 Modellierung von Faserbeton

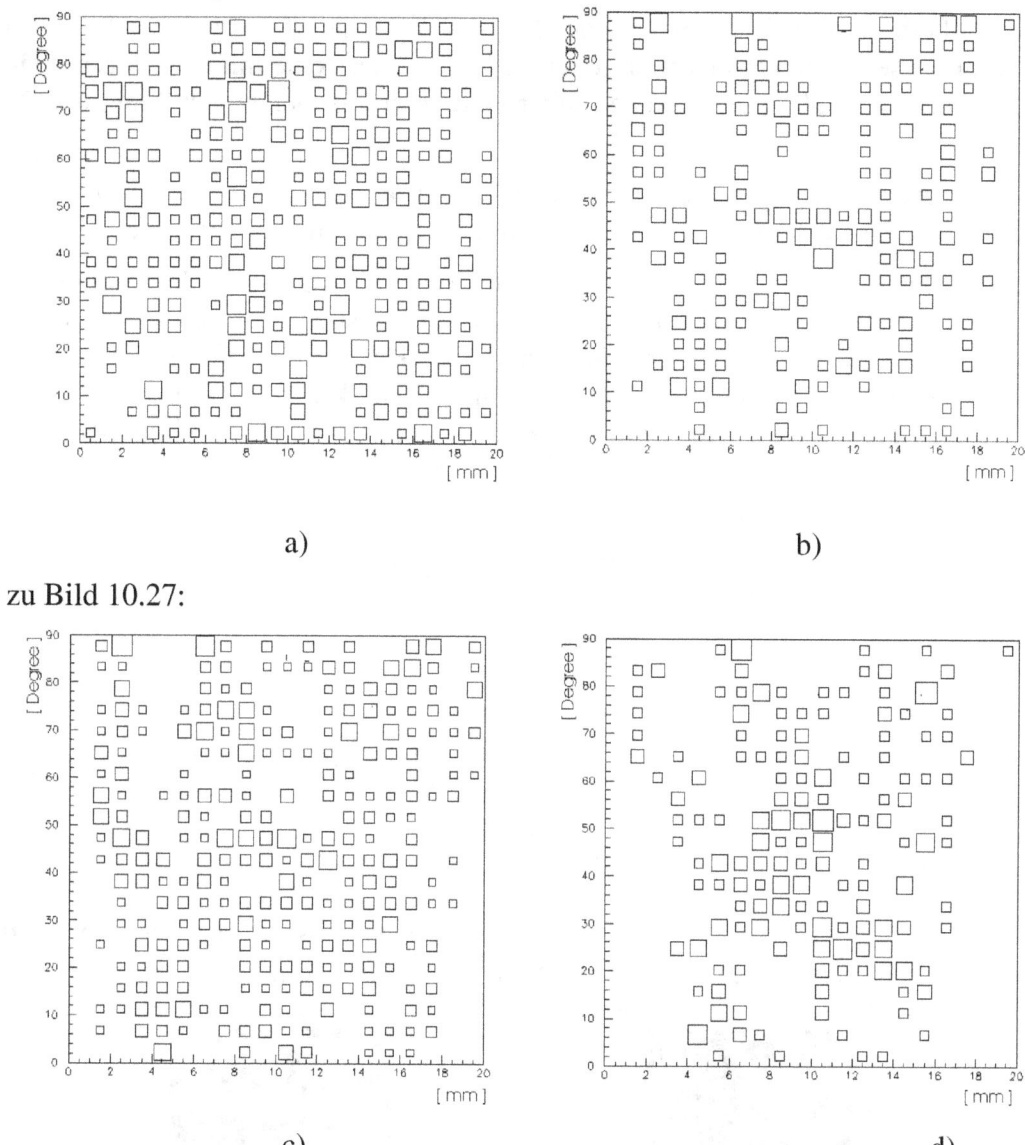

zu Bild 10.27:

Bild 10.27: Faserwinkel der Gitter A-D in Abhängigkeit vom Faserschwerpunkt, bezogen auf die Probekörperbreite.

10.3.5.3 Orientierung der Fasern in Abhängigkeit von der Faserlänge bei einem Gitter ohne Zuschläge

Bei der Generierung eines numerischen Faserbetons ohne Zuschläge, sollte der Einfluß auf die Winkelverteilungen der Fasern hauptsächlich durch die Randeffekte bestehen. Die Richtungsvorgabe der Lücken zwischen den Zuschlägen für die größeren Faserlängen besteht nicht mehr. Bei den in diesem Abschnitt generierten Gittern wird daher speziell der Einfluß der Randeffekte untersucht. Dazu sind im wesentlichen zwei Gitter generiert worden. Das eine mit einer Faserlänge vom 4 mm und 150 Fasern und das andere mit einer Faserlänge von 8 mm und 75 Fasern.

Wie zu erwarten, zeigen die Winkelverteilungen der Fasern in Bild 10.29 durch das Fehlen der richtungsweisenden Lücken jeweils gleichverteilte Formen.

Der Einfluß des Randeffektes kann durch das Weglassen der Zuschläge, ungestört voll zur Geltung (siehe Bild 10.30) kommen. Dabei sticht besonders die Verteilung in Bild 10.30b hervor. Die Anordnung der Einträge werden hier durch die Begrenzungslinien eingeschränkt. Wie schon erwähnt, kann der Faserschwerpunkt für kleine Faserwinkel dem Probekörperrand nicht beliebig nahe kommen. Der Grenzbereich kann daher mit der Gleichung (10.20) beschrieben werden.

$$\alpha = \arccos\left(\frac{2 \cdot Sx_F}{l_F}\right) \qquad \text{für} \quad Sx_F \leq l_F/2$$

(10.20)

$$\alpha = \arccos\left(\frac{2 \cdot (b - Sx_F)}{l_F}\right) \qquad \text{für} \quad Sx_F \geq b - l_F/2$$

Mit α als Faserwinkel zwischen der Faser und der x-Achse des Probekörpers und Sx_F als die Projektion des Faserschwerpunktes auf die x-Achse des Probekörpers.

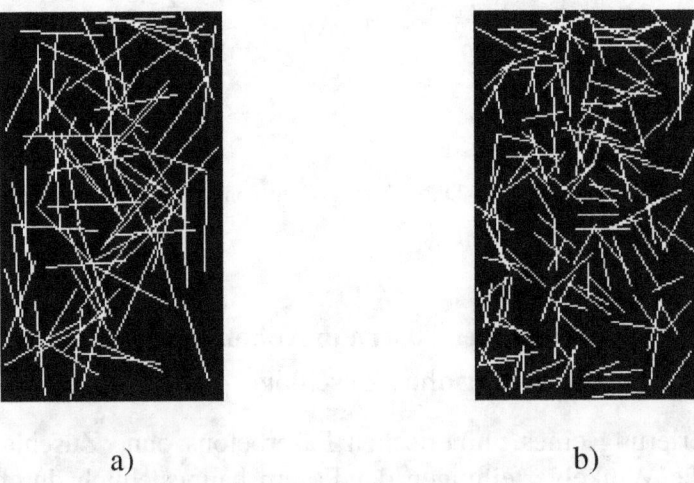

Bild 10.28: a) Gitter mit einer Faserlänge von 8 mm mit 75 Fasern, b) Gitter mit einer Faserlänge von 4 mm und 150 Fasern.

10.4 Simulation

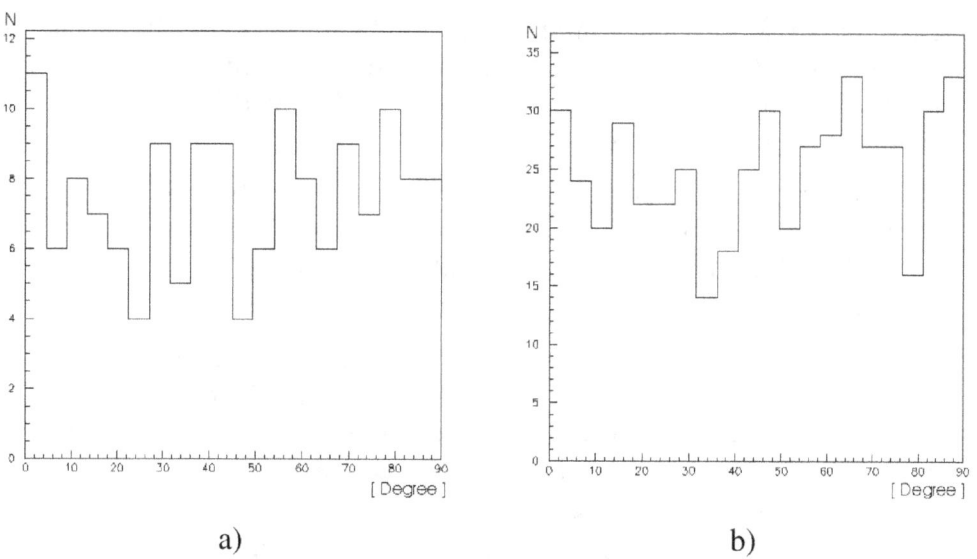

Bild 10.29: Winkelverteilung a) Probekörper mit 150 Fasern und 4 mm Faserlänge, b) Probekörper mit 500 Fasern und 8 mm Faserlänge

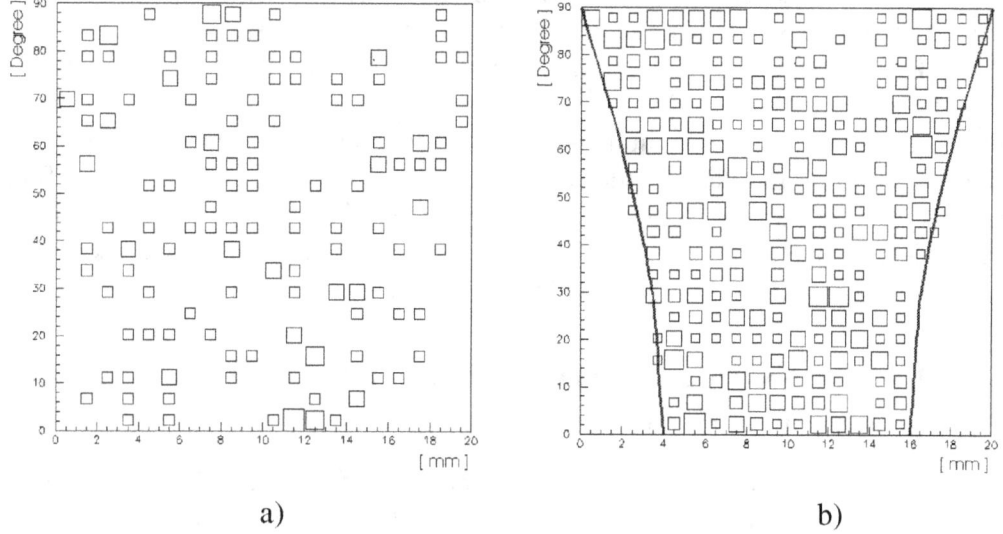

Bild 10.30: Faserwinkel in Abhängigkeit vom Faserschwerpunkt bezogen auf die Probekörperbreite. a) 150 Fasern mit 4 mm Faserlänge, b) 500 Fasern mit 8 mm Faserlänge

10.4 Simulation

Bei der nun folgenden Simulation weggesteuerter Zugversuche werden zwei grundsätzliche Gittertypen unterschieden, ungekerbte und gekerbte Gitter. Zu den ungekerbten Gittern gehören die Gitter aus den Abschnitten 10.3.5.1 und 10.3.5.2.

An diesen Gittern werden die Einflüsse der Sieblinie, der Faserlängen und des Fasergehaltes auf das Spannungs-Dehnungs-Verhalten betrachtet. Weiterhin wird an einem kleineren, ebenfalls ungekerbten Gitter das Zug- und das Druckverhalten in Abhängigkeit vom Faseranteil untersucht.

Zur Unterdrückung der mehrfachen Rißbildung ist ein gekerbtes Gitter in Analogie zu den Gittern aus Abschnitt 10.3.5.3. in Abschnitt 10.4.4 generiert und berechnet worden. Mit diesen gekerbten Gitter wird speziell der Einfluß der Faserlänge auf das Spannungs-Dehnungs-Verhalten untersucht.

Bei allen berechneten Gittern sind die Randbedingungen in den Lasteinleitungsflächen orthogonal zur Verschiebungsrichtung freiverschieblich, so daß die Querdehnung nicht behindert wird. Der simulierte Betontyp entspricht für alle Gitter einem hochfesten Beton mit den Stabparametern aus Kapitel 5.

10.4.1 Berechnung des ungekerbten numerischen Faserbetons

Die in den Abschnitten 10.3.5.1 und 10.3.5.2 erzeugten Gitter werden im folgenden durch die Simulation von quasi-statischen weggesteuerten Zugversuchen bis zum völligen Versagen gebracht. Die Darstellung der Rißbilder in den Abbildungen 10.31 bis 10.38 berücksichtigt die in dem ganzen Versagensprozess entstandenen Risse und geht dabei nicht gesondert auf den im Endzustand der real existierenden Rissen ein. Die Interpretation der Ergebnisse, in der Form von Rißbildern und Spannungs-Dehnungs-Linien, erfolgt dabei aus der Perspektive der Faserorientierung und den Randeffekten. Aufgrund der zweidimensionalen Simulation sind die Ergebnisse insbesondere der ungekerbten Gitter in erster Linie als Beispiele zu verstehen. Dennoch kann die qualitative Natur der Ergebnisse in den folgenden Abschnitten zum Verständnis des Materialverhaltens beitragen.

10.4.1.1 Rißbilder und Spannungs-Dehnungs-Verhalten in Abhängigkeit von der Sieblinie

Im Folgenden werden die in dem Abschnitt 10.3.5.1 erzeugten Gitter auf das Spannungs-Dehnungs-Verhalten und der Rißentwicklung hin untersucht. Diese Gitter unterscheiden sich im wesentlichen in ihrer Sieblinie. Der Fasergehalt und der prozentuale Anteil an Zuschlägen ist bei den Mischungen A und B gleich groß. Durch die unterschiedlichen Sieblinien und den damit verbundenen Einfluß auf die Orientierung der Fasern ist ein Effekt auf das Spannungs- Dehnungs- Verhalten zu erwarten.

Die Rißbilder und die Spannungs-Dehnungs-Linien der Gitter ohne Fasern zeigen keine auffälligen Unterschiede. In den Bildern 10.31a und 10.32a ist kein Einfluß der unterschiedlichen Sieblinien auf die Rißentwicklung zu erkennen. Der gleichförmige Rißverlauf spiegelt sich in den Spannungs-Dehnungs-Linien in Bild

10.4 Simulation

10.33 wider. Beide Linien für die Mischung A und B ohne Fasern zeigen einen sehr ähnlichen Kurvenverlauf. Eine Variation der Sieblinie hat auf das Zugverhalten der faserlosen Gitter keinen großen Einfluß wie für einen hochfesten Beton nicht anders zu erwarten ist (siehe auch Kapitel 8.2.2).

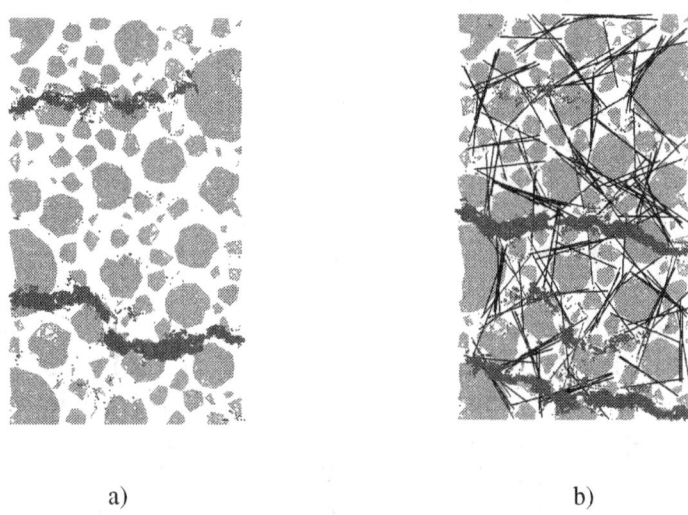

a)   b)

Bild 10.31: Rißbilder der Mischung A aus 3.5.1. a) ohne Fasern und b) mit 2.1% Faseranteil.

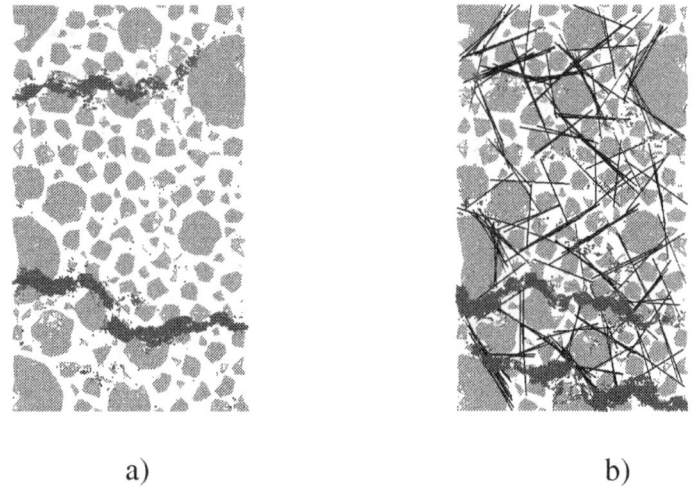

a)   b)

Bild 10.32: Rißbilder der Mischung B aus 3.5.1. a) ohne Fasern und b) mit 2.06% Faseranteil.

Der Einfluß der Verteilung der Lücken in Abhängigkeit von der Sieblinie zwischen den Zuschlägen auf die Faserausrichtung kommt in den Bildern 10.31b und 10.32b zum Ausdruck. Die Winkelverteilungen der Fasern für die verschiedenen Mischungen A und B sind in den Bildern 10.23a und 10.23b dargestellt. Dabei tendiert die Winkelverteilung der Fasern für die Mischung A mehr zu einer

Gleichverteilung hin und die Winkelverteilung für die Mischung B mehr zur einer Normalverteilung. In Mischung A treten daher, im Gegensatz zu Mischung B, verstärkt große Winkel mit einer starken Komponente in Belastungsrichtung auf. Bei Mischung B sind durch die bevorzugte wabenartige Anordnung der Fasern die Winkel um 45° stark ausgeprägt. Unter einachsialer Zugbelastung werden die Fasern der Mischung B durch die $1/\sin\alpha$ Umlagerung im Mittel einer größeren Belastung ausgesetzt. Dabei kommt es zu größeren Spannungsspitzen im Bereich der Fasern. Dieser vorzeitige Aufbau von Spannungsspitzen ist in dem deutlichen Abfall der Spannungs-Dehnungs-Linie in Bild 10.33 für die Kurve der Mischung B mit Fasern zu erkennen. Weiterhin ist durch die frühe Rißentwicklung die Entstehung eines dritten Rißbandes wie bei Mischung A in Bild 10.31)b nicht möglich, so daß das Nachbruchverhalten der Kurve A mit Fasern gegenüber der Kurve B in Bild 10.33 ein duktileres Verhalten zeigt. Die vorzeitige Einleitung der Rißentwicklung bei dem Probekörper B hat die positive Wirkung einer Duktilität im ansteigenden Ast der Spannungs-Dehnungs-Linie in Bild 10.33 zur Folge. Im Nachbruchbereich verhält sich die Mischung B mit Fasern wie die Mischungen ohne Fasern eher spröde. Das Auftreten eines dritten Rißbandes in Bild 10.31b bei der Mischung A ist auf die rißstoppende Wirkung der Fasern im oberen Rißband zurückzuführen. Der Kraftfluß verläuft entlang der Fasern und induziert ein weiteres Rißband im unteren Bereich des Gitters A. Diese mehrfache Rißbildung ist durch ein duktiles Verhalten im Nachbruchverhalten, in Bild 10.33 für die Kurve des Gitters A mit Fasern zu erkennen.

Die Beispiele in diesem Abschnitt zeigen, daß allein durch die Variation der Sieblinien und die dadurch veränderte Faseranordnung ein unterschiedliches Materialverhalten bei zentrischen Zugversuchen auftreten kann. Eine Aussage über das Druckverhalten kann daraus nicht abgeleitet werden, wie später noch zu sehen ist.

10.4 Simulation   167

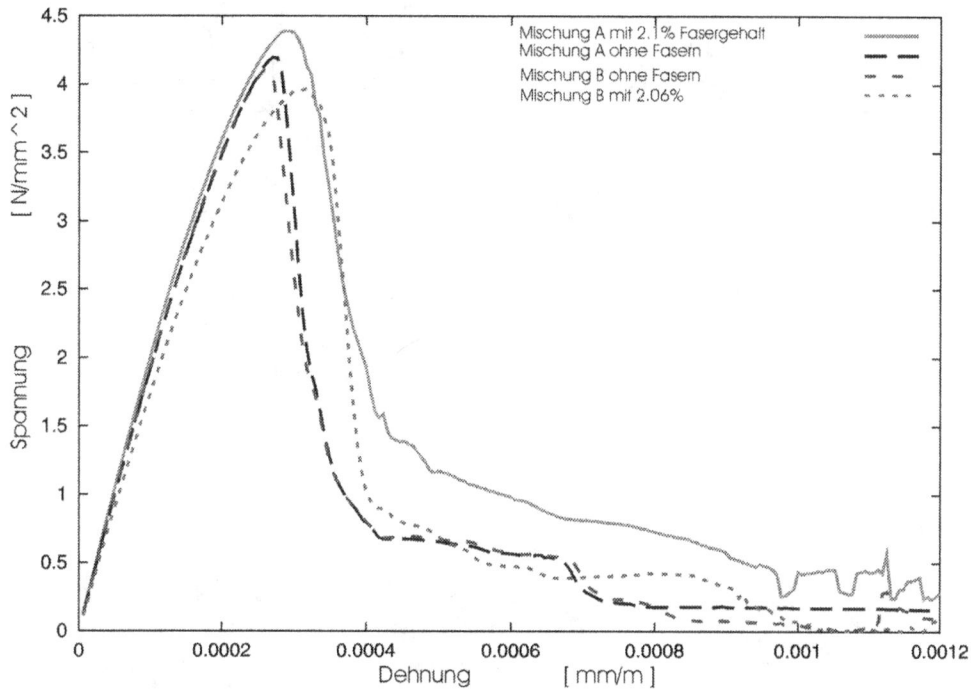

Bild 10.33: Spannungs- Dehnungs- Linien der Mischungen A und B aus 3.5.1.

10.4.1.2 Rißbilder und Spannungs- Dehnungs- Verhalten in Abhängigkeit vom Fasergehalt und der Faserlänge

In diesem Abschnitt wird der Einfluß der Faserlänge und des Fasergehaltes auf das Spannungs-Dehnungs-Verhalten untersucht. Dabei werden die Gitter B, C und D aus Abschnitt 10.3.5.2 und ein Gitter mit gleicher Kornverteilung wie in 10.3.5.2 mit 125 Fasern mit einer Faserlänge von 8 mm auf ihr Zugverhalten und die Rißentwicklung untersucht (siehe Bild 10.34). Die Gitter sind so erzeugt worden, daß jeweils zwei Paare von Gittern mit gleichem Fasergehalt, aber unterschiedlichen Faserlängen zum Vergleich stehen (siehe Bild 10.34 und 10.35). So sind zwei Gitter mit je ca. 1.77 % Fasergehalt, jeweils mit 4 mm Faserlänge, bzw. mit 8 mm Faserlängen und zwei Gitter mit je ca. 3.55 % Fasergehalt jeweils mit 4 mm und mit 8 mm Faserlänge, berechnet worden.

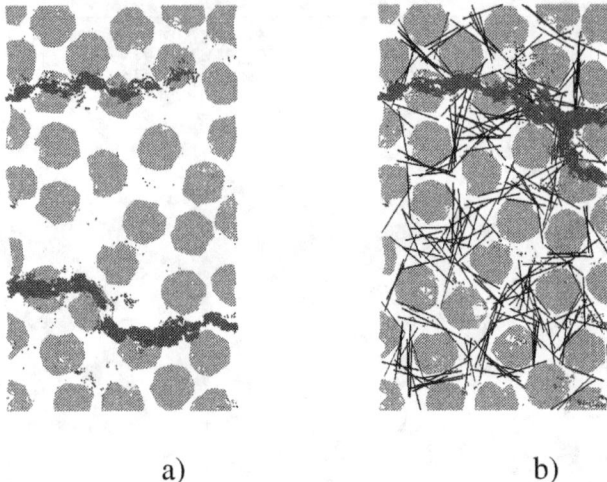

Zu Bild 10.34:

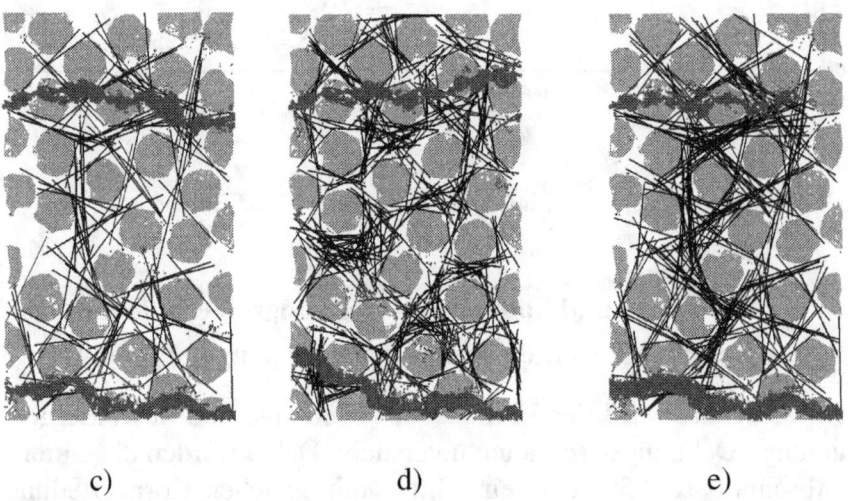

Bild 10.34: Rißbilder der Gitter aus 3.5.2. a) ohne Fasern, b) 250 Fasern mit 4 mm Länge, c) 125 Fasern mit 8 mm Länge, d) 500 Fasern mit 4 mm Länge, e) 250 Fasern mit 8 mm Länge.

10.4 Simulation

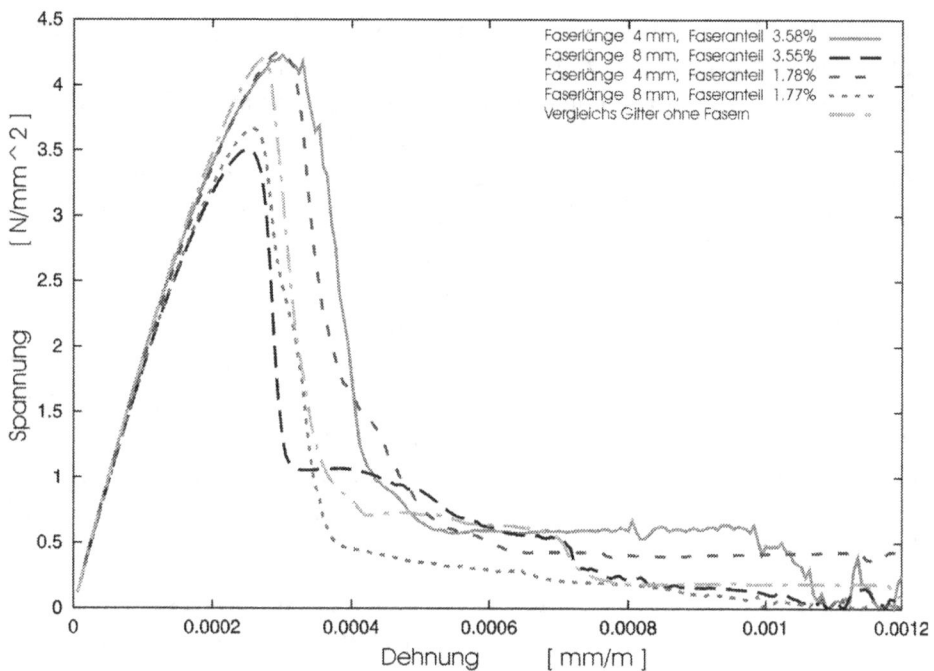

Bild 10.35: Spannungs-Dehnungs-Linien der Gitter mit verschiedenen Fasergehalten aus Bild 10.34.

Alle Rißbilder sind zum besseren Vergleich nach Ablauf der Rechnung, d.h. im Nachbruchbereich der Spannungs- Dehnungs- Linie erstellt worden.

Bild 10.34a zeigt den Rißverlauf des Gitters ohne Fasern, hier ist ein Doppelriß erkennbar. Die Spannungs- Dehnungs- Linie in Bild 10.35 zeigt für das Gitter aus Bild 10.34a auf Grund des Doppelrisses ein duktiles Verhalten im Nachbruchbereich.

Durch die Zugabe von Stäben mit Fasereigenschaften, wie in Bild 10.34b mit ca. 1.77 % Fasergehalt und einer Faserlänge von 4 mm, wird der Rißverlauf stark abgewandelt. Aus dem Doppelriß ist ein einzelner Riß mit Verzweigung geworden. Durch den Einbau von Fasern sind die zuvor vorhandenen Schwachstellen, die zur Rißentwicklung führten, verstärkt worden, so daß der Riß sich einen anderen Weg suchen muß. Das Spannungs-Dehnungs-Verhalten des Gitters aus Bild 10.34b läßt den Einfluß der Fasern gut erkennen. Obwohl hier der Doppelriß unterdrückt ist, tragen die Fasern zu einer Verschiebung der Maxima und zu einer Steigerung der Duktilität im Nachbruchbereich bei. Daran ist zu erkennen, daß die Fasern einen rißüberbrückenden Einfluß haben.

Das Gitter in Bild 10.34c hat den gleichen Fasergehalt wie das Gitter aus Bild 10.34b, die Faserlänge beträgt allerdings 8 mm. Die Anordnung der Zuschläge im unteren Bereich der Lasteinleitung behindert die Installierung der Fasern, so daß die Faserdichte in diesem Bereich geringer ausfällt. Damit ist dieser Bereich für die Rißentwicklung begünstigt, wie in Bild 10.34c durch die Ausbildung eines spröden Risses zu sehen ist. Die Rißüberbrückung der Fasern ist bei diesem Riß fast ohne Bedeutung, was auch an dem Verlauf der Spannungs- Dehnungs- Linie im hinteren Nachbruchbereich durch eine starke Konvergenz der Kurve gegen Null zu sehen ist. Im ansteigenden Ast der Spannungs-Dehnungs-Linie zeigt sich wie in Abschnitt 10.3.5.1 bei der Mischung B mit Fasern ein vorzeitiger Abfall. Dieser Abfall kann auf die Beziehung (10.19) und die damit verbundene wabenartige Faseranordnung zurückgeführt werden. Diese Faseranordnung führt von einer gleichverteilten Winkelverteilung der Fasern weg (siehe die Bilder 10.23b und 10.26d), so daß durch eine $1/\sin\alpha$-Umlagerung in den Fasern größere Spannungen ausgebildet werden können, die dann zu einer vorzeitigen Rißbildung führen. So zeigt die Spannungs-Dehnungs-Linie des Gitters aus Bild 10.34c, durch den Einsatz von Fasern gegenüber der Referenzkurve keine, Verbesserung hinsichtlich des duktilen Verhaltens.

Das Spannungs-Dehnungs-Verhalten der Gitter aus Bild 10.34d und 10.34e zeigen im wesentlichen einen ähnlichen Kurvenverlauf, wie die der Gitter aus Bild 10.34b und 10.34c. Durch den größeren prozentualen Anteil an Fasern (ca. 3.55% Faseranteil) werden die charakteristischen Bereiche der Spannungs-Dehnungs-Linien stärker ausgeprägt. So zeigt die Kurve für das Gitter aus Bild 10.34d ein duktileres Verhalten im Nachbruchbereich gegenüber der Kurve für das Gitter aus Bild 10.34b. Die Kurve für das Gitter aus Bild 10.34e zeigt gegenüber der Kurve für das Gitter aus Bild 10.34c einen duktileres Verhalten im ansteigenden Ast.

Die Beeinflussung der Faserinstallation durch die Zuschläge muß bei den Experimenten berücksichtigt werden. Zur Vermeidung jeglicher Randeffekte ist es daher sinnvoll, die in den Versuchen eingesetzten Probekörper aus größeren Betonteilen mit genügend großen Randabstand heraus zu schneiden, um somit den Fasern im Beton eine freie Ausrichtung zu gewährleisten.

10.4.1.3 Druck- und Zugverhalten in Abhängigkeit vom Fasergehalt

In diesem Abschnitt wird das Materialverhalten eines Gitters mit unterschiedlichem Fasergehalt auf das Druck- und Zugverhalten untersucht. Dabei soll gezeigt werden, daß von einem duktilen Verhalten der Probe in einem weggesteuerten Zugversuch nicht ohne weiteres auf ein duktiles Verhalten der gleichen Probe bei einem weggesteuerten Druckversuch geschlossen werden kann. Wie in den vorhergehenden Abschnitten wird von einem Gitter mit zufälliger Struktur der Knoten- und Stabanordnung ausgegangen. Die Verteilung der Stabparameter entspricht der aus den vorangegangenen Abschnitten, allerdings wird hier zur Verkürzung der Rechenzeiten mit einem verkleinerten Gitter gerechnet. Anstatt 4000 Knoten werden die hier generierten und berechneten Gitter nur 1000 Knoten umfassen, die Knotendichte wurde mit 5.88 Knoten/mm^2 konstant gehalten, so

10.4 Simulation

daß die Gitterstruktur im wesentlichen der Struktur der zuvor untersuchten Gitter entspricht. Das Gitter A ohne Stäbe mit Fasereigenschaften ist das Ausgangsgitter für die Gitter B bis F mit Fasern, so daß nur der Faseranteil variiert wird, aber alle andern Parameter konstant bleiben (siehe Tabelle 10.5).

Die generierten Gitter A bis F werden sowohl einer Zug- als auch einer Druck-Simulationen ausgesetzt, so daß ein und dasselbe Gitter auf sein Druck- und Zugverhalten hin untersucht werden kann. In den Experimenten sind solche Versuche an ein und demselben Probekörper nicht möglich.

Die Simulation der Zug- und Druckversuche wird, wie in den vorhergehenden Abschnitten, weggesteuert durchgeführt. Weiterhin sind die Randbedingungen in beiden Fällen in den Lasteinleitungsflächen der Gitter orthogonal zur Lasteinleitung ohne Querdehnungsbehinderung gehalten worden.

Tabelle 10.5: Parameter der Gitter aus Bild 10.36 und Bild 10.38).

	Gitter A	Gitter B	Gitter C	Gitter D	Gitter E	Gitter F
Breite [mm]	10	10	10	10	10	10
Höhe [mm]	17	17	17	17	17	17
Knotenzahl	1000	1000	1000	1000	1000	1000
Anzahl der Stäbe	14992	15042	15062	15067	15072	15112
Prozentualer Anteil der Zuschlagstäbe [%]	39.6	39.6	39.6	39.6	39.6	39.6
Korndurchmesser 4 mm	6	6	6	6	6	6
Korndurchmesser 2 mm	20	20	20	20	20	20
Korndurchmesser 1 mm	17	17	17	17	17	17
Anzahl der Fasern	0	50	70	75	80	120
Faserlänge [mm]	2	2	2	2	2	2
Prozentualer Anteil der Fasern [%]	0	0.73	0.101	1.1	1.16	1.79

10.4.1.3.2 Zugverhalten

Die erzeugten Gitter A bis F werden im folgenden in zentrischen weggesteuerten Zugversuchen bis zum Zerreißen gedehnt. Die Rißbilder Bild 10.36 zeigen die Rißverläufe der Gitter A bis F für unterschiedliche Fasergehalte. Der Einfluß der Fasern im Vergleich der Rißbilder des Gitters A (ohne Fasern) mit dem Gitter B mit 50 Fasern, kann an den Rißbändern nicht direkt erkannt werden. Der Vergleich der Spannungs- Dehnungs- Linien zeigt für das Gitter B mit 50 Fasern, gegenüber dem Gitter A ohne Fasern, eine leichte Verbesserung im Nachbruchbereich (siehe Bild 10.37). Durch eine Erhöhung des Fasergehaltes auf 70 Fasern, wie im Gitter C, ist der Einfluß der Fasern am Rißbild gut erkennbar. Das obere Rißband wird durch die größere Anzahl der Fasern stärker vernäht, so daß der obere Riß nicht wie bei Gitter A vollständig durchläuft und im unteren Bereich des Gitters ein zusätzliches Rißband entsteht (siehe Bild 10.36c). Dieses zweite Rißband kann dann einen zusätzlichen Weg frei geben, so daß das Nachbruchverhalten der Spannungs-Dehnungs-Linie für das Gitter C in Bild 10.37 ein duktileres Verhalten zeigt, als die der Gitters B oder A.

Mit einer weiteren Erhöhung des Fasergehaltes auf 75 Fasern bei Gitter D, wird der untere Bereich, wo zuvor bei Gitter C das zweite Rißband entstand (siehe Bild 10.36d), das Gitter durch die erhöhte Anzahl der Fasern verstärkt, so daß das erste Rißband im oberen Bereich wieder dominiert und somit das Nachbruchverhalten im Vergleich zu Gitter C in Bild 10.37 nicht die erhoffte Verbesserung zeigt. Das Zugverhalten des Gitters D in Bild 10.37, zeigt zwar gegenüber dem Gitter A und B ein duktileres Nachbruchverhalten, nicht aber im Vergleich zu Gitter C.

Das Gitter E mit 80 Fasern ist als Rißbild in Bild 10.36e dargestellt. Das obere Rißband ist hier wie bei dem Gitter C nicht ganz durchlaufend. Die minimale Erhöhung des Faseranteils hat im oberen Rißband keinen verstärkenden Einfluß. Im Mittelteil des Gitters E kann man eine leichte Unterdrückung der Rißentwicklung erkennen, so daß hier mit einer leichten Verstärkung zu rechnen ist. Diese Verstärkung führt dann zu einer Steigerung der Spannung in dieser Zone, die dann über die Fasern bis im unteren Bereich des Gitters abgetragen wird und so wie bei dem Gitter C, die Entstehung eines zweiten Rißbandes einleitet. Der Vergleich, der Spannungs-Dehnungs-Linien in Bild 10.37, zeigt für das Gitter E die Wirkung des zweiten Rißbandes in einem duktilen Nachbruchverhalten, wie bei dem Gitter C.

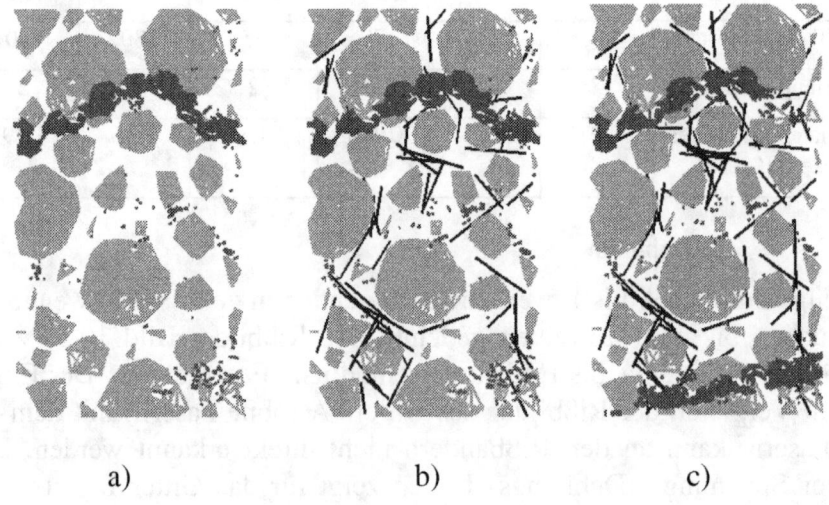

a)   b)   c)

10.4 Simulation

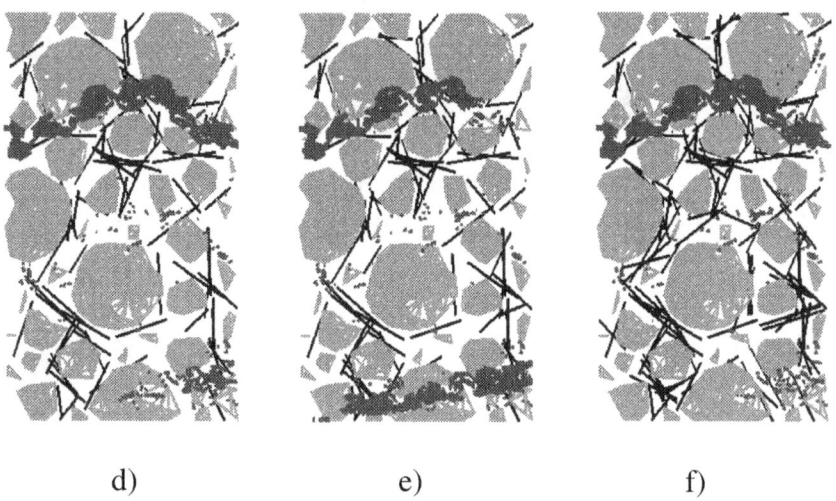

Bild 10.36: Rißbilder der auf Zug versagten Gitter A bis F a) ohne Fasern, b) mit 50 Fasern, c) mit 70 Fasern, d) mit 75 Fasern, e) mit 80 Fasern und f) mit 120 Fasern.

Eine weitere Steigerung des Faseranteils auf 120 Fasern in Gitter F, zeigt in Bild 10.36f die Verhinderung eines zweiten Rißbandes im unteren Bereich des Gitters. Durch den erhöhten Faseranteil, kann eine Verstärkung des Gitters durch die Fasern im unteren rechten Teil im Bereich der Lasteinleitung des Gitters F erkannt werden. Der Einfluß der Fasern auf die Rißunterdrückung wird hier gut deutlich. Der Vergleich der Spannungs-Dehnungs-Linien in Bild 10.37 zeigt für das Gitter F gegenüber derer der Gitter C und E, keine Steigerung der Duktilität im Nachbruchbereich, trotz deutlich größerem Faseranteil.

Die Aussagekraft zentrischer weggesteuerter Zugversuche, an ungekerbten Probekörpern, scheint im Bezug auf die Veränderung der Duktilität in Abhängigkeit vom Faseranteil für Faserbeton nicht deutlich genug zu sein. Der Erwartung nach sollte eine Korrelation zwischen duktilem Nachbruchverhalten und einer Steigerung des Faseranteils bestehen. Diese Korrelation wird aber mit der hier gezeigten Simulation von weggesteuerten Zugversuchen nicht deutlich.

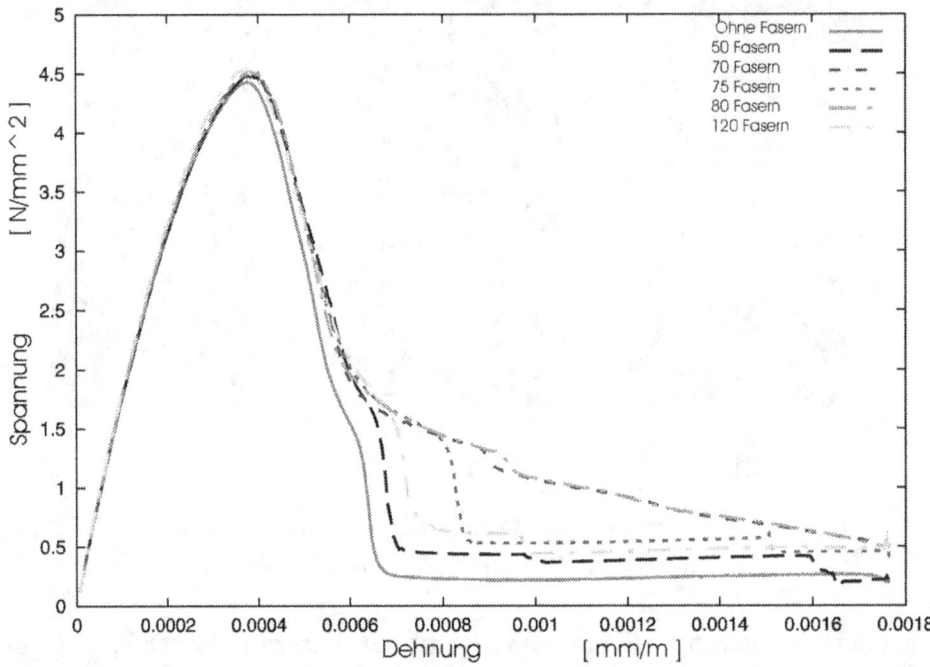

Bild 10.37: Vergleich des Zugverhaltens der Gitter A bis F aus Bild 10.36.

Der bei dem Zugversuchen vorherrschende einachsiale Spannungszustand führt zu einem orthogonalen Rißwachstum bezogen auf die Haupt-Spannungs-Richtung. Den Rissen ist dadurch nicht viel „Entfaltungsfreiraum" gegeben. Die Einstreuung der Fasern erfolgt eher zufällig, so daß ihre Orientierung in der Regel eine zufällige Struktur zeigt. Die Verstärkung des Gitters durch die Fasern ist in erster Linie lokal zu sehen. Die inhomogene Struktur des Gitters bleibt erhalten. Eine lokale Verstärkung erzeugt immer relativ zu sich selbst in ihrer Nachbarschaft eine Schwachstelle, wo der Riß dann seinen Weg finden kann. Durch den einachsialen Spannungszustand wird diese Schwachstelle auch sehr schnell gefunden, so daß die Anzahl an zusätzlichen Rißbändern klein ist, und das Gegenwirken der Fasern am Rißwachstum verhältnismäßig gering ist. Das zeigen auch die Rißbilder in Bild 10.36. Die Erzeugung eines mehrachsialen Spannungszustandes würde eine übermäßige Spannungskonzentration in den „relativen" Schwachstellen verhindern und zu einer größeren Rißentwicklung führen. Diese vergrößerte Rißentwicklung würde der zufälligen Orientierung der Fasern entsprechen, so daß mehr Fasern an einer Rißbehinderung teilhaben können. Aus diesem Grunde werden nachfolgend mit den hier berechneten Gittern weggesteuerte Druckversuche simuliert, um eine Korrelation zwischen Duktilität und Fasergehalt zu zeigen.

10.4 Simulation

10.4.1.3.2 Druckverhalten

Zur Simulation von weggesteuerten Druckversuchen werden die Gitter A, B, D und F verglichen. Wie auch bei den Zugversuchen werden die Randbedingungen in den Lasteinleitungsflächen orthogonal zur Lastrichtung querdehnungsunbehindert angesetzt.

Die Rißverläufe der Gitter A, B, D und F, zeigen für die auf Druck versagten Probekörper typische Rißbilder (siehe Bild 10.38). Durch die mehrachsiale Spannungssituation ist eine sehr aufgespaltene Rißstruktur gegeben. Ein großer Unterschied in Abhängigkeit vom Fasergehalt ist erst bei genauerer Betrachtung zu erkennen. So zeigt der Vergleich der oberen und unteren Zonen, im Bereich der rechten Flanken der Gitter A und F, eine Veränderung der Rißentwicklung. Der geschädigte obere rechte Bereich in Gitter A (siehe Bild 10.38a) ist im Vergleich mit der gleichen Zone von Gitter F (siehe Bild 10.38d) stärker ausgeprägt. Die Rißentwicklung im unteren rechten Bereich des Gitters F zeigt dagegen eine größere Ausbreitung als die Rißentwicklung im gleichen Bereich des Gitters A. Im Gegensatz zur Simulation von Zugversuchen, wie oben in Bild 10.36 gezeigt, ist der Einfluß der Fasern auf die Rißentwicklung eher gering. Die Übereinstimmung der Rißstrukturen von den Rißbildern aus Bild 10.38 und den auf Druck versagten Probekörpern aus Bild 10.39 nach [HHS92] zeigt sich besonders in dem Ausschnitt aus der Prozeßzone in Bild 10.39b.

Der Einfluß der Fasern auf das Spannungs-Dehnungs-Verhalten ist im Gegensatz zu den Rißbildern deutlicher (siehe Bild 10.40). Die vermutete Korrelation der Duktilität im Nachbruchverhalten und dem Fasergehalt, ist an den Kurven in Bild 10.40 zu erkennen. Weiterhin zeigt Bild 10.40 einen Zusammenhang zwischen einer geringen Steigerung der Festigkeit und dem Fasergehalt in Übereinstimmung mit den Versuchen nach [Küt97] (siehe auch Bild 10.41). Das Abflachen der Spannungs-Dehnungs-Linien im ansteigenden Ast kurz vor Erreichen der Maxima zeigt auch eine Korrelation mit dem Fasergehalt (siehe Bild 10.40).

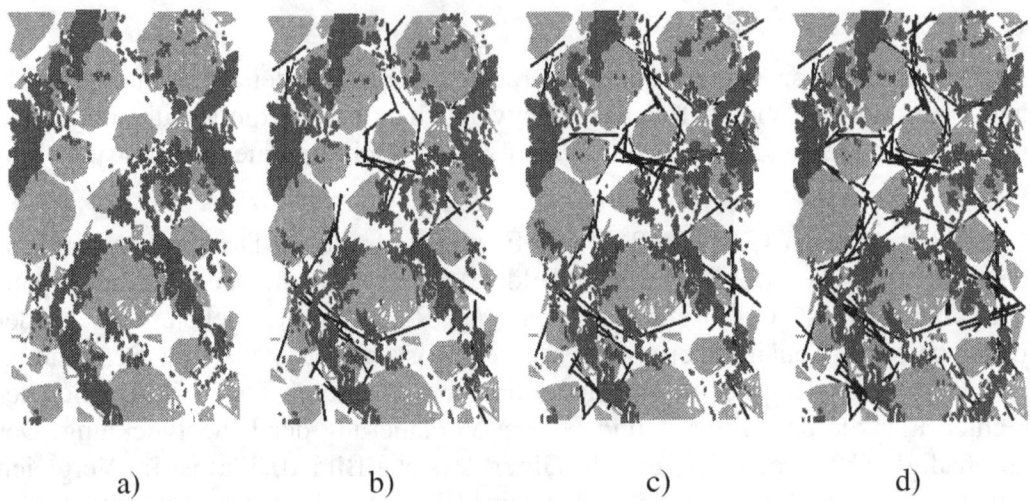

Bild 10.38: Rißbilder der auf Druck versagten Gitter A,B,D und F. a) ohne Fasern, b) 50 Fasern, c) 75 Fasern und d) 120 Fasern.

Bild 10.39: a) Auf Druck versagte Probekörper mit 25 cm Höhe, 10 cm Breite und 5 cm tiefe und mit einem Faseranteil von 1.2% Wirexfasern aus [HHS92], b) Ausschnitt der Prozeßzone aus dem rechten Probekörper aus a.

10.4 Simulation

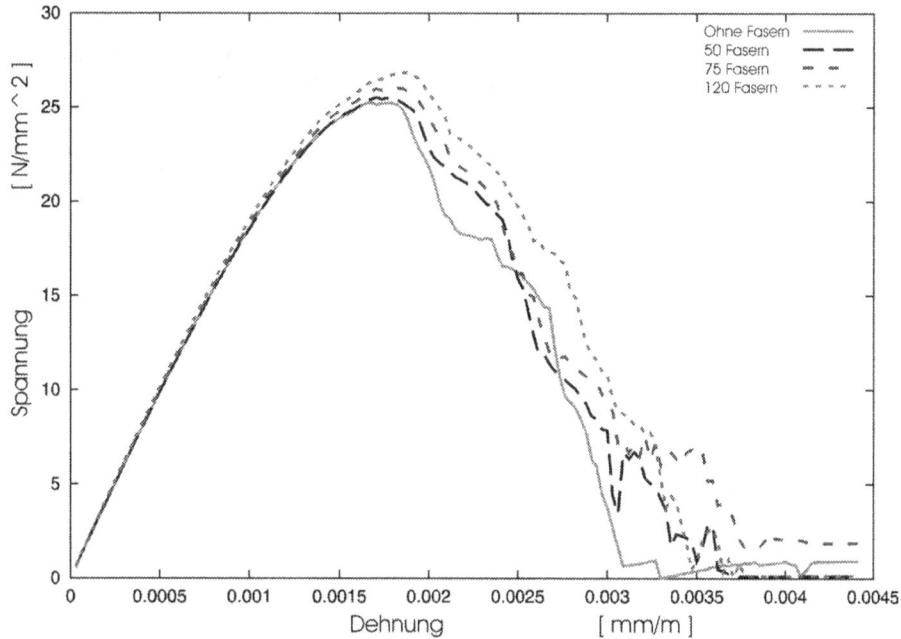

Bild 10.40: Spannungs- Dehnungs- Verhalten der auf Druck versagten Gitter A,B,D und F aus Bild 10.38.

Der Vergleich des Verhalten der Gitter unter Druck- und Zugbeanspruchung hat gezeigt, daß die Simulation von Zugversuchen allein nicht als ausreichend angesehen werden kann, wenn die Frage nach der Duktilität in Abhängigkeit vom Fasergehalt zu beantworten ist. Eine größere Aussagekraft gegenüber der Simulation von Zugversuchen hat, wie hier gezeigt wurde, die Simulation von zentrischen weggesteuerten Druckversuchen.

Aus den Experimenten ist die schwache Aussagekraft der ungekerbten Zugversuche in Bezug auf das duktile Verhalten in Abhängigkeit vom Fasergehalt bekannt. Durch die häufig auftretende mehrfache Rißbildung bei den Zugversuchen kann eine eindeutige Zuordnung zwischen Fasergehalt und Zuwachs der Duktilität nicht getroffen werden. Im folgenden Abschnitt sollen nun Beispiele gekerbter Zugversuchen simuliert werden.

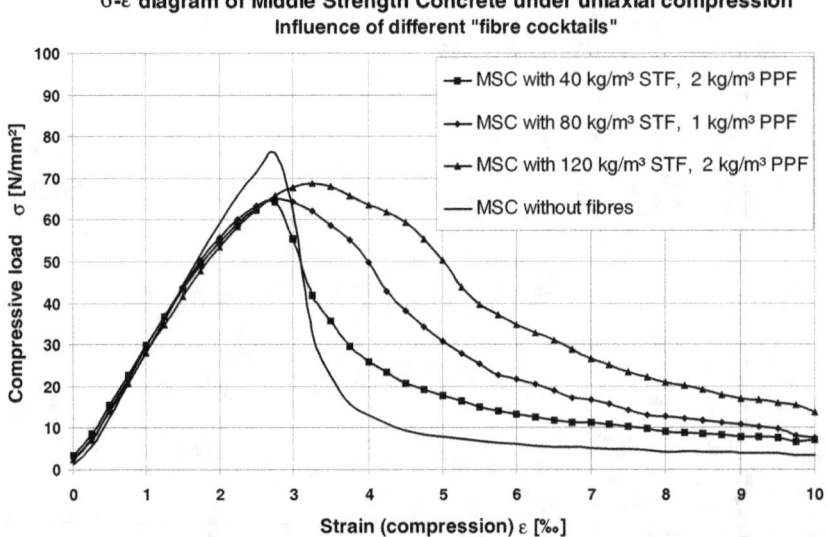

Bild 10.41: Bild 10.42: zeigt die Spannungs- Dehnungs- Linien weggesteuerter Druckversuche hochfester Betone mit verschiedenen Fasergehalt nach [Küt97].

10.4.2 Die Abhängigkeit des Spannungs-Dehnungs-Verhaltens von der Faserlänge bei einem gekerbten Gitter ohne Zuschläge

In diesem Abschnitt wird in Anlehnung an die Gitter aus Abschnitt 10.3.5.3 der Einfluß der Faserlänge in einem Matrixgitter, bestehend nur aus Stabelementen mit Matrixeigenschaften, auf das Spannungs-Dehnungs-Verhalten untersucht. Dabei werden zwei unterschiedliche Faserlängen mit 4mm und 8mm in die Matrixgitter eingebaut. Anders als in den vorhergehenden Simulationen werden die nun folgenden simulierten Zugversuche an gekerbten Gittern durchgeführt. Mit dem Einbau einer Schwachstelle in Form einer Kerbe, kann die Rißentwicklung grob vorbestimmt werden. Mit einem solchen Einzelriß kann daraufhin eine einfache Zuordnung der betontechnologischen Parameter zum Spannungs-Verformungs- Verhalten gegeben werden.

Der in dieser Berechnung variierte Parameter ist die Faserlänge. Bei der Gittergenerierung wurden ausgehend von einem Grundgitter ohne Fasern, die Gitter mit 4mm und 8mm Fasern entwickelt, wobei alle Gitter die gleiche Vernetzung aufwiesen und der Fasergehalt für die Gitter mit Fasern konstant gehalten wurde. Mit anderen Worten ausgedrückt, das Gitter mit den halb so langen Fasern, hat gegenüber dem Gitter mit den langen Fasern, doppelt so viele Fasern. Wobei die Gitter-

10.4 Simulation

struktur der Gitter mit Fasern, der Struktur des Grundgitters ohne Fasern entspricht.

Anders als in den Abschnitt 10.3.5 wird im folgenden eine etwas andere Gitterabmessung bevorzugt. Durch die Existenz der Kerbe werden die Fasern zerschnitten, so daß mit der Darstellung von sehr kurzen Fasern zu rechnen ist. Aus diesem Grund wird die Anzahl der Knoten von 4000 auf 4500 erhöht und die Gitterabmessungen zum Erlangen einer größeren Knotendichte von 34 mm x 20 mm auf 20mm x 20mm verkleinert. Damit wird eine Knotendichte von 11.25 Knoten pro mm^2 erreicht.

Zur Simulation sind insgesamt drei Sätze mit je drei Grundgittern generiert und berechnet worden. Dabei werden die jeweiligen drei Ergebnisse in der Form von Spannungs- Dehnungs- Linien, entsprechend der Variation zur Unterdrückung der Streuung, gemittelt.

Weiterhin wird an einem Beispielgitter die Rißentwicklung in Abhängigkeit von der Verformung, als Rißbilder für das Grundgitter ohne Fasern, für das Gitter mit 4mm langen Fasern und für das Gitter mit 8mm langen Fasern dargestellt.

Der erste Punkt in diesem Abschnitt wird sich kurz mit der Generierung eines gekerbten Gitters mit Fasern befassen. Dabei wird auf die Gittergenerierung und Faserimplementierung aus den Kapitel 5 und 10.3.3 aufgebaut.

10.4.2.1 Die Generierung der gekerbten Gitter

Die Generierung eines Gitter mit Kerbe zur Durchführung zentrischer weggesteuerter Zugversuche geht von einem gewöhnlichen Gitter ohne Kerbe wie in Kapitel 5 beschrieben aus (siehe Bild 10.42). Auf einer festgelegten Geometrie wird eine vorgegebene Anzahl an Knoten verteilt, die mittels eines Algorithmus verbunden werden. Zur Demonstration sind die Kerben in den nachfolgenden Bilder übertrieben dargestellt, wobei die Matrixstäbe schwarz und die Faserstäbe gelb abgebildet sind.

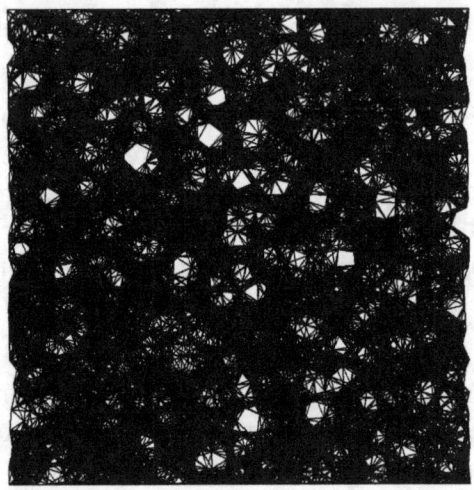

Bild 10.42: Erster Schritt zur Generierung eines Gitters mit Kerbe.

Im zweiten Schritt werden die Verknüpfungen der Knoten, die in dem geometrischen Bereich der Kerbe liegen, aus dem Gitter entfernt. Die so entstandene Lücke erfordert eine Umnumerierung zur Minimierung der Bandbreite der verbleibenden Knoten und Stäbe. Damit ist der Erhalt der vorausgehenden Gitterstruktur unter Beibehalt der Knotendichte gewährleistet (siehe Bild 10.43).

Bild 10.43: Zweiter Schritt zur Generierung eines Gitter mit Kerbe unter Beibehaltung der Gitterstruktur und der Knotendichte (vergleiche Bild 10.42).

Im dritten Schritt werden die Fasern in das Gitter eingestreut. Dabei werden die Koordinaten der Knoten in den Kerben, zur Vergabe der Verknüpfungsknoten der Fasern, mit berücksichtigt. Bei diese Vorgehensweise werden die Faser gleichmä-

10.4 Simulation   181

ßig über das Gitter verteilt, ohne das die Kerbe die Verteilung der Fasern ungünstig beeinflußt. Würden bei der Einstreuung der Fasern die Knoten in der Kerbenzone als Verbindungsknoten ausgenommen werden, so würden sich die Fasern verstärkt im mittleren Bereich zwischen den Kerben anordnen. Die Kerbe würde dann nicht einer eingeschnittenen Kerbe wie in einer Betonprobe entsprechen.

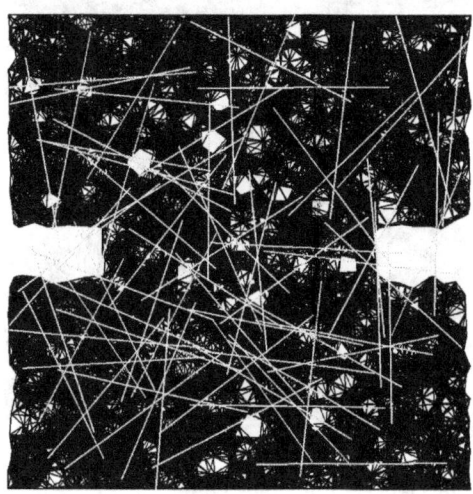

Bild 10.44: Dritter Schritt zur Generierung eines Gitter mit Kerbe mit Berücksichtigung der Knoten in den Kerbenzonen für die Gewährleistung einer gleichmäßigen Verteilung der Fasern.

Im vierten Schritt werden die Teile der Fasern, die im Bereich der Kerbe liegen, ausgeschnitten. Dabei werden die Schnittpunkte der Faser mit der Begrenzung der Kerbe bestimmt. Nach Festlegung der Schnittpunkte werden für die in der Matrix verbleibenden Faserstücke neue Verknüpfungspunkte gesucht. Diese Suche nach neuen Verknüpfungspunkten muß durchgeführt werden, weil die Schnittpunkte in der Regel nicht mit einem gültigen Gitterknoten zusammen fallen und der Einbau der Schnittpunkte die vorhandene Gitterstruktur verändern würde. Der Einbau von zusätzlichen Knoten an den Stellen der Schnittpunkte hätte dann ein Erhöhung der Knotendichte und eine Veränderung der Verknüpfung zur Folge. Damit ist gewährleistet, daß die Einstreuung der Fasern in Verbindung mit der Kerbengeometrie das Matrixgitter nicht nachhaltig verändert.

Diese Verknüpfungspunkte müssen dann allerdings in der Matrix liegen. Die Auswahl der neuen Verknüpfungspunkte erfolgt in einem Halbkreis mit einem Radius von der Größe der mittleren Gitterkonstante (siehe Kapitel 5) um die Schnittpunkte. Dabei wird der Knoten aus diesem Halbkreis ausgewählt, der mit der ursprünglichen Faserrichtung den minimalen Winkel bildet. Je nachdem, ob eine Faser mit der Begrenzung der Kerbe einen oder zwei Schnittpunkte bildet, wird dann die Faser entsprechend verkürzt oder in zwei kurze Fasern zerlegt (siehe Bild 10.45). Mit dieser Vorgehensweise wird sichergestellt, daß die Generierung eines Gitters mit Kerbe und Fasern, dem Einschneiden einer Kerbe in einem realen Betonprobekörper aus Stahlfaserbeton sehr nahe kommt.

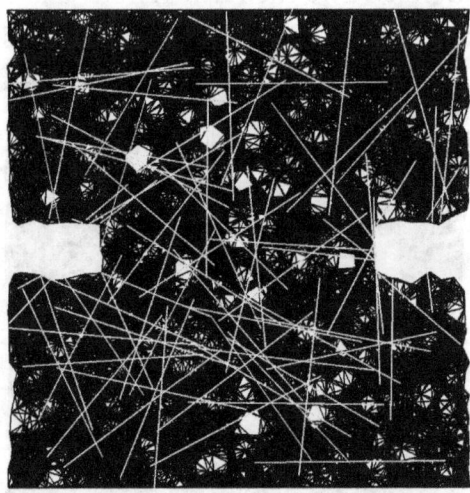

Bild 10.45: Vierter Schritt zur Generierung eines Gitter mit Kerbe nach dem Ausbau und der Neuverknüpfung der Fasern zur realistischen Nachbildung einer eingeschnittenen Kerbe, entsprechend der Kerbe an einem Betonprobekörper.

Der fünfte Schritt stellt im Prinzip nur ein Winkelkriterium dar. Mit diesem Winkelkriterium wird lediglich festgelegt, ob ein Faserstück welches zu stark von der ursprünglichen Faserrichtung abweicht, aus dem Gitterverband entfernt werden soll (siehe Bild 10.46).

10.4 Simulation

Bild 10.46: Fünfter Schritt zur Generierung eines Gitter mit Kerbe. Ausbau der Faserstücke die eine maximale Winkelabweichung von der ursprünglichen Faserrichtung haben.

Die hier dargestellten Gitter bilden die Grundlage für die Simulation zentrischer Zugversuche in den nachfolgenden Abschnitten. Bis auf die Größe der Kerbe, welche hier zu Demonstrationszwecken größer angelegt ist als bei den Gittern der nachfolgenden Berechnung, stimmen die Gitter in den Abmessungen, den Knotendichten und der Verknüpfungsstruktur überein.

So wird bei der Generierung ein quadratisches Gitter mit 20mm x 20mm Kantenlänge zugrunde gelegt. Wobei im ersten Schritt der Generierung 4500 Knoten auf die gesamte Fläche verteilt werden, so daß alle drei Grundgitter A, B und C (siehe Tabelle 10.6) nach Abzug der Knoten, die in den Kerben liegen, die gleiche Knotendichte aufweisen. Weiterhin werden zusätzlich zu jedem Grundgitter ohne Fasern jeweils zwei Gitter mit Fasern generiert, mit 150 4mm langen und mit 75 8mm langen Fasern. Im Ganzen sind für jedes Grundgitter einschließlich dem Grundgitter selbst, drei Gitter generiert worden. Einmal das Grundgitter ohne Fasern, einmal mit ca.150 4mm langen Fasern und mit ca.75 8mm Fasern. Durch die zufällige Gitterstruktur und die Existens der Kerbe wird die Anzahl der Fasern und somit auch der Fasergehalt, einer gewissen Schwankung unterworfen sein (siehe Tabelle 10.6).

Tabelle 10.6: Parameter der generierten Gitter

	Gitter A1	Gitter A2	Gitter A3	Gitter B1	Gitter B2	Gitter B3	Gitter C1	Gitter C2	Gitter C3
Höhe [mm]	20	20	20	20	20	20	20	20	20
Breite [mm]	20	20	20	20	20	20	20	20	20
Knotendichte [n/mm^2]	11.25	11.25	11.25	11.25	11.25	11.25	11.25	11.25	11.25
Anzahl der Knoten	4426	4426	4426	4428	4428	4428	4432	4432	4432
Anzahl der Stäbe plus Faserstäbe	62847	62847 + 147	62847 + 77	62484	62484 + 147	62484 + 72	62423	62423 + 148	62423 + 73
Kerben Höhe [mm]	Höhe/25	Höhe/25	Höhe/25	Höhe/25	Höhe/25	Höhe/25	Höhe/25	Höhe/25	Höhe/25
Kerben Breite [mm]	Breite/5	Breite/5	Breite/5	Breite/5	Breite/5	Breite/5	Breite/5	Breite/5	Breite/5
Faserlänge [mm]	-	4	8	-	4	8	-	4	8
Anteil der Stäbe mit Fasereigenschaften [%]	0	1.46	1.46	0	1.47	1.43	0	1.53	1.47

10.4.2.2 Simulation von Zugversuchen an den gekerbten Gittern aus Abschnitt 10.4.2.1

Die Ergebnisse der Simulation zeigen einen deutlichen Einfluß der Faserlänge auf die Spannungs-Dehnungs-Linien. So kann an den Spannungs-Dehnungs-Linien aus Bild 10.47, für die Gitter des B-Satzes, mit 147 4mm langen Fasern ein leicht verbessertes Nachbruchverhalten im Vergleich zu den Gitter ohne Fasern erkannt werden. Noch eindrucksvoller zeigt das Gitter mit den 72 8mm langen Fasern im Vergleich zu den beiden anderen Gittern eine Verbesserung des Nachbruchverhalten. Die doppelt so lange 8mm lange Faser, zeigt im Vergleich zu der 4mm langen Faser, bei konstant gehaltenem Faseranteil einen deutlicheren Einfluß auf das Spannungs-Dehnungs-Verhalten (siehe Bild 10.47).

Zur Unterdrückung der Streuung in den Ergebnissen sind, wie oben schon erwähnt, für jeden Fasergehalt drei unterschiedliche Gitter gerechnet und die jeweiligen Spannungs-Dehnungs-Linien entsprechend dem Fasergehalt gemittelt worden. Die Mittelwerte dieser drei Ergebnisse sind in Bild 10.49 dargestellt. Dabei wird der Trend aus dem Beispiel in Bild 10.47 bestätigt.

10.4 Simulation

Als Beispiel der Rißentwicklung entsprechend der Verformung, werden hier die drei Gitter des B-Satzes dargestellt (siehe die Bilder 10.48). Bei der Darstellung der Rißentwicklung wird die Matrix als schwarzer Hintergrund in Form des gekerbten Gitters ohne Auflösung der Gitterstruktur abgebildet. Zur Visualisierung der Schädigung in den Rißbildern, wird die Breite und die Länge des Risses aus dem Schädigungsgrad der Stabelemente bestimmt. Dieser Riß wird dann orthogonal zur Stabachse und symmetrisch zum Stabschwerpunkt des geschädigten Stabes in das Gitter, als kurzer weißer Strich, eingetragen. Mit dem so erzeugten Rißbild kann eine Beziehung zwischen der Spannungs-Dehnungs-Linie und der Gefügeänderung für jeden Verformungsschritt (siehe die Positionen 1 bis 8 in Bild 10.48) wie in Bild 10.48 hergestellt werden.

Die fortschreitende Rißbildung im Stabwerkgitter des numerischen hochfesten Betons im Vergleich zum Spannungs- Dehnungsverhalten zeigt sich wie folgt:

- Die Rißbildung in Punkt 1, bei ca. 40% der Festigkeit, zeigt bei allen drei Gittern im wesentlichen den Beginn einer Mikrorißentwicklung (siehe die Bilder 10.48.1.1 bis 10.48.1.3). Dabei weisen die Rißbilder bis auf kleine Unterschiede in der Mikrorissentstehung, durch den Einfluß von erhöhten Spannungsspitzen im Bereich der Faserenden (siehe die Bilder 10.48.1.2 und 10.48.1.3) keinen großen Unterschied auf.

- In den Punkten 2 und 3, 80% bis 100% der Festigkeit, zeigt sich bei allen drei Gittern der Zuwachs von Mikrorissen und die Ausbildung von Makrorissen an den Kerbenenden. Dabei verteilen sich die Risse hauptsächlich über der Zone zwischen den Kerben. Für das Gitter mit den 8mm langen Fasern ist ebenfalls eine Abtragung der Kräfte und der Rißentwicklung über den Kerben erkennbar, so daß eine Vergrößerung der kraftübertragenden Fläche durch die 8mm lange Faser erreicht wird (siehe Bild 10.48.3.3).

- Der Nachbruchbereich von Punkt 4 bis 5 zeichnet sich durch das Wachsen der Makrorisse und das Schließen der Mikrorisse aus. Dabei zeigt sich für das Gitter ohne Fasern und das Gitter mit den 4mm langen Fasern, ein Rißwachstum von der rechten Kerbe her. Damit geht die Schließung der Mikrorisse mit den aufgehenden Makrorissen einher (siehe z.B. Bild 10.48.4.1 und 10.48.4.2). Bei dem Gitter mit den 8mm langen Fasern bildet sich der Riß im Gegensatz zu den beiden anderen Gittern zwischen dem rechten Kerbenende und dem linken Kerbenende im Ganzen aus.

- Im Bereich der Punkt 6 und 7 bildet sich für die Gitter mit den 4mm langen Fasern und dem Gitter ohne Faser eine aufeinander zuwachsende Rißentwicklung aus. Das Zusammenwachsen der Mikrorisse über den Makrorissen ist bei allen Gittern fast abgeschlossen, so daß sich der Rißprozeß hauptsächlich auf der Höhe der Kerben abspielt. Für das Gitter mit den 8mm langen Fasern ist die Ausbildung eines durchlaufenden Risses von Kerbe zu Kerbe schon fast vollzogen. Die Kraftübertragung wird hier mittels den Fasern realisiert (siehe Bild 10.47)c und 10.48.7.3).

- Am Ende der Simulation zeigen alle drei Gitter eine Trennung von der rechten bis zur linken Kerbe. Allerdings zeigen sich in den Rißverläufen einige Unterschiede. Dabei zeigt das Gitter ohne Fasern, wie nicht anders zu erwarten, einen glatten Riß (siehe Bild 10.48.8.1). Das Gitter mit den 4mm langen Fasern, zeigt aufgrund der Fasern eine leichte Abweichung von einem einzelnen Riß. Dabei wird oberhalb und unterhalb des Hauptrisses, jeweils ein kurzes, nicht trennendes Rißband angedeutet (siehe Bild 10.48.8.2). Der Rißverlauf des Gitters mit den 8mm langen Fasern, wird durch einen einzigen durchlaufenden Riß gekennzeichnet. Allerdings verläuft dieser anders als der Einzelriß für des Gitter ohne Fasern und zeigt zudem eine größere Rißbreite (siehe Bild 10.48.8.3).

Die Simulation von Zugversuchen an gekerbten Gittern, zeigt sich zwischen den Spannungs-Dehnungs-Linie und den Rißbildern ein eindeutiger Zusammenhang. So wird an diesem Beispiel die Verbesserung des Nachbruchverhaltens durch den Einsatz der langen Faser, gegenüber der kurzen Faser sehr deutlich und gibt damit das Verhalten eines realen hochfesten Faserbetons gut wieder.

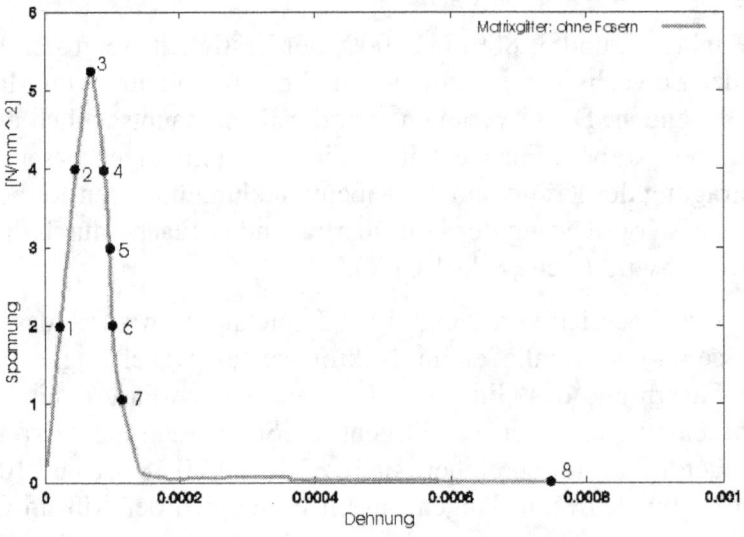

a)

10.4 Simulation

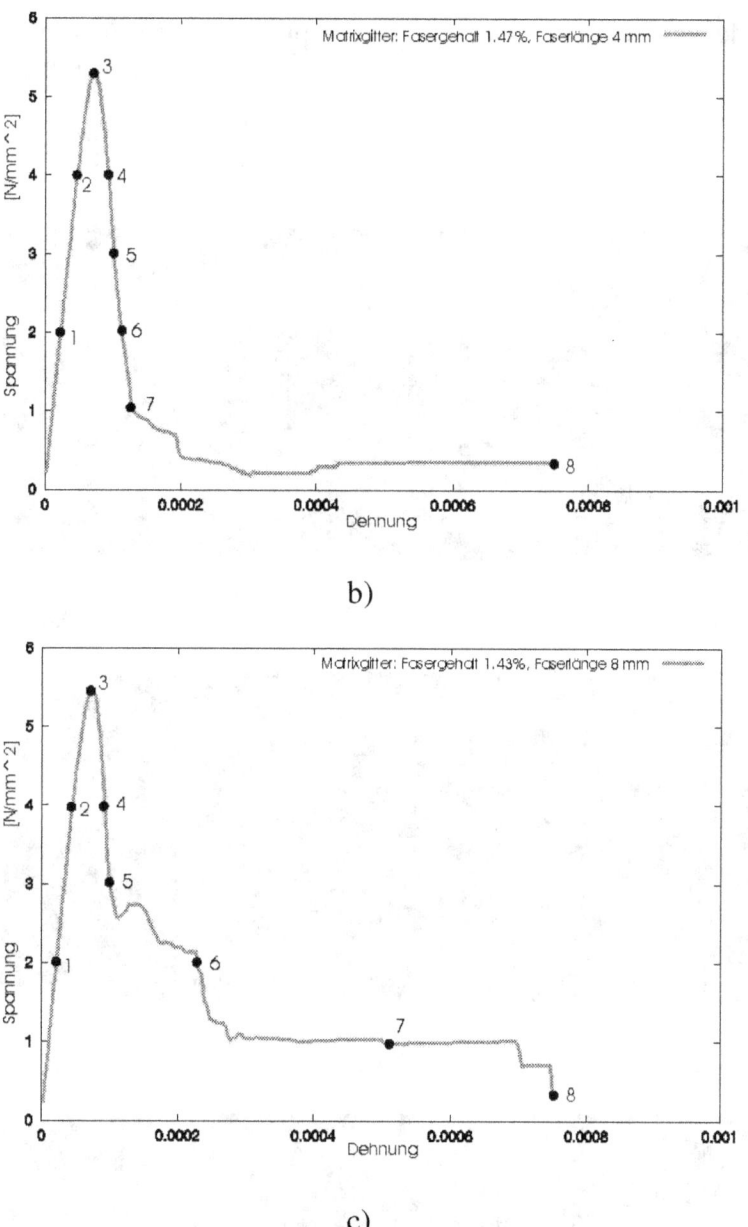

b)

c)

Bild 10.47: Spannungs- Dehnungs- Verhalten des gekerbten Gitters mit Matrixeigenschaften, a) ohne Fasern, b) mit 147-4mm Fasern und c) mit 72-8mm Fasern

Rißbilder der drei Gitter des B-Satzes entsprechend den Positionen 1 bis 8 aus Bild 10.47

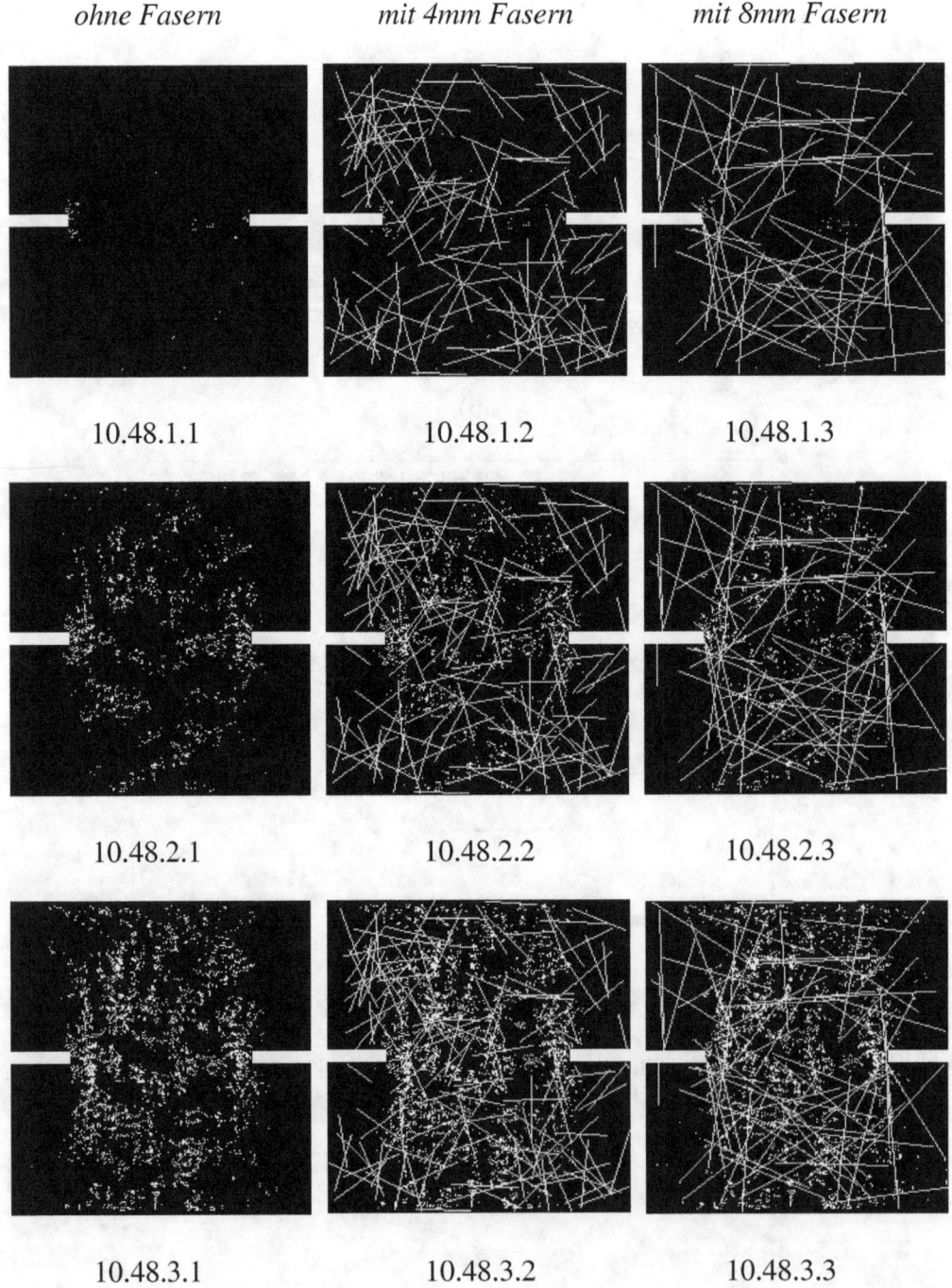

10.4 Simulation

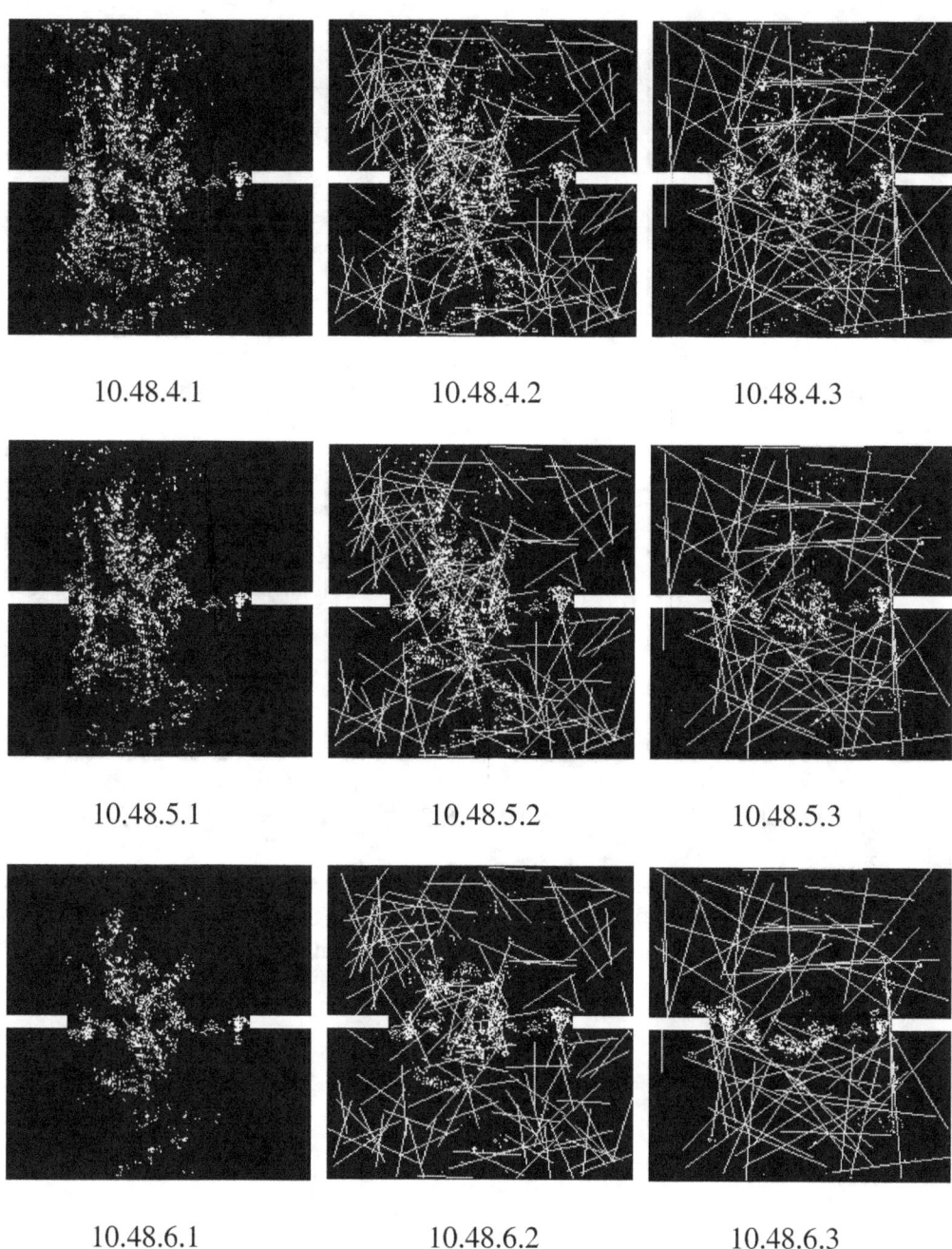

10.48.4.1   10.48.4.2   10.48.4.3

10.48.5.1   10.48.5.2   10.48.5.3

10.48.6.1   10.48.6.2   10.48.6.3

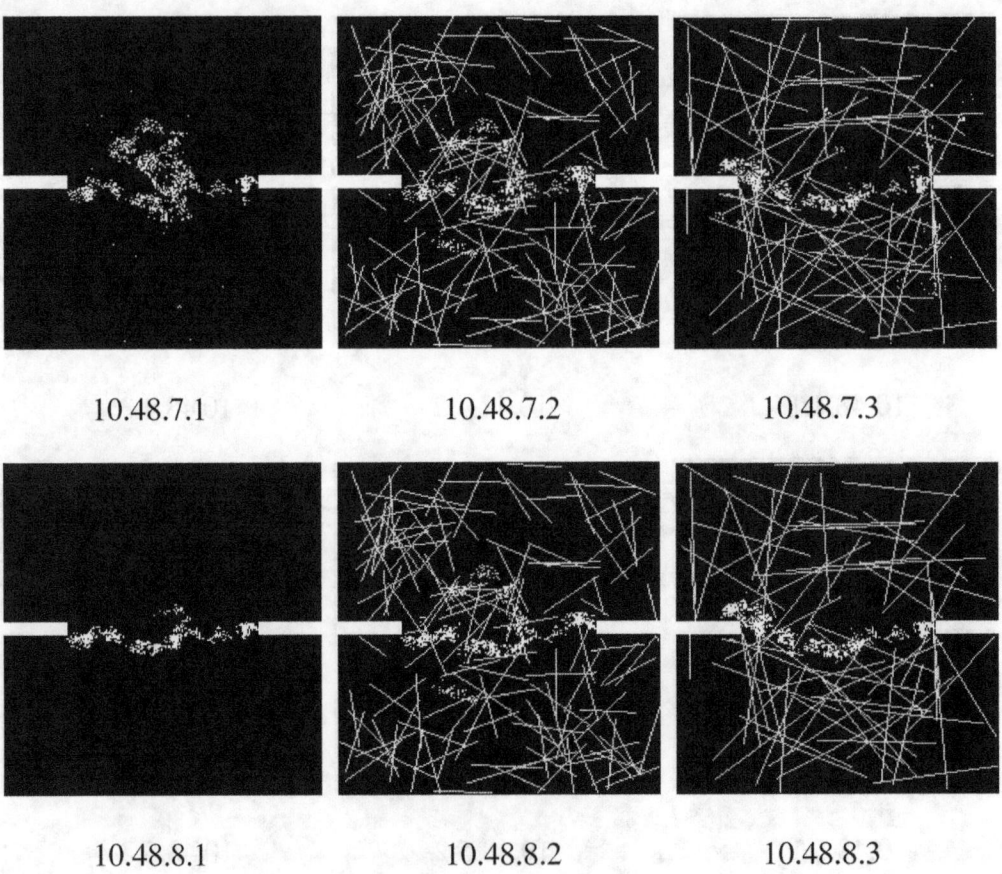

Bild 10.48: Rißentwicklung entsprechend den Positionen 1 bis 8 der Spannungs-Dehnungs-Linien der Bilder 10.47a, 10.47b und 10.47c für das Matrixgitter ohne Fasern, mit 147 4mm Fasern bzw. 72 8mm Fasern. Die Schädigung ist weiß, die Fasern gelb und die Matrix schwarz dargestellt.

10.4 Simulation

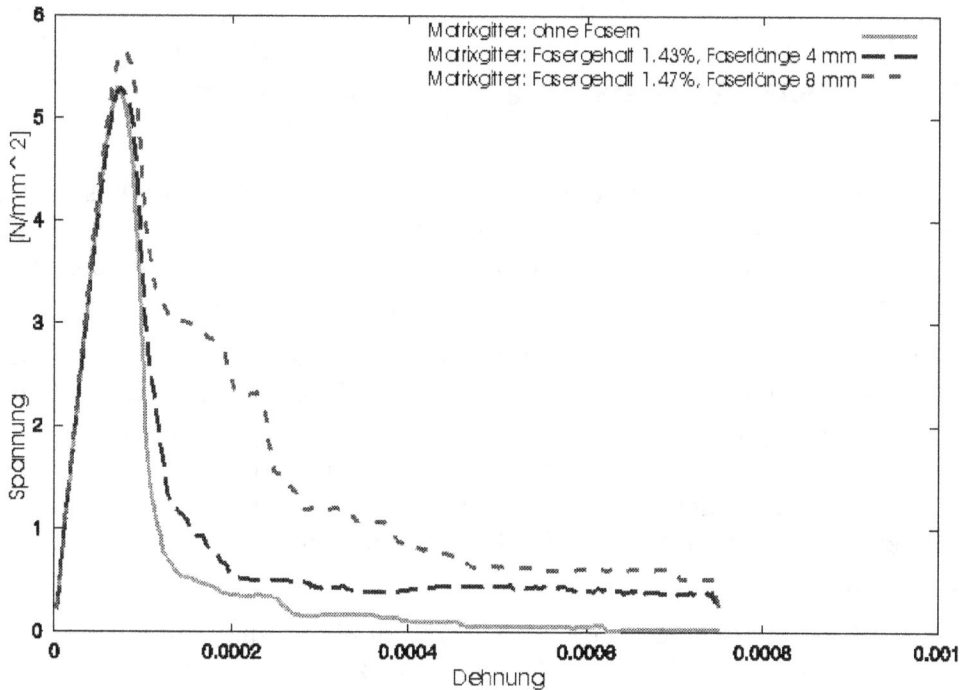

Bild 10.49: Spannungs-Dehnungs-Linien als Mittelwerte der Ergebnisse der drei Datensätze der Gitter aus Tabelle 10.6 entsprechend der Faserlänge.

11 Zusammenfassung

Die vorliegende Arbeit beschreibt ein numerisches Verfahren zur Darstellung der Versagensmechanismen in Beton. Mit dem Modell in Form eines Stabwerkgitters können die durch die fortschreitende Belastung ablaufenden Rissbildungsprozesse im Betongefüge wirklichkeitsnah dargestellt werden.

Als Abbildungsebene der finiten Elementmodellierung wurde die Mesoebene mit der Berücksichtigung von Matrix, Zuschlag und Kontakzone gewählt. Dabei ist der Beton als ein Drei- Komponenten- System dargestellt worden. Für die Beschreibung des numerischen Faserbetons sind spezielle Stabelemente mit Fasereigenschaften in das Stabwerksgitter implementiert worden, so daß der numerische Faserbeton im wesentlichen als ein System, aus vier Komponenten interpretiert werden kann.

Bei der Wahl der Gittergeometrie wurde eine zufällige Anordnung der Gitterknoten zur besseren Nachbildung der heterogenen Betonstruktur bevorzugt. Entsprechend der Knotenverteilung sind die Verknüpfungen der Knoten untereinander mit einem speziell dafür entwickelten Algorithmus durchgeführt worden.

Die Wechselwirkung der Knoten mittels der verknüpfenden Stabelemente, wurde mit einem Materialgesetz beschrieben. Für den Stab als kleinsten Baustein in dem Finte-Elemente-Gitter hat dieses Materialverhalten ein Versagen auf Zug mit einer Verminderung des tragfähigen Querschnittes bei fortschreitender Dehnung zur Folge. Das Verhalten der Stäbe auf Druck ist linear-elastisch nachgebildet worden. Dabei wurde eine Vorschädigung durch eine vorhergehende Zugdehnung berücksichtigt. Das bedeutet, daß sich bei einer Entlastung der Stab mit verminderter Steifigkeit linear-elastisch entspannt.

Zur zusätzlichen Steigerung der heterogenen Gitterstruktur wurden bei der Gittergenerierung die Stabparameter um ihre Mittelwerte gestreut, so daß sich alle Stäbe unabhängig von ihrer Länge leicht unterscheiden.

Der Einfluß der Art der Lasteinleitung sowie der Maßstabeffekt auf das Spannungs-Dehnungs-Verhalten, bei weggesteuerten Druckversuchen, wurde in einer Voruntersuchung mit einem dreidimensionalem Stabwerkgitter bestätigt (siehe Kapitel 2).

Zur Unterdrückung der Randeinwirkung, wurden die Knoten in den Lasteinleitungsbereichen horizontal zur Verformungsrichtung ohne Querdehnungsbehinderung gelagert.

Bei der Entwicklung des FEM- Programms, wurde ein inkrementeller Zuwachs der von außen auf das Stabwerksgitter einwirkenden Verformung vorgesehen.

Zusammenfassung

Infolge der wachsenden Dehnung, kann dann eine sukzessiv zunehmende Schädigung des Stabwerkgitters simuliert werden, so daß ein Materialverhalten in der Form von Spannungs-Dehnungs-Linien berechnet werden kann.

Mit diesem Konzept ist es möglich, den Einfluß der verschiedenen Materialparameter auf das Verhalten der Probekörper vorab, d.h. durch eine Simulation von Druck- und Zugversuchen, abzuschätzen.

Der numerische normal- und hochfester Beton

Das Demonstrationsbeispiel von zentrischen weggesteuerten Zugversuchen am numerischen Normalbeton zeigt im Spannungs-Dehnungs-Verhalten und in den verformungbedingten Gefügeänderungen, eine gute Übereinstimmung mit dem realen Verhalten von Normalbeton. Der charakteristische Einfluß der Kontaktzone auf das Materialverhalten, bedingt durch eine verstärkte Bildung von Mikrorissen, wird dabei gut wiedergegeben.

Bei der Simulation des hochfesten Betons sind die speziellen Merkmale wie großer Elastizitätsmodul, hohe Festigkeit, steiler Abfall im Nachbruchbereich und die unterdrückte Mikrorißbildung im ansteigenden Ast des Spannungs-Dehnungsdiagramms, gut dargestellt worden. Die Ergebnisse der Simulation, zeigen in diesen speziellen Merkmalen des hochfesten Betons eine gute Übereinstimmung mit denen für den realen Beton.

Größtkorn

Die Simulation zentrischer Zugversuche mit einem zweidimensionalen Stabwerk und zufälliger Gitterstruktur zeigt im qualitativen Vergleich mit den Ergebnissen aus den Experimenten an Normalbeton eine gute Übereinstimmung. Dabei zeigt die Simulation, wie in den Experimenten für Normalbeton, eine signifikante Abhängigkeit der Festigkeit und des Nachbruchverhalten vom Größtkorn.

Das Spannungs-Dehnungs-Verhalten des numerischen hochfesten Beton zeigt im Vergleich zum numerischen Normalbeton, nur eine unterdrückte Abhängigkeit vom Größtkorn. Dennoch kann für die Festigkeit beim numerischen hochfesten Beton eine Abhängigkeit vom Korndurchmesser erkannt werden. Dabei verringert sich die Festigkeit bei kleinerem Größtkorndurchmesser. Der Einsatz kleiner Korndurchmesser führt gegenüber großen Korndurchmessern, bei konstantem Volumenanteil der Zuschläge, zu einer Vergrößerung der Kontaktzone zwischen Zuschlag und Matrix. Mit dieser vergrößerten Kontaktzone ist auch bei hochfestem Beton eine Steigerung der Anzahl der Fehlstellen verbunden. Diese können zu einer vorzeitigen Mikrorißbildung im ansteigenden Ast des Spannungs-Dehnungs-Verhalten führen. Durch die Vergrößerung der Fehlstellen mittels dieses Oberflächeneffekts, besteht die Möglichkeit, den Einsatz von inerten Füllern zu minimieren.

Schwächung der Kontaktzone

Das Verhältnis vom Elastizitätsmodul des Zuschlages zum Elastizitätsmodul der Matrix, hat einen großen Einfluß auf die Spannungs-Verteilung im Betongefüge. Dieses Elastizitätsmodul-Verhältnis ist von Bedeutung für die Einleitung der Mikrorißentwicklung in der Kontaktzone zwischen Matrix und Zuschlag und hat so einen starken Einfluß auf das Materialverhalten von Beton.

Die Simulation der Schwächung der Kontaktzone zeigt eine große Wirkung im ansteigenden Ast der Spannungs-Dehnungs-Linien. Mit Zunahme des Schwächungsgrades ist eine Verringerung des Elastizitätsmoduls, ein vorzeitiges Abknicken im ansteigenden Ast, eine Verringerung der Maximalfestigkeit und eine ausgeprägtere Mikrorißentwicklung zu erkennen. Die Schwächung der Kontaktzone hat auf das Nachbruchverhalten keinen Einfluß. Das Materialverhalten ist im Nachbruchbereich nach wie vor spröde.

Die Simulation stimmt mit dem Experiment im ansteigenden Ast und im Nachbruchverhalten gut überein. Die Verschiebung der Maxima der modifizierten Betone in Richtung zu großen Dehnungen kann mit einer verstärkten Mikrorißbildung in der Kontaktzone im ansteigenden Ast allein nicht erklärt werden. Die Verschiebung der Maxima der Betone mit inerten Füllern, im Vergleich zum Referenzbeton mit Mikrosilika, kann durch das Zusammenwirken von Spannungsumlagerungen und Rißverästelungen erklärt werden. Allerdings kann eine Veränderung der Matrix, durch die Verwendung von inerten Füllern nicht ausgeschlossen werden, so daß eine Ursache für die Verschiebung der Maxima auch hier zu suchen ist.

Der numerische Faserbeton

Das erstellte Konzept zur numerischen Beschreibung eines Faserbetons bildet einen Kompromiß zwischen den experimentell ermittelten Fasereigenschaften, dem theoretischen Ansatz nach Müller [Mül92] und der programmtechnischen Realisierbarkeit. Das entwickelte Faserverhalten integriert in seiner idealisierten einfachen Form das aus den Experimenten bekannte Verhalten, welches durch ein linear-elastisches Verformungsverhaltenen, sowie die plastische Reibungsphase charakterisiert ist. Für eine Verschiebungsumkehr in der plastischen Phase wirkt die Faser wie ein Seil, d.h. sie kann nur noch Zugkräfte aufnehmen.

Bei der Implementierung des Stabelementes mit Fasereigenschaften ist die zuvor generierte Gitterstruktur mit der Abbildung von Zuschlägen, Matrix und Kontaktzone durch die Einhaltung einer Abstandstoleranz berücksichtigt worden. Die

Zusammenfassung 195

begrenzte Anzahl an Knoten im Gitter, die nicht in den Bereich der Zuschläge fallen, setzt eine maximale nicht zu überschreitende Anzahl an Fasern fest. Die Festlegung der Faserparameter lehnt sich stark an den theoretischen Ansatz von Müller [Mül92], geht aber auch gleichzeitig mittels des Verbindungsfaktors auf die Gittergeometrie ein. Das Bild der Verteilung der eingebauten Fasern im Gitter entspricht dadurch gut der Faserverteilung in einem realem Faserbeton.

Die Faserorientierung

Die Winkelverteilung der Fasern im numerischen Faserbeton zeigt, eine Abhängigkeit von der Faserlänge und von der Art der Sieblinie. Einen besonders deutlichen Einfluß zeigt die Einwirkung der Probekörperbegrenzung auf die Ausrichtung der Fasern. Für den realen Beton wird die Abhängigkeit der Faserausrichtung von der Art der Sieblinie durch die dritte Dimension nicht so stark in Erscheinung treten. Die Randeinwirkung auf die Winkelverteilung der Fasern hat für den realen Faserbeton bei kleineren Probekörperabmessungen und einer relativ großen Faserlänge einen Einfluß, wobei sich die Fasern bevorzugt in Richtung der Probekörperachse, d.h. parallel zu den Randflächen orientieren und somit die Versuchsergebnisse beeinflussen können.

Die Simulation von Spannung-Dehnungs-Linien für numerischen Faserbeton

Bei der Berechnung von Spannungs-Dehnungs-Linien wurden zwei unterschiedliche Gittertypen behandelt. Dabei wurden ungekerbte und gekerbte Gitter unterschieden. Mit der ungekerbten Gittervariante wurden sowohl Druck- als auch Zugsimulationen an jeweils dem gleichem Gitter durchgeführt, um so die Aussagekraft der Versuchsmethode und die Wirkung des Fasergehaltes zu untersuchen.

Mit den gekerbten Gittern ist die Abhängigkeit der Spannungs-Dehnungs-Kurven von der Faserlänge bei konstanten Fasergehalt untersucht worden.

Die Simulation von Druck- und Zugversuchen am ungekerbten numerischen Faserbeton

Der Einfuß der Fasern auf das Spannungs-Dehnungs-Verhalten bei der Simulation weggesteuerte Zugversuche ist wie zu erwarten im Nachbruchbereich deutlich erkennbar. Ein klarer Zusammenhang zwischen der Steigerung des Fasergehaltes und dem Duktilitäts- zuwachs im Nachbruchbereich ist für die Simulation von Zugversuchen, an ungekerbten Probekörper, nicht festgestellt worden. Die Ursachen für dieses Erscheinungsbild ist der einachsige Spannungszustand, der den Fasern in der Regel nur einen Riß als Einsatzmöglichkeiten zur Verfügung stellt.

Im Gegensatz zu der Simulation von Zugversuchen zeigt die Durchführung weggesteuerter Druckversuche die erwartete Korrelation zwischen Steigerung des Fasergehaltes und dem Zuwachs an Duktilität. Die Vielzahl von Rissen, erzeugt durch die mehrachsialen Spannungszustände, bietet den zufällig verteilten Fasern mehr Möglichkeiten, die Risse zu vernähen.

Das Verhalten des faserverstärkten Stabwerksgitters bei weggesteuerten Zug- und Druck Simulationen steht somit im guten Einklang mit den Experimenten und bestätigt, daß die Aussagekraft der Zugversuche an ungekerbten Probekörpern in Bezug auf die Duktilität in Abhängigkeit vom Fasergehalt nicht ausreichend ist. Die weggesteuerten Druckversuche zeigen sowohl in der Simulation, als auch im Experiment einen deutlichen Zusammenhang zwischen Fasergehalt und Duktilität.

Die Simulation von Zugversuchen am gekerbten numerischen Faserbeton

Bei der Simulation von Zugversuchen an gekerbten Gittern werden dem Riß, die Rißenden vorgegeben. Durch die gezielte Vorgabe einer Schwachstelle im Gitter ist die unerwünschte mehrfache Rißbildung stark unterdrückt, so daß klar definierte Untersuchungsbedingungen geschaffen sind. Mit der Zugsimulation an den gekerbten Gitter konnte so die Abhängigkeit der Faserlänge auf das Spannung-Dehnungs-Verhalten bei konstantem Fasergehalt untersucht werden. Dabei zeigten die berechneten Spannungs-Dehnungs-Linien für den Faserbeton mit der langen Faser (8mm) eine signifikante Verbesserung des Nachbruchverhaltens bei geringfügiger Steigerung der Festigkeit gegenüber dem Faserbeton mit kürzeren Fasern (4mm) und dem Beton ohne Fasern. Der Faserbeton mit der kurzen Faser zeigte gegenüber dem Beton ohne Fasern eine erkennbare Verbesserung im Nachbruchverhalten, welche aber nicht so stark in Erscheinung trat, wie bei Verwendung langer Fasern. Die langen Fasern besitzen bessere rissüberbrückende Eigenschaften als die kurzen Fasern.

Das vorgestellte numerische Verfahren hat seine Stärke in der qualitativen Beschreibung der Versagensmechanismen des Baustoffs Beton. Die heterogene Struktur und das Materialverhaltens von Beton kann mit dieser Art der Modellierung sehr gut wiedergegeben werden. Die Darstellung des Betons auf der Mesoebene ermöglicht die Untersuchung der Wechselwirkung der einzelnen Komponenten untereinander. Die Wirkung auf das Materialverhalten durch eine gezielt veränderte Konstellation der jeweiligen Materialparameter kann mit diesem Verfahren im Voraus abgeschätzt werden. Mit diesem Modell ist die Voraussetzung geschaffen, die Effizienz baustofftechnologischer Untersuchungen zu steigern und einen tieferen Einblick in die Versagensmechanismen zu erlangen.

Zusammenfassung

Ausblick

Die Betonmodellierung mit dem dargestellten Stabwerkmodell ist mit der hier vorgelegten Arbeit keinesfalls abgeschlossenen. Vielmehr reihen sich die Ergebnisse dieser Arbeit in die in der Vergangenheit bereits veröffentlichten Arbeiten ein. Die wichtigsten Ergebnisse der vorliegenden Arbeit betreffen die Bereiche der Maßstabs- und Randbedingungen, sowie den Einfluß des Größtkorns auf das Spannungs-Dehnungs-Verhalten und die Abhängigkeit des Materialverhaltens von der Festigkeit der Kontaktzone. Zusätzlich wurde die Modellierung von hochfestem Beton durchgeführt und eine mögliche Richtung für die Modellierung von Faserbeton vorgeschlagen.

Eine sinnvolle Weiterentwicklung dieses Modells könnte die Integration der Stabwerkgitter in die üblicherweise verwendeten Finiten-Elemente-Programme, z.B. in Verbindung mit Plattenelementen zur Simulation von Bauteilverhalten, darstellen. Durch den gezielten Einsatz der Stabwerksgitter in den Rißprozeßzonen von Bauteilen, wie Stützen oder Balken, könnten diese zumindest teilweise auf mesoskopischer Gefügeebene untersucht werden. Eine vollständige Abbildung von Bauteilen auf Mesoebene ist mit den zur Zeit zur Verfügung stehenden Rechenanlagen nicht möglich und nicht sinnvoll.

Durch die schnelle Entwicklung moderner Rechenanlagen wird in Zukunft die Simulation dreidimensionalem Stabwerksgitter mit genügend feiner Vernetzung zur Darstellung des Betons auf Mesoebene möglich sein.

12 Literatur

[Alw94]   Alwan, J. M., Modeling of The Mechanical Behavior of Fiber Reinforced Cement Based Composites Under Tensile Load, Ph. D. Thesis, Dept. of Civil and Envir. Endineering, Universität of Mischigan, Ann Abor, 1994

[Ans64]   Anson, M.: An Investigation into a Hypothetical Deformation and Failure Mechanism for Concrete. Magazin of Concrete Research, Vol. 16, No 47, London 1964

[Bak59]   Baker, A.L.L.: An Analysis of Deformation and Failure Characteristics of Concrete. Magazin of Concrete Resereach, Vol. 11 No. 33, London 1959.

[Baz83]   Bazant, Z.P. & Oh, B.H.: Crack band theory for fracture of concrete. Materiaux et Constructions, 93,Vol. 16, 1983

[BCV89]   Bocca, P., A. Carpinteri and S. Valente: Fracture Mechanics of Bricks Masonry: Size Effect and Snap-back Analysis, Materials and Structures 22, pp. 364-373, 1989

[Ben89]   Benture, A.: The Role of the Interface in Controlling the Performance of High Quality Composites. Advances in Cement Manufacture and Use, Ed E. Gartner, pp 227-237, 1989

[Ben91]   Bentur, A.: Microstructure of High Strength Concrete. 6. Darmstädter Massivbau- Seminar 1991

[Ben91a]   Bentur, A: Microstructure, interfacial effects and micromechanics of cementitious coposites, in Advances in Cementitious Materials. The American Ceramic Society, USA, (1991) 523-547

Literatur

[BeM90]   Bentur, A. and Mindess, S. (1990) fiber Reinforced Cementitious Composites, Elsevier applied sience, London and New York

[BIM96]   S.Igarashi, A. Bentur and S. Midness: The Effect of Processing on the Bond and Interfaces in Steel Fiber Reinforced Cement Composies. Cement and Concrete Composites 18 (1996) 313-322

[BNS71]   Buyukozturk, O., A.H. Nilson and F.O. Slate: Stress- Strain Response and Fracture of a Concrete Modell in Biaxial Loading. ACI Journal, Title 68-52, August 1971.

[Bro87]   Bronstein I.N., Semendjajew K.A.: Taschenbuch der Mathematik. Verlag Harri Deutsch, Thun und Frankfurt(Main). 1987

[BTP97]   Bode, L., Tailhan, J.L., Pijaudier-Cabot, G., Associate Member, ASCE, La Borderie, C. and Clement, J.L., Failure Analysis of Initially Cracked Concrete Strucktures. Journal of Enengeering Mechanics (1997).

[DeB87]   De Borst, R.: Smeard Cracking, Plasticity, Creep, and Thermal Loading – A Unified Approch, Computer Methods in Applied Mechanics and Engineering 62, pp 89-110, 1987

[Die84]   Diekämper, R.: Ein Verfahren zur numerischen Simulation des Bruchs- und Verformungsverhaltens spröder Werkstoffe. Diss., Techn.-wiss. Mitteilung 84-7, Institut für KIB Ruhr- Universität Bochum (1984)

[Eiy76]   Eibel, H., Ivanyi G.: Studie zum Trag- und Verformungsverhalten von Stahlbeton, Deutscher Ausschuß für Stahlbeton, Heft 260, Berlin, 1976

[FMI96]   Fiber-Matrix Interfaces , pp. 149-192 in High Performance Fiber Reinforce Cement Composites – 2, A.E.Naaman and H.W.ReinhhardE&FN SPON, 1996.

[Fri97]   Friedrich, P.: Simulation von Maßstabseffekten für Betonprobekörper mit einem räumlichen Stabwerk für einachsiale weggesteuerte Druckversuche. LACER Vol.2, Leipzig, 1997

[Fri98]   Friedrich, P.: Simulation der Duktilität von Hochfestem Beton durch Schwächung der Verbundfestigkeit der Kontaktzone mit einem zweidimensionalem Stabwerk. LACER Vol.3, Leipzig, 1998

[Gri21]   Griffith, A.A.: Teh phenomena of rupture and flow in solids. Phil. Trans. Roy. Soc. London A221 1921 163-198

[Hah76]   Hahn, H.G.: Bruchmechanik. B. G. Teubener Stuttgart. 1976

[HBK85]   Hilsdorf, H.K., Bramshuber, W., Kottas, R., Abschlußbericht zum Forschungsvorhaben Weiterentwicklung und Optimierung der Materialeigenschaften faserbewehrten Betons und Spritzbetons als Stabilisiereungselemente der Felsensicherung (Teil D). Institut für Massivbau und Baustofftechnologie der Universität Karlruhe (1985)

[HeR90]   Herrmann, H.J., Roux, S.: Statistical Models for the Frakture of Disordered Media, Elsevier Applied Science Publishers, Londern/New York 1990

[HHS92]   Hilsdorf, H.K., Haardt, P., and Schulze, F., Failure Mechanics of Fiber Reinforced Concrete and Pre-Damage Structures. Universität Karlsruhe !992

[Hil76]   Hillerborg, A., Modeer, M., and Petersson P.E.: Analysis of Crack Formation and Crack Growth in Concrete by Means of Fracture Mechanics and Finite Elements. Cement and Concrete Research. Vol.6, pp. 773-782, 1976

[Hil83]   Hillerbogr, A.: Analysis of One Single Crack. Fracture Mechanics of Concrete, Ed. F. H. Wittmann Developments in Civil Engineering, 7, Kapitel 4.1, pp. 223-249, Amsterdam, 1983.

[Hil85] Hillerborg, A.: Results of three comparative test series for determining the fracture energie of concrete. RILEM Materials and Structures, 18(107), pp 407-413. 1985

[His95] Hilsdorf, H.K.: Beton Kalender, Ed. J. Eibel, Verlag Ernst & Sohn, 1995

[Hor91] Hordijk, D. A.: Local approach to fatigue of concrete. Proefschrift zur erlangen des Doktergrades der Universität Delft. 1991

[Hre41] Hrennikoff H.: Solution of Problems of Elasticity by the Framework Method. Journal of Applied Mechanics, 1941

[Kup73] Kupfer, H.: Das Verhalten des Betons unter mehrachsiger Kurzzeitbelastung unter besonderer Berücksichtigung der zweiachsiden Beanspruchung. Deutscher Ausschuß für Stahlbeton, Heft 229, Ernst & Sohn, Berlin 1973

[KöG96] König G., Grimm R.: Hochleistungsbeton. Sonderdruck aus dem Betonkalender 1996

[KöM97] König, G., Meyer, J.: Erhöhung der Zähigkeit von Hochleistungsbeton- Konzepte und Versuche, Bautechnik 74, 1997

[KoU98] Kovacs, I., Ulm, F.J., Modeling of Plastic Matrix- Fiber Interaction in Fiber Reinforced Concrete. 2nd Int. PhD Simposium in Civil Engineering Budapest 1998.

[Krä94] Krätzig W.B.: Tragwerke 2 Theorie und Berechnungsmethoden statisch unbestimmter Stabtragwerke. Springer- Verlag Berlin. 1994

[Kre64] Krenchel, H. Fiber Reinforcement, Akademisk forlag, Copenhagen 1964.

[KSU94]   König, G.; Simsch, G. and Ulmer, M.; Strain Softening of Concrete (Technical University of Darmstadt, October 1994)

[Küt97]   Kützing, L.: Use of Fiber Cocktails to Increase Ductility of High Performance Concrete. LACER No. 2, Leipzig, 1997.

[Leh96]   Lehmberg,M.: Dichtschichten aus hochfestem Faserbeton. Deutscher Ausschuß für Stahlbeton, Heft 465, Berlin, 1996.

[Len97]   Lenkenhoff R.: Rißkonfigurationsnachweis in spröden Mehrkomponenten-baustoffen. 34. DafStb-Forschungskolloquium, Deutscherausschuß für Stahlbeton, Okt. 1997

[Lus71]   Lusche, M.: Beitrag zum Bruchmechanismus von auf Druck beanspruchte Normal- und Leichtbeton mit geschlossenem Gefühge, Dissertation RUB Bochum 1971

[MaL94]   Maalei, M., and Li, V. C., Flexural/Tensile Strength Ratio in Engineering, Cementitious Composites, accepted for publication, ASCE J. of Materials in Civil Engineering, 1994.

[Mar93]   Markeset, G.: Failure of Concrete under Compressive Strain Gradients. Dissertation NTH Trondheim 1993

[Mül92]   Müller, M.: Ein Berechnungsverfahren für Faserbeton unter Biegung und Normalkraft. Dissertation, Institut für Massivbau, TH Darmstadt, 1992.

[NaS76]   Naaman, A.E. and Shah, S.P. (1976) Pull-out mechanism in stell fiber reinforced concrete. ASCE J. Struct. Div., Vol.102, No.ST8, pp. 1537-1548.

[Nux98]] Nuxoll F.: Simulation dynamischer Verformungs- und Rißbildungsprozesse im Betongefüge. Diss. Fakultät für Bauingenieurwesen der Ruhr- Universität Bochum. 1998

Literatur

[Nev97] Neville, A. M.: Aggregate Bond and Modulus of Elasticity of Concrete. ACI Materials Journal / January-February 1997.

[PeK97] Penttala, V. and Komonen, J.: Effects of aggregates and microfillers on the flexural properties of concrete. Magazine of Concrete Research, 1997, 49, No. 179, June, 81-97.

[PTVF92] Press W.H., Teukolsky S.A., Vetterling W.T., Flannery B.P. Numerical Recipes in C, The Art of Scientific Computing. Cambridge University Press 1992

[Rei55] Reinius, E.: A Theory of the Deformation and Failure of Concrete. Betong 40, 1955, pp. 15-43, CCA Library Translation cj. 63.

[ReZ77] Rehm, G. und Zimbelmann, R.: Untersuchungen der für die Haftung zwischen Zuschlag und Zementmatrix maßgebenden Faktoren. Deutscher Ausschuß für Stahlbeton 283, 1977.

[Rod91] Rode, U.: Ein Verfahren zur numerischen Simulation lastbedingter Gefügeänderungen im Baustoff Beton. Diss., Techn.-wiss. Mitteilung 91-5, Institut für KIB Ruhr- Universität Bochum (1991)

[RoS63] Roy, H.E.H. and M.A. Sozen: A Model to Simulate the Response of Concrete to Multi-Axial Loading. Civil Eng. Studies, Struct. Res. Ser. 268 University of Illinois, Urbana 1963.

[RRT97] Strain-softening of concrete in uniaxial compression, Materials and Structures, Vol. 30, May, pp 195-209 1997

[Sci80] Gerald Schickert, Schwellenwerte beim Betondruckversuch, Heft 312 Deutscher Ausschuss für Stahlbeton, Vertrieb durch Verlag von Wilhelm Ernst & Sohn, Berlin 1980

[Scl95] Schlangen, E.: Computational Aspects of Fracture Simulations wiht Lattice Models. Fracture Mechanics of Concrete Structure, editesd by Folker H. Wittmann, D- 79104 Freiburg (1995)

[ScM96]   Schulz, J.U. und Mehlhorn, G.: Zur Berücksichtigung von unsymatrischen Werkstossmatrizen und Steifigkeitsmatrizen bei der Finiten-Elemente-Analyse von Stahlbetonkonstruktionen. Abschlußbericht des DFG-Forschungsvorhabens Me 464/34, Kassel 1996.

[Sco86]   Schorn, H.: Nunerical Simulation of Composite Materials as Concrete. Fracture Tuoghness and Fracture Energy of Concrete, edited by Wittmann Elsevier Science Publishers B.V., Amsterdam (1986) 177-188

[Sco91]   Schorn H.; Rode U.: Numerical Simulation of Crack Propagation from Microcracking to Fracture. Cement & Concrete Composites 13 (1991) 87-94

[Sco93]   Schorn, H.: Damage Process and Fracture Mechanism of Uniaxially Loaded Concrete. Micromechanics of Concrete and Cementitious Composites, pp 35-44, 1993 Lausanne

[Scw88]   Schwarz. Numerische Mathematik. B.G. Teubener Stuttgart 1988

[Scw91]   Schwarz H.R. Methode der finiten Elemente. B.G. Teubener Stuttgart 1991

[Scw91a] Schwarz H.R. Fortran-Programme zur Methode der finiten Elemente. B.G. Teubener Stuttgart 1991

[ShW66]   Shah, S.P. and G. Winter: Inelastic Behaviour and Fracture of Concrete. ACI Journal, Title 68-66, Sept. 1966.

[Sic99]   Sicker, A.:Entwicklung zäher Hochleistungswerkstoffe. Abschlußbericht der Forschungsgruppe „Hochleistungsbeton" des Institutes für Massivbau & Baustofftechnologie Univerität Leipzig. Leipzig 1999.

Literatur

[Sim92]   Simsch, G.: Tragverhalten von hochbeanspruchten Druckstützen aus hochfestem Beton (B 65 – B 115) Dissertation, TH Darmstadt, 1992.

[Slo90]   Slowik V.: Bruchmechanische Modelliierung des Tragverhaltens von Beton. Betontechnik Berlin 11 1990 192-195

[Slo95]   Slowik V.: Beiträge zur Experimentellen Bestimmung bruchmechanischer Materialparameter von Beton. Building Materials Reports, No.3, ETH Zürich, 1995

[Slo98]   Slowik V.: Simulation von Bruchprozessen in Betonkörpern. Deutscher Ausschuß für Stahlbeton, Beiträge zum 35. Forschungskolloquium, Universität Leipzig. 1998

[StH91]   Ströven, P. and de Hann, Y.M. Structural investigation on steel fiber concrete by stereological methods. , In : H.W. Reinhardt, A.E. Naaman, (eds), Proc. Int. RILEM/ACI Workshop on High Performance Fiber Reinforce Cement Composites., Mainz June 23-26 1991, pp 113-122.

[StLS90] Stang, H., Li, Z., and Shah, S. P., ASCE, J. of Eng. Mech., Vol 116, No 10, pp 2136-2150, 1990.

[SLS93]   Shao, Y., Li, Z. and Shah, S.P. (1993) Matrix cracking and Interface Debonding in fiber reinforced cement- matrix composites. Advn. Cem. Bas. Mat. Vol. 1, No. 2 pp.55-66.

[SvM92]   Schlangen E.; van Mier J.G.M.: Simpel lattice model for numerical simulation of fracture of concrete materials and structures. Materials and Stractures 1992. 25, 534-542

[Ver97]   Vervuurt, A.: Interface Fracture in Concrete. Dissertation, Technische Universität Delft 1997 [vMi84]   Jan G.M. van Mier, Stain-Softening of Concrete under Multiaxial Loading Condition, pp. 32-39,1984

[vMi95]   v. Mier, J.G.M., Fracture mechanics of concrete, HERON, Vol. 40, No. 2 (1995)

[vMSV93]   van Mier J.G.M.; Schlangen E. and Vervuurt A.: Analysis of Frakture Mechanisms in Particle Composites. Micromechanics of Concrete Cementitious Composites 1993. 159-170

[vMSV94]   van Mier J.G.M.; Schlangen E. and Vervuurt A.: Grundlegende Aspekte der Rißbildung in Beton: Versuche und Modellierung. Deutscher Ausschuß für Stahlbeton, Beiträge zum 29. Forschungskolloquium, Technische Universität Delft. 1994

[vMSV96]   Van Mier, J.G.M., Sclangen, E., Vervuurt, A.: Tensile cracking in Concrete and Sandstone Part 2- Effect of Boundaty rotations. Materials and Strustures, Vol 29, March 1996 pp 87-96

[vMvH98]   Van Hauwaert, A., v. Mier, J.G.M., Computational Modelling of the Fiber- Matrix Bond in Steel Fiber Reinforced Concrete. Fracture Mechanics of Concrete Structures, Proceedings FRAMCOS-3, AEDIFICATION Publishers, D-79104 Freiburg, Germany (1998)

[vVM96]   Van Vliet, M.R.A. and Van Mier,J.G.M., Experimental investigation of concrete fracture under uniaxial compression, Mechanics of Cohesiv-Frictional Materials 1 (1996) 115-127.

[Von92]   Vonk, R.: Softening of Concrete loaded in Compression. Dissertation TU Delft 1992.

[Vos83]   Vos, E., Influence of Loadimg Rate and Radial Pressure on Bond in Reinforced Concrete: A Numerical and Experimental Approach. PhD thisis, Delft University of Technology, 1983

Literatur

[WBa88] Wang,Y., Li, V.C and Backer, S. (1988) Modelling of fibre pull-out from cement matrix. Int. J. Cem. Comp. & Ltwt. Conc., Vol. 10, No. 3, pp.143-150.

[Wit83] Wittmann, F.H.: Structure of Concrete with Respect to Crack Formation. In Fracture Mechanics of Concrete, pp. 43-74. Amsterdam, 1983.

[WiL72] Wischers G., Lusche M.: Einfluß der inneren Spannungsverteilung auf das Tragverhalten von druckbeanspruchtem Normal- und Leichtbeton. Betontechnische Berichte S135-163, 1972

[WHR87] Wolinski, S., Hordijk, D.A., Reinhardt, H.W. and Cornelissen, H.A.W.: Infuence of aggregate size on fracture mechanics parameters of concrete. Int. J. Cement Composites and Lightweight Concrete, 9 (2), pp 95-103. 1987

[WSS93] Wittmann F.H; Sadouki and Steiger T.: Experimental and Numerical Study of Effective Properties of Composite Materials. Micromechanics of Concrete Cementitious Composites 1993. 59-82

[Zai82] Zaitsev J.W.: Modelirovanije deformanzii i protschnosti betona metodami mechaniki rasruschenij, Stroiisdat, Moscow. 1982

[ZhG90] Zhang, M.H. , and Gjorv, O.E.: Micro-structure of the interfacial zone between lightweigt aggregate und cement paste. Cement and concrete Reserarch, 20, 1990, pp. 610-618.